21世纪高职高专计算机规划教材

计算机应用基础

（第四版）

牛耀宏　主　编

李顺云　孙晓静　副主编

罗方亮　主　审

韩凌玲　成　静　荣　蓉　董建新　杨　正　董　昶　参　编

中国铁道出版社

CHINA RAILWAY PUBLISHING HOUSE

内 容 简 介

本书按照《全国计算机等级考试考试大纲（2013年版）》一级“计算机基础及MS Office应用”考试要求编写。内容包括计算机基础知识、Windows 7操作系统、Word 2010文字处理软件、Excel 2010电子表格软件、PowerPoint 2010演示文稿制作软件、计算机网络与Internet基础、计算机信息系统安全、计算机技术与网络技术的最新发展等。本书侧重基础知识介绍及计算机操作能力训练，内容丰富、层次清晰、通俗易懂、重点突出，对学生尽快掌握计算机初级应用、熟悉考题和应试复习都大有裨益。

本书适合作为高职高专院校各类专业的公共计算机课程教材，也可作为成人高等教育及计算机等级考试培训教材或计算机应用能力初学者的参考书。

图书在版编目（CIP）数据

计算机应用基础 / 牛耀宏主编. —4版. —北京：
中国铁道出版社，2013.9（2016.9重印）
21世纪高职高专计算机规划教材
ISBN 978-7-113-17287-9

Ⅰ. ①计… Ⅱ. ①牛… Ⅲ. ①电子计算机—高等职业教育—教材 Ⅳ. ①TP3

中国版本图书馆CIP数据核字（2013）第204615号

书　　名：**计算机应用基础**（第四版）
作　　者：牛耀宏　主编

策　　划：邢斯思
责任编辑：包　宁　贾淑媛
封面设计：付　巍
封面制作：白　雪
责任印制：李　佳

出版发行：中国铁道出版社（100054，北京市西城区右安门西街8号）
网　　址：http://www.51eds.com
印　　刷：北京海淀五色花印刷厂
版　　次：2008年8月第1版　2009年8月第2版　2012年9月第3版　2013年9月第4版　**2016年9月第4次印刷**
开　　本：787 mm×1 092 mm　1/16　**印张**：16　**字数**：384千
书　　号：ISBN 978-7-113-17287-9
定　　价：32.00元

第四版前言

本书（第四版）依据《全国计算机等级考试考试大纲（2013 版）》一级“计算机基础及 MS Office 应用”考试大纲要求进行了部分修订，主要有以下几点：

➢将操作系统从 Windows XP 升级到 Windows 7;

➢将办公软件从 Office 2003 升级到 Office 2010;

➢Office 2010 软件内容以项目为导向，以任务为驱动，在基本知识和项目之间增加了模仿性示例和练习内容；

➢第 6 章增加了计算机技术与网络技术的最新发展内容。

本书由河北能源职业技术学院牛耀宏教授担任主编，李顺云副教授、孙晓静教授担任副主编，罗方亮教授担任主审，全书由李顺云统稿。其中，第 2 章由韩凌玲、董昶编写，第 3 章由成静、董建新编写，第 4 章由杨正编写，第 5 章、第 6 章由荣蓉编写。

由于时间有限，书中难免有疏漏之处，敬请各位同仁及读者批评指正。

编　者

2013 年 7 月

第三版前言

本书自2009年再版以来，在高职高专计算机基础教学中被广泛使用，受到广大师生的欢迎。随着全社会计算机应用的普及，对大多数已经能初步操作计算机的高职高专学生而言，本教材仍有繁缀之处，部分知识尚需进一步更新。

本次修订本着与时俱进、精炼基础、侧重应用的原则，对2009年第二版教材第1章、第2章进行了重新编写，其特点是与计算机等级考试紧密结合，第1章删除了一些过时的知识，增加了新的知识，第2章删除了Windows操作的冗余知识，细化了文件操作内容。其中第一章、第二章由韩凌玲、李顺云老师编写，其他章节未进行大的改动。

为提升学生的计算机实践操作能力，本次修订专门编写了《计算机应用基础实训指导》作为配套教材。

本书及配套的《计算机应用基础实训指导》能够满足高职高专计算机基础教学改革和国家计算机等级考试一级MS Office考试大纲要求，突出学生动手操作能力，学生容易从速、从快掌握计算机基础知识，实现教学与实用的紧密结合。本书适合高职高专、成人专科计算机基础教学，也可满足各类人员自学计算机基础知识的需求。

本书在编写及修订过程中得到河北能源职业技术学院各教学单位领导的大力支持与帮助，在此一并表示感谢。

由于编者水平有限，书中难免有疏漏之处，敬请各位同仁及读者批评指正。

编　者

2012年6月

目 录

第1章　计算机基础知识

本章介绍计算机的基本知识。通过本章的学习可以了解计算机的概念、发展、特点及应用；掌握信息在计算机中的表示方法、二进制数的特点及进制之间的转换；掌握计算机系统结构、微机的硬件构成及多媒体技术概况等。

1.1　计算机概述

1.1.1　计算机的发展简史

1946年2月15日，第一台电子计算机ENIAC（Electronic Numerical Integrator And Calculator，电子数字积分计算机）在美国宾夕法尼亚大学诞生，它的总工程师之一埃克特（J.Eckert）当时年仅24岁。ENIAC是为计算弹道轨迹和射击表而设计的，主要元件是电子管，每秒能完成5 000次加法、300多次乘法运算，比当时最快的计算工具快300倍。ENIAC占地170 m^2，使用了1 500个继电器，18 800个电子管，重达30多吨，功率为150 kW，耗资40万美元，如图1–1所示。ENIAC的问世标志了计算机时代的到来，它的出现具有划时代的伟大意义。

在ENIAC的研制与发展过程中，由美籍匈牙利数学家冯·诺依曼总结出以下三点：

① 采用二进制数的形式表示数据和指令。

② 存储程序控制原理。存储程序是指把解决问题的程序和需要加工处理的原始数据存入存储器中，计算机自动地逐条取出指令和数据进行分析、处理和执行，即存储程序的计算机工作原理设计思想。这是计算机能够自动、连续工作的先决条件。

冯·诺依曼还依据该原理设计出了“存储程序式”计算机EDVAC，并于1950年研制成功，如图1–2所示。这台计算机总共采用了2 300个电子管，运算速度却比ENIAC提高了10倍，冯·诺依曼的设想在这台计算机上得到了圆满体现。

图1–1　第一台电子计算机ENIAC

图1–2　冯·诺依曼设计的计算机EDVAC

③ 计算机硬件由控制器、运算器、存储器、输入设备和输出设备五大部分组成。

从第一台电子计算机诞生到现在，计算机经历了大型机、微型机及网络阶段。对于传统的大型机，根据计算机所采用的电子元件（逻辑元件）的不同而划分为电子管阶段、晶体管阶段、集成电路阶段和大规模、超大规模集成电路阶段。

第一代（1946—1958 年）电子管计算机，计算机使用的主要逻辑元件是电子管，也称电子管时代。主存储器采用磁鼓磁心，外存储器使用磁带。软件方面，用机器语言和汇编语言编写程序。这个时期计算机的特点是：体积庞大、运算速度低（一般每秒几千次到几万次）、成本高、可靠性差、内存容量小。

第二代（1959—1964 年）晶体管计算机，计算机使用的主要逻辑元件是晶体管。主存储器采用磁心，外存储器使用磁带和磁盘。软件方面开始使用管理程序，后期使用操作系统并出现了高级程序设计语言。这个时期计算机的应用扩展到数据处理、自动控制等方面。计算机的运行速度已提高到每秒几十万次，体积已大大减小，可靠性和内存容量也有较大的提高。

第三代（1965—1970 年）集成电路计算机，这个时期的计算机用中小规模集成电路代替了分立元件，用半导体存储器代替了磁心存储器，外存储器使用磁盘。软件方面，操作系统进一步完善，高级语言数量增多。计算机的运行速度也提高到每秒几十万次到几百万次，可靠性和存储容量进一步提高，外围设备种类繁多，计算机和通信密切结合起来，广泛地应用到科学计算、数据处理、事务管理、工业控制等领域。

第四代（1971 年以后）大规模和超大规模集成电路计算机，这个时期计算机的主要逻辑元件是大规模和超大规模集成电路，一般称大规模集成电路时代。存储器采用半导体存储器，外存储器采用大容量的软、硬磁盘，并开始引入光盘。软件方面，操作系统不断发展和完善。计算机的发展进入了以计算机网络为特征的时代。计算机的运行速度可达到每秒上千万次到万亿次，计算机的存储容量和可靠性又有了很大提高，功能更加完备。这个时期计算机的类型除小型、中型、大型机外，开始向巨型机和微型机（个人计算机）两个方面发展，使计算机开始进入人类社会各个领域。

1.1.2 计算机的特点、应用及分类

1. 计算机的主要特点

（1）运算速度快

计算机的运算速度指计算机在单位时间内执行指令的平均速度，可以用每秒能完成多少次操作（如加法运算）或每秒能执行多少条指令来描述。随着半导体技术和计算机技术的发展，计算机的运算速度已经从最初的每秒几千次发展到每秒几百万次、几千万次，甚至每秒几万亿次。计算机的速度是传统的计算工具所不能比拟的。例如 10 min 内可完成上海证券交易所 10 年的 1 000 多支股票交易信息的 200 种证券指数的计算。

（2）精确度高

计算机中的精确度主要表现为数据表示的位数，一般称为字长，字长越长精度越高。微型计算机字长一般有 8 位、16 位、32 位、64 位等。计算机一般都可以有十几位有效数字，因此能满足一般情况下对计算精度的要求。

（3）具有强大的存储能力

计算机不仅能进行计算，而且还可以把原始数据、中间结果、运算指令等信息存储起来，供使用者调用。这是电子计算机与其他计算装置的一个重要区别。

（4）具有逻辑判断能力

计算机还能在运算过程中随时进行各种逻辑判断，并根据判断的结果自动决定下一步执行的命令。

（5）程序运行自动化

由于计算机具有"记忆"能力和逻辑判断能力，所以计算机内部的操作运算都是自动控制进行的。使用者在把程序送入计算机后，计算机就在程序的控制下自动完成全部运算并输出运算结果，不需要人为干预。

（6）具有网络与通信功能

2. 计算机的应用

当前，计算机的应用范围已渗透到科研、生产、军事、教学、金融、交通、农业、林业、地质勘探、气象预报、邮电通信等各行各业，并且深入到文化、娱乐和家庭生活等各个领域，其影响涉及社会生活的各个方面。计算机的应用几乎包括人类的一切领域。根据应用特点，可以将计算机的应用领域归纳为以下几大类。

（1）科学计算

科学计算也称为数值计算，通常指用于完成科学研究和工程技术中提出的数学问题的计算。科学计算的特点是计算工作量大、数值变化范围大。科学计算是计算机最早的应用领域。在计算机诞生初期，计算机主要用于科学计算，在弹道计算上显示了它的巨大威力。当时，用 ENIAC 计算炮弹从发射到弹道轨道 40 个点的位置只用了 3 s，代替了 7 h 的人工计算，速度提高 8 400 倍。随着科学技术的发展，使得各种领域中的计算模型日趋复杂，人工计算已无法解决这些复杂的计算问题。

（2）数据处理

数据处理也称为非数值计算，是指对大量的数据进行加工处理（如统计分析、合并、分类等）。使用计算机和其他辅助方式，把人们在各种实践活动中产生的大量信息（文字、声音、图片、视频等）按照不同的要求，及时地收集、储存、整理、传输和应用。数据处理是现代化管理的基础。它不仅应用于处理日常的事务，且能支持科学的管理和企事业计算机辅助管理与决策。以一个现代企业为例，从市场预测、经营决策、生产管理到财务管理，无不与数据处理有关。

（3）计算机控制（实时控制）

过程控制又称实时控制，指用计算机实时采集检测数据，按最佳值迅速地对控制对象进行自动控制或自动调节。利用计算机对工业生产过程或装置的运行过程进行状态检测并实施自动控制，不仅可以大大提高控制的自动化水平，而且可以提高控制的及时性和准确性，从而改善劳动条件、提高产品质量及合格率。

（4）计算机辅助

计算机辅助是计算机应用的一个非常广泛的领域。几乎所有过去由人进行的具体设计性质的过程都可以让计算机帮助实现部分或全部工作。计算机辅助（也称为计算机辅助工程）主要有：计算机辅助设计（Computer Aided Design，CAD）、计算机辅助制造（Computer Aided Manufacturing，CAM）、计算机辅助教学（Computer Aided Instruction，CAI）、计算机辅助技术（Computer Aided Technology/Text/Translation/Typesetting，CAT）、计算机仿真模拟（Simulation）等。

（5）人工智能

人工智能（简称 AI）。人工智能是指计算机模拟人类某些智力行为的理论、技术和应用。人工智能是计算机应用的一个新的领域，这方面的研究和应用正处于发展阶段，在医疗诊断、定理证明、语言翻译、机器人等方面，已有了显著的成效。人工智能又称智能模拟，是用计算机系统模仿人类的感知、思维、推理等智能活动。人工智能是探索计算机模拟人的感觉和思维规律的科学，是在控制论、计算机科学、仿真技术、心理学等学科的基础上发展起来的边缘学科。人工智能研究和应用的领域包括模式识别、自然语言理解与生成、专家系统启动程序设计、定理证明、联想与思维的机理、数据智能检索等。例如，用计算机模拟人脑的部分功能进行学习、推理、联想和决策；模拟医生给病人诊病的医疗诊断专家系统；机械手与机器人的研究和应用等。

（6）多媒体技术应用、嵌入式应用、网络应用等

随着电子技术特别是通信和计算机技术的发展，人们已经有能力把文本、音频、视频、动画、图形和图像等各种媒体综合起来，构成一种全新的概念——“多媒体”。在医疗、教育、商业、银行、保险、行政管理、军事、工业、广播和出版等领域中，多媒体的应用发展很快。

随着网络技术的发展，计算机的应用进一步深入到社会的各行各业，通过高速信息网络实现数据与信息的查询、高速通信服务（电子邮件、电视电话、电视会议、文档传输）、电子教育、电子娱乐、电子购物（通过网络选看商品、办理购物手续、质量投诉等）、远程医疗和会诊、交通信息管理等。

3. 计算机的分类

计算机种类繁多，可以从不同的角度对其进行分类。

（1）按性能分类

这是最常规的分类方法，所依据的性能主要包括：存储容量，即能记忆数据的多少；运算速度，即处理数据的快慢；允许同时使用一台计算机的用户多少和价格等。根据这些性能可以将计算机分为巨型计算机、大型计算机、小型计算机、微型计算机和工作站五类。

巨型计算机（Supercomputer）：巨型机是目前功能最强、速度最快、价格最高的计算机。一般用于如气象、航天、能源、医药等尖端科学研究和战略武器研制中的复杂计算。它们安装在国家高级研究机关中，可供几百个用户同时使用。这种计算机价格昂贵，是国家级资源，体现一个国家的综合科技实力。世界上只有少数几个国家能生产这种计算机，如 IBM 公司的深蓝、美国克雷公司生产的 Cray-1、Cray-2 和 Cray-3 都是著名的巨型机。我国在巨型机技术领域中研制开发了“银河”（1983 年 12 月研制成功）、“曙光”和“神威”等系列巨型机。

大型计算机（Mainframe Computer）：这类计算机也有很高的运算速度和很大的存储量，并允许相当多的用户同时使用。当然在量级上不及巨型计算机，价格也比巨型机便宜。这类计算机通常用于大型企业、商业管理或大型数据库管理系统中，也可用做大型计算机网络中的主机。

小型计算机（Minicomputer）：这类计算机规模比大型机要小，但仍能支持十几个用户同时使

用。这类计算机价格便宜，适合于中小型企事业单位使用。如 DEC 公司生产的 VAX 系列，IBM 公司生产的 AS/400 系列都是典型的小型机。

微型计算机（Microcomputer）：这类计算机最主要的特点是小巧、灵活、便宜。不过通常在同一时刻只能供一个用户使用，所以微型计算机又称个人计算机（Personal Computer，PC）。近几年又出现了体积更小的微型计算机，如笔记本式计算机、手持计算机、掌上型计算机等。第一代微型计算机是 IBM-PC/XT 及其兼容机。我国在微型计算机方面主要有长城、方正、同方、紫光、联想等系列。

工作站（Workstation）：工作站与功能较强的高档微型机之间的差别不十分明显。通常，它比微型机有更大的存储容量和较快的运算速度，而且配备大屏幕显示器。工作站主要用于图像处理和计算机辅助设计等领域。

不过，随着计算机技术的发展，各类计算机之间的差别也不再那么明显。例如，现在高档微型机的内存容量比前几年小型机甚至大型机的内存容量还要大得多。随着网络时代的到来，网络计算机（Network Computer）的概念也应运而生。其主要宗旨是适应计算机网络的发展，降低成本。这种计算机只能连网运行而不能单独使用，它不需要配置硬盘，所以价格较低。

（2）按处理数据的类型分类

按处理数据的类型分类，可以分为数字计算机、模拟计算机和混合计算机。

数字计算机：数字计算机所处理的数据（以电信号表示）是离散的，称为数字量，如职工人数、工资数据等。处理之后，仍以数字形式输出到打印纸上或显示在屏幕上。目前，常用的计算机大多是数字计算机。

模拟计算机：模拟计算机所处理的数据是连续的，称为模拟量。模拟量以电信号的幅值来模拟数值或某物理量的大小，如电压、电流、温度等都是模拟量。能够接受模拟数据，并且经过处理后，仍以连续的数据输出的计算机称为模拟计算机。一般来说，模拟计算机不如数字计算机精确。它常以绘图或量表的形式输出。

混合计算机：它集数字计算机与模拟计算机的优点于一身，可以接受模拟量或数字量的运算，最后以连续的模拟量或离散的数字量为输出结果。

（3）按使用范围分类

按使用范围分类，可以分为通用计算机和专用计算机。

通用计算机：通用计算机适用于一般科学运算、学术研究、工程设计和数据处理等的计算。通常所说的计算机均指通用计算机。

专用计算机：专用计算机是为适应某种特殊应用而设计的计算机，它的运行程序不变、效率较高、速度较快、精度较高，但只能作为专用。如飞机的自动驾驶仪，坦克上的火控系统中用的计算机，都属于专用计算机。

1.1.3　计算机的新技术

1. 嵌入式技术

嵌入式技术是将计算机作为一个信息处理部件嵌入应用系统的一种技术，也就是说，它将软件固化集成到硬件系统中，将硬件系统与软件系统一体化。嵌入式技术具有代码小、高度自动化和速度快等特点。

2．网格计算

网格计算是专门针对复杂科学计算的新型计算模式。这种计算模式是利用互联网把分散在不同地点的计算机组织成一个“虚拟的超级计算机”，其中每一台参与计算的计算机都是一个“结点”，而整个计算就是由成千上万“结点”组成的“一张网格”，所以这种计算方式被称为网格计算。这样组织起来的“虚拟的超级计算机”有两个优势：一是数据处理能力强；二是能充分利用网上闲置的处理能力。

3．中间件技术

顾名思义，中间件是介于应用软件和操作系统之间的系统软件。它们是通用的，都基于某一标准，所以可被重用，其他应用程序可以使用它们所提供的应用程序接口调用组件，完成所需的操作。

1.1.4 未来计算机的发展趋势

随着计算机应用的广泛和深入，人们向计算机技术提出了更高的要求——提高计算机的工作速度和存储容量。但专家们认识到，尽管随着工艺的改进，集成电路的规模越来越大，但在单位面积上容纳的元件数是有限的，并且它的散热、防漏电等因素制约着集成电路的规模，现在的半导体芯片发展达到理论的极限。为此，世界各国研究人员正在加紧研制新一代计算机，从体系结构的变革到器件与技术革命都要产生一次量的飞跃。

① 计算机的发展趋势：巨型化、微型化、网络化、智能化。

② 未来新一代计算机：模糊计算机、生物计算机、光子计算机、超导计算机、量子计算机。

1.1.5 信息技术的发展

信息社会的到来，给全球带来了信息技术飞速发展的契机，其主要动力就是以计算机技术、通信技术和控制技术为核心的现代信息技术的飞速发展和广泛应用。随着科学技术的不断进步，各种新技术层出不穷，必然推动信息技术更快的发展。

1．数据与信息

数值、文字、语言、图形、图像等都是不同形式的数据。数据是信息的载体。

数据与信息的区别：数据处理之后产生的结果为信息。信息具有时效性、针对性。信息有意义，而数据没有。单纯的数据并没有意义，当数据以某种形式经过处理、描述或与其他数据比较时，便被赋予了意义，这才是信息，信息是有意义的。

2．信息技术

联合国教科文组织对信息技术的定义是：应用在信息加工和处理中的科学、技术与工程的训练方法和管理技巧；上述方面的技巧和应用；计算机及其人、机的相互作用；与之相应的社会、经济和文化等事物。信息技术不仅包括现代信息技术，还包括在现代文明之前的原始时代和古代社会中与之对应的信息技术。

3．现代信息技术的内容

一般来说，信息技术包含 3 个层次的内容：

① 信息基础技术：是指新材料、新能源、新器件的开发和制造技术。

② 信息系统技术：是指有关信息的获取、传输、处理、控制的设备和系统的技术。

③ 信息应用技术：是针对种种实用目的而发展起来的具体的技术群类，它们是信息技术开发的根本目的所在。

4．现代信息技术的特点

① 数字化。

② 多媒体化。

③ 高速度、网络化、宽频带。

④ 智能化。

1.2 计算机中的数制与编码

计算机可用来处理各种形式的数据，这些数据可以是数字、字符或汉字，它们在计算机内部都是采用二进制数来表示的，本节将介绍计算机使用的数制和常用编码。

计算机所使用的数据可分为数值数据和字符数据。数值数据用以表示量的大小、正负，如整数、小数等。字符数据又称非数值数据，用于表示一些符号、标记，如英文字母 A～Z、a～z，数字 0～9，各种专用字符+、-、/、[、]、(、) 及标点符号等。汉字、图形、声音数据也属于非数值数据。

无论是数值数据还是非数值数据，在计算机内部都是用二进制编码形式表示的，所以下面先介绍数制的基本概念，再介绍二进制、八进制、十六进制以及它们之间的转换。

1.2.1 数制的基本概念

人们在生产实践和日常生活中创造了多种表示数的方法，这些数的表示规则称为数制，其中，按照进位方式计数的数制称为进位计数制。例如，人们常用的十进制；钟表计时中使用的 1 h 等于 60 min、1 min 等于 60 s 的六十进制；早年我国曾使用过 1 市斤等于 16 两的十六进制；计算机中使用的二进制等。

1．十进制计数制

从最常用和最熟悉的十进制计数制可以看出，其加法规则是“逢十进一”。任意一个十进制数值都可用 0、1、2、3、4、5、6、7、8、9 这 10 个数字符号组成的字符串来表示，这些数字符号称为数码；数码处于不同的位置（数位）代表不同的数值。例如，819.18 这个数中，第 1 个数 8 处于百位数，代表 800；第 2 个数 1 处于十位数，代表 10；第 3 个数 9 处于个位数，代表 9；第 4 个数 1 处于十分位，代表 0.1；而第 5 个数 8 处于百分位，代表 0.08。也就是说，十进制数 819.18 可以写成：819.18=8×102+1×101+9×100+1×10-1+8×10-2。

上式称为数值的按位权展开式，其中 10^i（102 对应百位，101 对应十位，100 对应个位，10-1 对应十分位，10-2 对应百分位）称为十进制数位的位权，10 称为基数。

2．R 进制计数制

从对十进制计数制的分析可以得出，任意 R 进制计数制同样有基数 R、位权和按位权展开表达式。其中，R 可以为任意正整数，如二进制的 R 为 2，十六进制的 R 为 16 等。

① 基数：一种计数制所包含的数字符号的个数称为该数制的基数（Radix），用 R 表示。

十进制（Decimal）：任意一个十进制数可用 0、1、2、3、4、5、6、7、8、9 这 10 个数字符号表示，它的基数 $R=10$，即“逢十进一”。

二进制（Binary）：任意一个二进制数可用 0、1 这两个数字符号表示，其基数 $R=2$，即“逢二进一”。

八进制（Octal）：任意一个八进制数可用 0、1、2、3、4、5、6、7 这 8 个数字符号表示，它的基数 $R=8$，即“逢八进一”。

十六进制（Hexadecimal）：任意一个十六进制数可用 0、1、2、3、4、5、6、7、8、9、A、B、C、D、E、F 这 16 个数字符号表示，它的基数 $R=16$，即“逢十六进一”。

为区分不同进制的数，约定对于任一 R 进制的数 N，记做$(N)_R$。如(1010)2、(703)8、(AE05)16 分别表示二进制数 1010、八进制数 703 和十六进制数 AE05。不用括号及下标的数，默认为十进制数，如 256。人们也习惯在一个数的后面加上字母 D（十进制）、B（二进制）、O（八进制）、H（十六进制）来表示其前面的数用的是哪种进位制，如 1010B 表示二进制数 1010，AE05H 表示十六进制数 AE05。

② 位权：任何一个 R 进制的数都是由一串数码表示的，其中每一位数码所表示的实际值的大小，除与数字本身的数值有关外，还与它所处的位置有关。该位置上的基准值就称为位权（或位值）。位权用基数 R 的 i 次幂表示。对于 R 进制数，小数点前第 1 位的位权为 $R0$，小数点前第 2 位的位权为 $R1$，小数点后第 1 位的位权为 $R-1$，小数点后第 2 位的位权为 $R-2$，依此类推。

假设一个 R 进制数具有 n 位整数，m 位小数，那么其位权为 R^i，其中 $i=-m \sim n-1$。

十进制位权为 10^i，二进制位权为 2^i，八进制位权为 8^i，十六进制位权为 16^i（其中，$i=-m \sim n-1$，m、n 为自然数）。

显然，对于任一 R 进制数，其最右边数码的位权最小，最左边数码的位权最大。

③ 数的按位权展开：类似十进制数值的表示，任一 R 进制数的值都可表示为各位数码本身的值与其所在位位权的乘积之和。例如：

十进制数 256.16 的按位权展开式为

$256.16=2\times10^2+5\times10^1+6\times10^0+1\times10^{-1}+6\times10^{-2}$

二进制数 101.01 的按位权展开式为

$101.01=1\times2^2+0\times2^1+1\times2^0+0\times2^{-1}+1\times2^{-2}$

八进制数 307.4 的按位权展开式为

$307.4=3\times8^2+0\times8^1+7\times8^0+4\times8^{-1}$

十六进制数 F2B 的按位权展开式为

$F2B=15\times16^2+2\times16^1+11\times16^0$

应当指出，二、八、十六和十进制都是计算机中常用的数制，所以在一定数值范围内可以直接写出它们之间的对应表示。表 1-1 列出了 0～15 这 16 个十进制数与其他三种数制的对应关系。

表 1-1　计算机中常用计数制的表示方法

十进制	二进制	八进制	十六进制	十进制	二进制	八进制	十六进制
0	0000	0	0	3	0100	3	3
1	0001	1	1	4	0101	4	4
2	0010	2	2	5	0110	5	5

续表

十进制	二进制	八进制	十六进制	十进制	二进制	八进制	十六进制
6	0110	6	6	11	1011	13	B
7	0111	7	7	12	1100	14	C
8	1000	10	8	13	1101	15	D
9	1001	11	9	14	1110	16	E
10	1010	12	A	15	1111	17	F

1.2.2 二进制数特点

十进制是人类最为方便的进制表示形式，但十进制应用在计算机上遇到了表示上的困难，10 个不同符号表示和运算很复杂。在计算机中采用二进制则有如下优势：

1. 可行性

采用二进制，只有 0 和 1 两个状态，使用只具有两种状态的电子器件来表示，电路设计简单，容易实现。如开关的接通和断开、晶体管的导通和截止、磁元件的正负剩磁、电位电平的高与低等都可表示 0 、1 两个数码。使用二进制，电子器件具有实现的可行性。

2. 运算简单

二进制只有两个基本符号，在数字的传输与处理时不容易出错，工作可靠。二进制数的运算法则少，运算简单，使计算机运算器的硬件结构大大简化。

3. 逻辑性强

由于二进制 0 和 1 正好和逻辑代数的假（False）和真（True）相对应，有逻辑代数的理论基础，用二进制表示二值逻辑很自然。

4. 节省存储设备

如用十进制数表示 0～9 这 10 个数码就必须用 10 个设备，而用二进制数却只需要 4 个设备便可表示出 0～15 的范围。可见，用二进制数表示同样一个数要比用十进制数来表示节省设备。

1.2.3 各种进制之间的转换

用计算机处理十进制数，必须先把它转化成二进制数才能被计算机所接受，同理，计算结果应将二进制数转换成人们习惯的十进制数。这就产生了不同进制数之间的转换问题。

1. *R* 进制转换为十进制

利用按位权展开的方法，可以把任意数制的一个数转换成十进制数。下面是将二进制、八进制、十六进制数转换为十进制数的例子。

【例 1.1】 (101101)2=(?)10

(101101)2 = 1 × 25+0 × 24+1 × 23+1 × 22+0 × 21+1 × 20

= 32+0+8+4+0+1=45

因此，$(101101)_2=(45)_{10}$

【例 1.2】 (1011.101)2 =(?)10

$$(1011.101)2=1\times 23+0\times 22+1\times 21+1\times 20+1\times 2-1+0\times 2-2+1\times 2-3$$
$$=8+0+2+1+0.5+0+0.125=11.625$$

因此，$(1011.101)_2=(11.625)_{10}$

【例 1.3】$(777)8=7\times 82+7\times 81+7\times 80$

$$=448+56+7=511$$

因此，$(777)_8=(511)_{10}$

【例 1.4】$(2BC5)_{16}=(?)_{10}$

$$(2BC5)_{16} = 2\times 163 + B\times 162 + C\times 161 + 5\times 160$$
$$= 2\times 4096+11\times 256+12\times 16+5\times 1$$
$$= 8192+2816+192+5=11205$$

因此，$(2BC5)_{16}=(11205)_{10}$

2. 十进制转换为 *R* 进制

十进制数转换为二进制数，分为两部分进行转换。

整数部分：除以 2 取余数，且除到商为 0 为止（规则：先得到的余数为低位，后得到的余数为高位）。

小数部分：乘以 2 取整数，直到小数部分为 0 或达到所要求的精度为止（规则：先得到的整数为高位，后得到的整数为低位）。

【例 1.5】$(43)_{10}=(?)_2$

除数	被除数/商	余数	
2	43		低
2	21	1	↑
2	10	1	
2	5	0	
2	2	1	
2	1	0	
	0	1	高

因此，$(43)_{10}=(101011)_2$

【例 1.6】$(0.37)10=(?)2$（要求：结果精确到小数点后 4 位）

运算	整数	
0.37 × 2 = 0.74	→ 0	高位
0.74 × 2 = 0.48	→ 1	↓
0.48 × 2 = 0.96	→ 0	
0.96 × 2 = 0.92	→ 1	低位

因此，(0.37)10=(0.0101)2

【例 1.7】(43.37)10=(?)2（要求：结果精确到小数点后 4 位）

既有小数又有整数的数制转换，只需要将其整数、小数部分分别转换，再将两部分转换的结果通过小数点连接起来即可。

因此，$(43.37)_{10}=(101011.0101)_2$

根据同样的道理，可将十进制数转换成其他相应的进制数。

3．非十进制数之间的转换

（1）二进制数转换成八进制数

由于 $2^3=8$，二进制数的 3 位相当于八进制数的 1 位。因此，将二进制数转换成八进制数时，只需要以小数点为界，分别向左、向右，每 3 位二进制数分为一组，不足 3 位时用 0 补足 3 位（整数在高位补零，小数在低位补零）。然后将每组分别用对应的 1 位八进制数替换，即可完成转换。

例如，把$(110101010100010100)_2$转换成八进制数，则

$(011\ 010\ 101\ 010\ 010\ 100)_2$

↓ ↓ ↓ ↓ ↓ ↓

(3 2 5 2 2 4)8

因此，$(110101010100010100)_2=(325224)_8$

（2）八进制数转换成二进制数

由于八进制数的 1 位相当于二进制数的 3 位，因此，只要将每位八进制数用相应的 3 位二进制数替换，即可完成转换。

例如，把$(652307)_8$转换成二进制数，则

(6 5 2 3 0 7)8

↓ ↓ ↓ ↓ ↓ ↓

(110 101 010 011 000 111)2

因此，$(652307)_8=(110101010011000111)_2$

（3）二进制数转换成十六进制数

由于 $2^4=16$，二进制数的 4 位相当于十六进制数的 1 位。因此，将二进制数转换成十六进制数时，只需要以小数点为界，分别向左、向右，每 4 位二进制数分为一组，不足 4 位时用 0 补足 4 位（整数在高位补零，小数在低位补零）。然后将每组分别用对应的 1 位十六进制数替换，即可完成转换。

例如，把$(1100011011101011)_2$转换成十六进制数，则

$(1100\ 0110\ 1110\ 1011)_2$

↓ ↓ ↓ ↓

(C 6 E B)16

因此，$(1100\ 0110\ 1110\ 1010)_2=(C6EB)_{16}$

（4）十六进制数转换成二进制数

由于十六进制数的 1 位相当于二进制数的 4 位，因此，只要将每位十六进制数用相应的 4 位

二进制数替换，即可完成转换。

例如，把$(F31B)_{16}$转换成二进制数，则

$$
\begin{array}{cccc}
(F & 3 & 1 & B)16 \\
\downarrow & \downarrow & \downarrow & \downarrow \\
(1111 & 0011 & 0001 & 1011)_2
\end{array}
$$

因此，$(F31B)_{16}=(1111001100011011)_2$

1.2.4 字符的二进制编码

1．ASCII 码

计算机中的数据是用二进制表示的，而人们习惯用十进制数，那么输入/输出时，符号、英文字母、阿拉伯数字等数据就要进行十进制和二进制之间的转换处理。因此，必须采用一种编码方法，由计算机自已来承担这种识别和转换工作。

编码是采用少量基本符号，选用一定的组合原则，以表示大量复杂多样的信息的技术。编码过程就是实现将信息在计算机中转化为 0 和 1 二进制串的过程。

在西文领域的符号处理普遍采用的是 ASCII 码（American Standard Code for Information Interchange，美国标准信息交换码），已被国际标准化组织（ISO）认定为国际标准。

ASCII 码有 7 位版本和 8 位版本两种，国际上通用的是 7 位版本，7 位版本的 ASCII 码有 128 个，只需要用 7 个二进制位（$2^7=128$）表示，从数字 0 到 127 代表不同的常用符号。其中控制字符 34 个，阿拉伯数字 10 个，大小写英文字母 52 个，各种标点符号和运算符号 32 个。ASCII 表见附录 A。

每个字符的 ASCII 码由高 3 位和低 4 位二进制数构成，ASCII 码表中高 3 位表示字符所在列，低 4 位表示字符所在行。例如大写字母 A 的 ASCII 码是 1000001，表示它所在列为 100，所在行为 0001，其对应的十进制数为 65；同样，小写字母 a 的 ASCII 码就是十进制数 97，数字 0 的 ASCII 就是 48。

比较 ASCII 码值时，数字的 ASCII 码值小于大写英文字母的 ASCII 码值，大写英文字母的 ASCII 码值小于小写英文字母的 ASCII 码值。

每个 ASCII 码以 1 个字节（Byte）存储，高位置 0。

2．汉字编码

用计算机处理汉字时，必须先将汉字代码化，即对汉字进行编码。

（1）汉字输入码

为了在计算机内部处理汉字信息，必须先将汉字输入到计算机。由于汉字的字数繁多、字形复杂、字音多变，因此，为了能直接使用英文标准键盘进行汉字输入，必须为汉字设计相应的输入码。汉字输入码是为用户由计算机外部输入汉字而编制的汉字编码，又称汉字外部码，简称外码。汉字输入码位于人机界面上，面向用户，所以它的编码原则应该是简单易记、操作方便、有利于提高输入速度。目前使用较多的有以下 4 类：

① 顺序码：将汉字按一定顺序排好，然后逐个赋予一个号码作为该汉字的编码。这种编码方法简单，但由于与汉字的特征没有联系，所以很难记忆。例如，区位码、电报码等。

② 音码：根据汉字的读音进行编码。只要具有汉语拼音的基础就会掌握，这种编码的最大

弱点是对于那些不知道读音的字无法输入。例如，拼音码、自然码等。

③ 形码：根据汉字的字形进行编码。一个汉字只要能写出来，即使不会读，也能得到它的编码。例如，五笔字型、大众码等。

④ 音形码：根据汉字的读音和字形进行编码。它的编码规则既与音素有关，又与形素有关。即取音码实施简单、易于接受的优点和形码形象、直观之所长，从而获得较好的输入效果。例如，双拼码、五十字元等。

无论采用何种方式输入汉字，所输入的汉字都在计算机内部转换为机内码，从而把每个汉字与机内的一个代码唯一地对应起来，便于计算机进行处理。

（2）汉字机内码

汉字的内码（机内码）是在计算机内部进行存储、传输和加工时所用的统一机内代码，包括西文 ASCII 码。为了避免 ASCII 码和国标码同时使用时产生二义性问题，大部分汉字系统都采用将国标码每个字节高位置 1 作为汉字机内码。这样既解决了汉字机内码与西文机内码之间的二义性，又使汉字机内码与国标码具有极简单的对应关系。

（3）汉字国标码（交换码）

汉字交换码是汉字信息处理系统之间或通信系统之间传输信息时，对每个汉字所规定的统一编码。我国已指定了汉字交换码的国家标准 GB2312—1980《信息交换用汉字编码字符集 基本集》，又称“国标码”。国标码的编码范围是 2121H~7E7EH。自公布这一标准后，汉字机内码的编码、汉字字库的设计、汉字输入码的转换、输出设备的汉字地址码等，都以此为基础。

机内码与国标码有着明确的对应关系，也就是国标码两个字节分别加 80H 就是其机内码，即汉字机内码=汉字国标码+8080H。

当机内码与国标码完全相同时，这两个字节肯定代表两个西文字符。由此体现了汉字机内码与 ASCII 码的兼容性。

将 GB2312—1980 全部字符集组成的一个 94×94 的方阵，每一行称为一个“区”，编号从 01 ~ 94；每一列称为一个“位”，编号也是从 01 ~ 94。这样，每一个字符便具有一个区码和一个位码，将区码置前，位码置后，组合在一起就成为区位码。例如，汉字“中”在第 54 行、第 48 列的位置，它的区码是 54，位码是 48，所以区位码就是十进制数 5 448。

区位码和国标码之间的转换方法是将一个汉字的十进制区号和十进制位号分别转换成十六进制数，然后再分别加上 20H，就成为汉字的国标码，即汉字国标码=区号（十六进制数）+20H 位号（十六进制数）+20H。例如，汉字“中” 位于 54 区 48 位，区位码为十进制数 5 448，即十六进制数 3630H，对应的国标码为十六进制数 5650H。国标码与区位码是一一对应的。

（4）汉字字形码

汉字字形码是表示汉字字形信息的编码，是表示汉字字形的字模数据（又称字模码），是汉字输出的形式。目前，在汉字信息处理系统中大多以点阵方式形成汉字，所以汉字字形码就是确定一个汉字字形点阵的代码。全点阵字形中的每一个点用一个二进制位来表示，通常将笔画经过的点置成“1”，笔画没经过的点置成“0”。图 1-3 所示为“中”字的

图 1-3　16×16 点阵字形示意图

16×16点阵字形示意图。随着字形点阵的不同，它们所需要的二进制位数也不同。例如，24×24的字形点阵，每字需要24×24/8=72字节存储空间；32×32的字形点阵，每字需要32×32/8=128字节存储空间。与每个汉字对应的这一串字节，就是汉字的字形码。点阵中行、列数划分越多，字形的质量越好，锯齿现象也就越小，但存储汉字字形码所占用的存储空间也就越大。汉字字形通常分为通用型和精密型两类。通用型汉字字形点阵分成以下三种：简易型（16×16点阵）、普通型（24×24点阵）、提高型（32×32点阵）。

字形点阵所需占用的存储空间很大，只能用来构成汉字字库，不能用于机内存储。

实际上，汉字处理过程就是这些代码的转换过程。可以把汉字信息处理系统抽象为一个简单的模型，其处理流程为：输入→输入码→国标码→机内码→字型码→输出。

1.2.5 计算机中数据存储的组织形式

计算机采用二进制，运算器运算的是二进制数，控制器发出的各种指令也表示成二进制数，存储器中存放的数据和程序也是二进制数，在网络上进行数据通信时发送和接收的还是二进制数。显然，在计算机内部到处都是由0和1组成的数据流（比特流）。

数据的最小单位是位（bit），指二进制数中的一个位数，其值为“0”或“1”。

计算机信息存储的基本单位是字节，人们采用8位二进制数为1个字节，计算机存储容量的大小是用字节的多少来衡量的。其英文名为byte，通常用B表示。例如，计算机内存的存储容量、磁盘的存储容量等都是以字节为单位表示的。除用字节为单位表示存储容量外，还可以用千字节（KB）、兆字节（MB）以及吉字节（GB）等表示存储容量。

注 意

位是计算机中最小的数据单位，字节是计算机中的基本信息单位。

CPU处理信息一般是以一组二进制数码作为一个整体进行的。这一组二进制数码称为一个字，是计算机内部作为一个整体参与运算、处理和传送的一串二进制数，是计算机进行信息交换、处理、存储的基本单元，通常由一个或几个字节组成。一个字的二进制位数称为字长。不同计算机系统内部的字长是不同的，计算机中常用的字长有8位、16位、32位、64位等。一个字可以表示许多不同的内容，较长的字长可以处理更多的信息。字长是衡量计算机性能的一个重要指标。字长越长，一次可处理的数据二进制位越多，运算能力就越强，计算精度就越高。

常用的存储单元大小表示为：

1 B=8 bit；1 KB=1 024 B；1 MB=1 024 KB；1 GB=1 024 MB；1 TB=1 024 GB。

常见的内存存储容量为512 MB、1 GB、2 GB；常见的硬盘存储容量为80 GB、120 GB、160 GB、250 GB；3.5英寸软盘的存储容量为1.44 MB；常见的闪存盘容量为1 GB、2 GB、4 GB；移动硬盘容量为20 GB、80 GB、160 GB等。

1.3 计算机系统的组成

计算机系统是由硬件系统和软件系统两大部分组成。硬件系统是指物理存在的各种设备，软件系统是指运行在计算机硬件上的程序、运行程序所需的数据和相关文档的总称。

1.3.1　计算机的硬件系统

硬件系统是构成计算机系统的物理实体或物理装置，是计算机工作的物质基础。硬件系统包括组成计算机的各种部件和外围设备。

1．运算器（Arithmetic and Logic Unit，ALU）

运算器是计算机中执行各种算术和逻辑运算操作的部件，负责数据的算术运算和逻辑运算。运算器的基本操作包括加、减、乘、除四则运算，与、或、非、异或等逻辑操作，以及移位、比较、和传送等操作，也称算术逻辑部件（ALU）。计算机运行时，运算器的操作和操作种类由控制器决定。运算器处理的数据来自存储器；处理后的结果数据通常被送回存储器，或暂时寄存在运算器中。

运算器包括寄存器、执行部件和控制电路 3 个部分。

在典型的运算器中有 3 个寄存器：接收并保存一个操作数的接收寄存器；保存另一个操作数和运算结果的累加寄存器；在进行乘、除运算时保存乘数或商数的乘商寄存器。执行部件包括一个加法器和各种类型的输入/输出门电路。构成运算器的核心部件是加法器。控制电路按照一定的时间顺序发出不同的控制信号，使数据经过相应的门电路进入寄存器或加法器，完成规定的操作。

2．控制器（Contrl Unit，CU）

控制器根据事先给定的命令发出控制信息，使整个计算机指令执行过程一步一步地进行，是计算机的神经中枢。控制器还是计算机的指挥中心，负责决定程序的执行顺序，给出机器各部件需要的操作控制命令。例如，控制器控制从存储器中读出数据、将数据写入存储器中、按照程序规定的步骤进行各种运算和处理等，使计算机按照预定的工作顺序高速进行工作。

运算器与控制器组成计算机的中央处理单元（Central Processing Unit，CPU）。在微型计算机中，一般都是把运算器和控制器集成在一片半导体芯片上，制成大规模集成电路。因此，CPU 常常又被称为微处理器。

3．存储器

存储器是计算机的记忆部件，负责存储程序和数据，并根据命令提取这些程序和数据。存储器通常分为内存储器和外存储器两部分。中央处理器（CPU）只能直接访问存储于内存的数据。外存中的数据只能先调入内存，才能被 CPU 访问和处理。

① 内存储器简称为内存，可以与 CPU、输入设备和输出设备直接交换或传递信息。内存一般采用半导体存储器制成。其工作方式有写入和读出两种：写入是指向存储器存入数据的过程；读出是把数据从存储器取出的过程。

在微机系统中广泛应用的半导体存储器主要有三种类型：静态随机存储器（SRAM）、动态随机存储器（DRAM）和只读存储器（ROM）。

静态随机存储器不必周期性地刷新就可以保存数据。它的主要优点是：与微处理器的接口很简单、所需的附加硬件少、使用方便、速度快。它的缺点是：功耗较大、集成度低、成本高。

动态随机存储器以无源元件存放数据，并且需要周期性地刷新来保存数据。与 SRAM 不同，如果没有外部支持逻辑电路，它就不能长期地保存数据。它的特点是功耗低、集成度高、成本低。

在系统主板上的随机存储器（Random Access Memory，RAM）也称为主存，一般都采用动态随机存储器。随机存储器为程序提供一个临时的工作空间，以便计算机进行工作，它用来存放正在运行的程序和数据。随机存储器在计算机运行过程中可以随时读出所存放的信息，又可以随时写入新的内容或修改已经存入的内容。RAM 容量的大小对程序的运行有着重要的意义。因此，RAM 容量是计算机的一个重要指标。断电后，RAM 中的内容全部丢失。

只读存储器在没有电源的情况下能保持数据，但不能写入新数据，也不能改写原来的数据。它与微处理器的接口很简单，总是处于读的状态。一般在系统主板上都装有只读存储器，由生产厂家将开机检测、系统初始化、引导程序、监控程序等固化在其中，用于存放各种固定的程序和数据。它的特点是：信息固定不变、只能读出不能重写、关机后原存储的信息不会丢失。

② 外存储器简称为外存，主要用来存放用户所需的大量信息。外存容量大、存取速度慢、信息可长久保存。常用的外存有软磁盘、硬磁盘、磁带机和光盘等。

4. 输入设备

输入设备是计算机从外部获得信息的设备，其作用是把程序和数据信息转换为计算机中的电信号，存入计算机中。常用的输入设备有键盘、鼠标、光笔、扫描仪等。

5. 输出设备

输出设备是将计算机内的信息以文字、数据、图形等人们能够识别的方式打印或显示出来的设备。常用的输出设备有显示器、打印机等。

外存储器、输入设备、输出设备等组成计算机的外围设备，简称为外设。

6. 计算机系统的总线结构

计算机结构反映的是计算机各个组成部件之间的连接方式，通常分为直接连接和总线结构。

直接连接是指存储器、运算器、控制器和外围设备 4 个组成部件之间的任意两个组成部件，相互之间基本上都有独立的连接线，这样可以获得最高的速度，但不宜扩展。

总线结构，现代计算机普遍采用总线结构，总线是一组连接各个部件的公共通信线。

总线可分为如下三部分：

① 控制总线：用来传送控制信息，是总线中最复杂、最灵活、功能最强的一类总线。控制总线一般是单向的，其宽度随机型而异。

② 数据总线：用来实现 CPU、主存储器和外围设备之间的数据传送。数据总线具有双向功能，其宽度一般与 CPU 字长相同，决定一台计算机的精度。

③ 地址总线：用来把地址信息传送到存储器和输入/输出接口，以便找到所需要的数据。地址总线一般是单向的，其宽度决定了系统可直接寻址的存储器容量。

1.3.2 计算机的软件系统

硬件和软件结合起来构成计算机系统。硬件是软件工作的基础，计算机必须配置相应的软件才能应用于各个领域，人们通过软件控制计算机各种部件和设备的运行。

软件系统是指计算机系统所使用的各种程序及其文档的集合。从广义上讲，软件是指为运行、维护、管理和应用计算机所编制的所有程序和数据的总和。计算机软件一般可分为系统软件和应用软件两大类，每一类又有若干种类型。

1. 系统软件

系统软件是管理、监控和维护计算机各种资源，使其充分发挥作用，提高工作效率及方便用户的各种程序的集合。系统软件是构成微机系统的必备软件，在购置微机系统时应根据用户需求进行配置。系统软件主要包括以下几个方面：

（1）操作系统

操作系统是控制和管理计算机硬件、软件和数据等资源，方便用户有效地使用计算机的程序集合，是任何计算机都不可缺少的软件。操作系统大致包括 5 个管理功能：进程与处理机调度、作业管理、存储管理、设备管理、文件管理。根据侧重面和设计思想的不同，操作系统的结构和内容存在很大差别。对于功能比较完善的操作系统，应当具备上述 5 个部分。

操作系统一般可分为单用户操作系统、多道批处理系统、分时操作系统、实时操作系统、网络操作系统、分布式操作系统等。目前，微机常见的操作系统有 OS/2、UNIX、L、Windows XP/2000/2003/7/8 等。

（2）各种程序设计语言的处理程序

语言处理程序是用来对各种程序设计语言编写的程序进行翻译，使之产生计算机可以直接执行的目标程序（用二进制代码表示的程序）的各种程序的集合。

机器语言能被计算机直接理解和执行的指令称为机器指令，它在形式上是由“0”和“1”构成的一串二进制代码，每种计算机都有自己的一套机器指令。机器指令的集合就是机器语言。机器语言与人所习惯的语言，如自然语言、数学语言等差别很大，难学、难记、难读，因此很难用来开发实用的计算机程序。

汇编语言采用助记符来代替机器码，如用 ADD 表示加法（Addition），用 SUB 表示减法（Subtraction）等，同时又用变量取代各类地址，如用 A 取代地址码等。这样构成的计算机符号语言，称为汇编语言。用汇编语言编写的程序称为汇编语言源程序。这种程序必须经过翻译（称为汇编），变成机器语言程序才能被计算机识别和执行。汇编语言在一定程度克服了机器语言难于辨认和记忆的缺点，但对大多数用户来说，仍然是不便理解和使用的。

为了克服低级语言的缺点，出现了“高级程序设计语言”，这是一种类似于“数学表达式”、接近自然语言（如英文）、又能为机器所接受的程序设计语言。高级语言符合人们的逻辑思维习惯，具有学习容易、使用方便、通用性强、移植性好的特点，便于各类人员学习和应用，如 QBASIC、PASCAL、C、C++、Java 等。

计算机硬件系统只能直接识别以数字代码表示的指令序列，即机器语言。用高级语言或汇编语言编写的源程序，不能被计算机直接执行，必须转换成机器语言才能被计算机执行。有两种转换方法：一种是编译方法，即源程序输入计算机后，用特定的编译程序将源程序编译成由机器语言组成的目标程序，然后连接成可执行文件；另一种是解释方法，即源程序运行时由特定的解释程序对其进行解释处理，解释程序将源程序中语句逐条翻译成计算机所能识别的机器代码，解释一条，执行一条，直到程序执行完毕。

（3）服务性程序

服务程序能够提供一些常用的服务性功能，为用户开发程序和使用计算机提供了方便，又称实用程序。它是支持和维护计算机正常处理工作的一种系统软件，执行专门的功能，如装配连接程序 Link，系统维护程序 PC Tools 等。

（4）数据库管理系统

数据是指计算机能够识别的数字、字符、图形、声音、视频、动画等信息。对这些数据进行分类、修改、查询、排序等处理的软件称为数据库管理系统。比较常见的数据库管理系统有：dBASE、FoxBase、FoxPro、Visual FoxPro 系列产品，Oracle、Informix、Sybase 以及微软公司的 Access、SQL Server 等。其主要功能是建立、维护数据库及对数据库中的数据进行各种操作。

2．应用软件

应用软件是为计算机在特定领域中的应用而开发的专用软件。应用软件分通用软件和专用软件两类。应用软件包括的范围是极其广泛的，哪里有计算机应用，哪里就有应用软件，如办公应用软件 Office、WPS；平面设计软件 PhotoShop、Illustrator；网站建设软件 FrontPage、Dreamweaver；计算机辅助设计软件 AutoCAD 等。

计算机区别于其他机器设备的一个重要特点是：其工作必须要有软件的支持。硬件和软件是不可缺少的两个部分。硬件是组成计算机系统的各部件的总称，它是计算机系统快速、可靠、自动工作的物质基础，是计算机系统的执行部分。在这个意义上讲，没有硬件就没有计算机，计算机软件也不会产生任何作用。但是一台计算机之所以能够处理各种问题，能够代替人们进行一定的脑力劳动，是因为人们把要处理这些问题的方法，分解成为计算机可以识别和执行的步骤，并以计算机可以识别的形式存储到了计算机中。也就是说，在计算机中存储了解决这些问题的程序。目前所说的计算机一般都包括硬件和软件两个部分，而把不包括软件的计算机称为“裸机”。

1.4 微型计算机的组成及主要技术指标

近年来由于大规模和超大规模集成电路技术的发展，微型机算机的性能飞速提高，价格不断降低，使个人计算机（Personal Computer，PC）全面普及，从实验室来到了家庭，成为计算机市场的主流。PC 大体上可分为固定式和便携式两种。固定式 PC 主要为台式（桌上式）机，便携式 PC 又可分为膝上型、笔记本型、掌上型和笔输入型等。

1.4.1 微型计算机的组成

随着集成电路制作工艺的不断进步，出现了大规模集成电路和超大规模集成电路，就可以把计算机的核心部件运算器和控制器集成在一块集成电路芯片内，称为微处理器（Micro Processor Unit，MPU），也称中央处理器（简称 CPU）。CPU、内存、总线、输入/输出接口和主板构成了微型计算机的主机，被封装在主机箱内。

1．中央处理器（Central Processing Unit，CPU）

中央处理器（CPU）又称微处理器，主要包括运算器和控制器两大部分，是计算机的核心部件。CPU 是一个体积不大而元件集成度非常高、功能强大的芯片。它的品质直接影响计算机系统的性能，它和内存构成了计算机的主机，是计算机的主体。

计算机内所有操作都受 CPU 控制，CPU 的性能指标直接决定了由它构成的微型计算机系统的性能指标。CPU 的性能指标主要有字长和时钟主频。字长表示 CPU 一次处理数据的能力；时钟主频以 MHz（兆赫兹）为单位来度量。通常，时钟主频越高其处理数据的速度相对也就越快。

随着 CPU 主频的不断提高，它对内存的存取速度更快了，为了协调 CPU 和内存之间的速度差异问题，在 CPU 芯片中又集成高速缓冲存储器（Cache），一般它的存储容量是 2 048 KB。

2. 存储器（Memory）

计算机的存储器分为两大类：一类是设在主机中的内部存储器，也称主存储器，用于存放当前运行的程序和程序所用数据，属于临时存储器；另一类是属于计算机外围设备的存储器，也称外部存储器，简称外存，或称辅助存储器。外存中用于存放暂时不用的数据和程序，属于永久性存储器，当需要时应先调入内存。衡量存储器的指标有存储容量、存储速度和价格。

（1）主存储器

主存储器分为内存储器和外部存储器。

① 内存储器。计算机的记忆功能是通过内存储器来实现的。

存储器可容纳的二进制信息量称为存储容量，度量存储容量的基本单位是字节（B）。此外，常用的存储容量单位还有 KB（千字节）、MB（兆字节）和 GB（千兆字节）。

存储器的存取时间是指从启动一次存储器操作到完成该操作所经历的时间。

内存储器分为随机存储器（RAM）和只读存储器（ROM）两类。

随机存储器也称读写存储器。其特点是：既可以读出存储的信息，又可以向内写入信息，断电后信息全部丢失。

随机存储器又可分为静态随机存储器（SRAM）和动态随机存储器（DRAM）。静态随机存储器和动态随机存储器的内容在前面 1.3.1 节已经介绍过，这里不再赘述。

只读存储器的特点是：存储的信息只能读出，不能写入，断电后信息也不丢失。只读存储器大致可以分成三类：掩膜型只读存储器（MROM）、可编程只读存储器（PROM）和可擦写的可编程只读存储器（EPROM）。

② 外部存储器。目前最常用的外部存储器之一为磁盘，在断电后也可以长期保存信息，所以又称永久性存储器。

硬盘一般有多片，并密封于硬盘驱动器中，不可拆开，存储容量大。

磁盘的存储容量可用如下公式计算：

容量=磁道数 × 扇区数 × 扇区内字节数 × 盘面数 × 磁盘片数

（2）辅助存储器

辅助存储器主要存储主存储器难以容纳、又为程序执行所需要的大量文件信息。它的特点是存储容量大、存储成本低，但存取速度较慢。它不能与主存储器交换信息，不能直接与中央处理器交换信息，这类存储器常见到的有硬盘、移动存储设备、光盘。

3. 总线（Bus）

在计算机系统了中，各个部件之间传送信息的公共通路称为总线，微型计算机是以总线结构来连接各个功能部件的。

总线是一种内部结构，它是 CPU、内存、输入/输出设备传递信息的公共通道，主机的各个部件通过总线相连接，外围设备通过相应的接口电路再与总线相连接，从而形成了计算机硬件系统。

总线的特点是简单清晰、易于扩展。常见的总线标准有 ISA 总线、PCI 总线、AGP 总线和 EISA 总线等。

4．主板（Main Board）

系统主板又称主机板，是安装在机箱内的一块多层印制电路板，是微机最基本、最重要的部件之一。装有微机的主要部件一般有 BIOS 芯片、I/O 控制芯片、键盘和面板控制开关接口、指示灯插接件、扩充插槽、主板及插卡的直流电源供电接插件等元件。主板的另一个特点是采用开放式结构。通过这块电路板将微机的主要功能部件组装到一起。

5．输入设备（Input Devices）

键盘和鼠标器是计算机最常用的输入设备，其他输入设备还有扫描仪、磁卡读入机等，这里重点介绍键盘和鼠标器。

（1）键盘

键盘是计算机最常用的一种输入设备，它是组装在一起的一组按键矩阵，包括数字键、字母键、符号键、功能键及控制键等。当按下一个键时就产生与该键对应的二进制代码，并通过接口送入计算机，同时将按键字符显示在屏幕上。按各类按键的功能和位置将键盘划分为 4 个部分：主键盘区、数字小键盘区、功能键区及编辑和光标控制键区。键盘分区如图 1-4 所示。

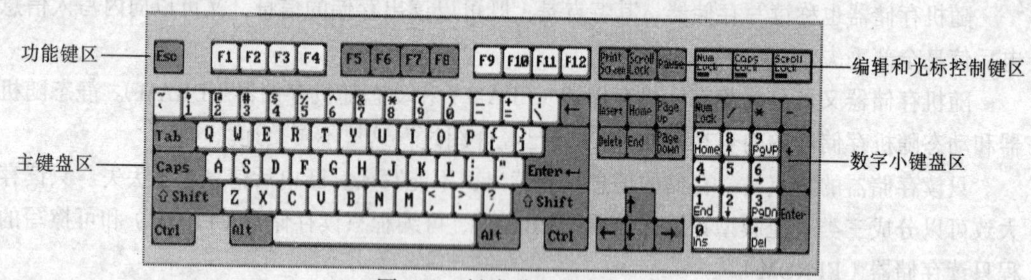

图 1-4　键盘分区图

① 主键盘区：本区的键位排列与标准英文打字机的键位相同，位于键盘中部，包括 26 个英文字母、数字、常用字符和一些专用控制键。

② 功能键区：该区位于键盘的最上端，放置【F1】~【F12】这 12 个功能键和【Esc】键等。

③ 数字小键盘区：数字小键盘区也称小键盘区，位于键盘右端。其左上角有一个【Num Lock】键，它是一个开关切换式键，按该键后，其指示灯点亮，数字键代表键上的数字；再按【Num Lock】键，其指示灯熄灭，则小键盘上的各键代表键面上的下排符号，用于移动光标。

④ 编辑和光标控制键区：该区包括【↑】、【↓】、【←】、【→】光标移动键、【Page Up】、【Page Down】键等，位于主键盘区和数字小键盘区的中间，主要用于编辑修改。

除标准键盘外，还有各类专用键盘，它们是专门为某种特殊应用而设计的。例如，银行计算机管理系统中供储户使用的键盘，按键数不多，只是为了输入储户标识码、密码和选择操作之用。专用键盘的主要优点是简单，即使没有受过训练的人也能使用。

（2）鼠标器

鼠标器（Mouse）简称鼠标，是一种手持式屏幕坐标定位设备。形状像老鼠的塑料盒子，其上有两（或三）个按键，当它在平板上滑动时，屏幕上的鼠标指针也跟着移动，鼠标器正是由此得名。鼠标是价格低廉、使用方便、广泛用于图形用户界面使用环境的输入设备。鼠标通过 RS-232C 串行口和主机连接。目前常用的鼠标有机械式和光电式两种。它不仅可用于光标定位，还可用来选择菜单、命令和文件，能减少击键次数，简化操作过程。目前，鼠标已在微型计算机和工作站上广泛应用。

鼠标有以下三种类型：

① 机械式鼠标：鼠标下面有一个可以滚动的小球，当鼠标在桌面上移动时，小球与桌面摩擦转动，带动鼠标内的两个光盘转动，产生脉冲，测出 X－Y 方向的相对位移量，从而反映出屏幕上鼠标的位置。机械式鼠标价格便宜，但故障率较高，要经常清洗。

② 光电式鼠标：光电式鼠标下面有作为光电转换装置的两个平行放置的小光源（发光管），光源发出的光经反射后，由鼠标接收，从而把移动过的小方格转换为移动信号送入计算机，并使屏幕光标随着移动，如图 1–5 所示。光电式鼠标较可靠，故障率较低。

③ 无线鼠标：红外线型无线鼠标对鼠标与主机之间的距离有严格要求。无线电波型无线鼠标较灵活，但价格贵，用得较少，如图 1–6 所示。

图 1–5　光电鼠标

图 1–6　无线鼠标

鼠标的用法有单击、双击、拖动、指向等，另外在目前使用的便携式计算机中，使用与鼠标类似的跟踪球，用手指或手掌推动小球即可控制屏幕上光标的移动。

（3）其他输入设备

键盘和鼠标是微型计算机中最常用的输入设备，此外，还有一些常用的输入设备，如扫描仪（见图 1–7）等，下面简要说明这些输入设备的功能和基本原理：

① 图形扫描仪：一种图形、图像输入设备，它可以直接将图形、图像、照片或文本输入计算机中，例如可以把照片、图片经扫描仪输入到计算机中。随着多媒体技术的发展，扫描仪的应用将会更为广泛。

图 1–7　扫描仪

② 条形码阅读器：是一种能够识别条形码的扫描装置，连接在计算机上使用。当阅读器从左向右扫描条形码时，就把不同宽窄的黑白条纹翻译成相应的编码供计算机使用。许多自选商场和图书馆里都用它管理商品和图书。

③ 光学字符阅读器（OCR）：一种快速字符阅读装置，用许多的光电管排成一个矩阵，当光源照射被扫描的一页文件时，文件中空白的白色部分会反射光线，使光电管产生一定的电压；而有字的黑色部分则把光线吸收掉，光电管不产生电压。这些有、无电压的信息组合形成一个图案，并与 OCR 系统中预先存储的模板匹配，若匹配成功就可确认该图案是何字符。有些机器一次可阅读一整页的文件，称为读页机，有的则一次只能读一行。

④ 触摸屏：当手指或其他物体触摸安装在显示器前面的触摸屏时，所触摸的位置由触摸屏控制器检测，并通过接口送到主机。

6. 输出设备（Output Devices）

显示器和打印机是计算机最基本的输出设备，其他常用输出设备还有绘图仪等。

（1）显示器

显示器是也称监视器，是计算机必备的输出设备，是人机交互必不可少的设备。显示器用于微型计算机或终端，可显示多种不同的信息。

① 显示器的分类。

- 按显示器件：有阴极射线管显示器（CRT）、液晶显示器（LED）和等离子显示器。前者多用于普通台式微型计算机或终端；液晶和等离子显示器为平板式，体积小、重量轻、功耗少，目前主要用于笔记本式计算机，将来有取代阴极射线管显示器之势。
- 按显示颜色：分为单色显示器（只能显示黑、白或琥珀色）和彩色显示器（可以显示多种颜色），现在基本上都是彩色显示器。

② 显示器的主要技术参数。

- 像素与点距：像素是用来计算数码影像的一种单位。如同摄影的相片一样，数码影像也具有连续性的浓淡阶调，若把影像放大数倍，会发现这些连续色调其实是由许多色彩相近的小方点组成，这些小方点就是构成影像的最小单位“像素”。屏幕上两个像素之间的距离称为点距，它直接影响显示效果。像素越小，在同一个字符面积下，像素数就越多，则显示的字符就越清晰。点距越小，分辨率越高，显示器的清晰度就越高。
- 显示分辨率：就是屏幕图像的精密度，是指显示器所能显示的像素的多少。目前微型计算机上广泛使用的显示器的像素直径为 0.25 mm。一般地，像素的直径越小，相同的显示面积中像素越多，分辨率也就越高，性能越好。
- 显存：显存的作用和系统内存的类似，显存越大，可以存储的图像数据就越多，支持的分辨率与色彩数也就越高。以下是计算显存容量与分辨率关系的公式：

所需显存=图形分辨率×色彩精度/8

③ 显示卡又称显示器适配卡，是连接主机与显示器的接口卡，所以显示器必须与显卡匹配。显卡标准有 MDA、CGA、EGA、VGA、AVGA 等，目前常用的是 VGA 标准。其主要作用是将主机的输出信息转换成字符、图形和颜色等信息，传送到显示器上显示。

（2）打印机

打印机是计算机目前最常用的输出设备之一，也是品种、型号最多的输出设备。

按打印机印字过程所采用的方式，可将打印机分为击打式打印机和非击打式打印机两种。击打式打印机利用机械动作将印刷活字压向打印纸和色带进行印字。由于击打式打印机依靠机械动作实现印字，因此工作速度不高，并且工作时噪声较大。非击打式打印机种类繁多，有静电式打印机、热敏式打印机、喷墨式打印机和激光打印机等，印字过程无机械击打动作、速度快、无噪声，这类打印机将会被越来越广泛地使用。

按字符形成的过程，可将打印机分为全字符式打印机和点阵式打印机。全字符式打印机的一个字符通过一次击打成形。点阵式打印机的字符以点阵形式出现，所以点阵式打印机可以打印特殊字符（如汉字）和图形。击打式打印机有全字符打印机和点阵式打印机之分，但非击打式打印机一般皆为点阵式打印机，印字质量的高低取决于组成字符的点数。

按工作方式，打印机又可分为串行打印机和行式打印机。串行打印机是逐字打印成行的；行式打印机则是一次输出一行，故比串行打印机要快。此外，还有具有彩色印刷效果的彩色打印机。

① 点阵打印机（见图 1–8）主要由打印头、运载打印头的装置、色带装置、输纸装置和控制电路等几部分组成。打印头是点阵式打印机的核心部分，对打印速度、印字质量等性能有决定性影响。常用的有 9 针和 24 针点阵打印机，其中，24 针打印机可以打印出质量较高的汉字，是目前使用较多的点阵打印机。

② 喷墨打印机属于非击打式打印机，近年来发展较快。工作时，喷嘴朝着打印纸不断喷出带电的墨水雾点，当它们穿过两个带电的偏转板时接受控制，然后落在打印纸的指定位置上，形成正确的字符。喷墨打印机可打印高质量的文本和图形，还能进行彩色打印，而且噪声很小静。但喷墨打印机常要更换墨盒，增加了日常消费。

③ 激光打印机（见图 1–9）也属于非击打式打印机，工作原理与复印机相似，涉及光学、电磁学、化学等原理。简单说来，它将来自计算机的数据转换成光，射向一个充有正电的旋转的鼓上。鼓上被照射的部分便带上负电，并能吸引带色粉末。鼓与纸接触再把粉末印在纸上，接着在一定压力和温度的作用下熔结在纸的表面。激光打印机是一种新型高档打印机，打印速度快、印字质量高，常用来打印正式公文及图表。当然，价格比前两种打印机要高，三者相比，打印质量最高，但打印成本也最高。

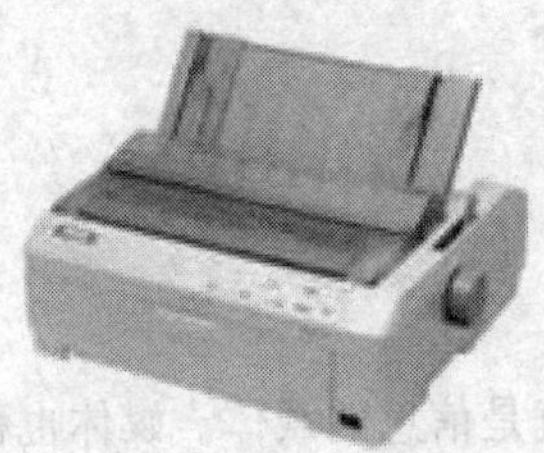

图 1–8　点阵打印机

图 1–9　激光打印机

（3）其他输出设备

在微型机上使用的其他输出设备有绘图仪、声音输出设备（音箱或耳机）、视频投影仪等。绘图仪有平板绘图仪和滚动绘图仪两种，通常采用“增量法”在 X 和 Y 方向上产生位移来绘制图形。视频投影仪是微型机输出视频的重要设备，目前有 CRT 投影仪和使用 LCD 投影仪技术的液晶板投影仪。液晶板投影仪具有体积小、重量轻、价格低且色彩丰富的特点。

1.4.2　微型计算机的主要技术指标

1. 字长

字长是指计算机能直接处理的二进制数据的位数，字长直接关系到计算机的功能、用途和应用范围，是计算机的一个重要技术指标。首先，字长决定了计算机运算的精度，字长越长，运算精度越高；其次，字长决定计算机的寻址能力，字长越长，存放数据的存储单元越多，寻找地址的能力越强。不同计算机系统内的字长是不同的。字长总是 8 的整数倍，如 16、32、64 位等。

2. 存储器容量

存储器的容量用于表示计算机存储信息的多少。内存容量决定了可运行的程序大小和程序运行效率；外存容量决定了整机系统存取数据、文件和记录的能力。

3．时钟频率（主频）

时钟周期是CPU工作的最小时间单位，其倒数为时钟频率。时钟频率又称主频，在很大程度上决定了计算机的运算速度。时钟频率的单位是吉赫兹（GHz）。各种微处理器的时钟频率不同。时钟频率越高，运算速度越快。目前，CPU的主频已高于3 GHz。

4．运算速度

运算速度是指计算机每秒的运算次数。微型计算机一般用主频来表示。运算速度是衡量计算机进行数值计算或信息处理的快慢程度，用计算机 1 s 所能完成的运算次数来表示，度量单位是“百万次/秒”。

5．存取周期

存储器完成一次读（或写）信息所需要的时间称为存储器的存取时间。连续两次读（或写）所需的最短时间间隔，称为存储器的存储周期。一般内存的存取周期在7～70 ns，存取周期越短，存取速度越快。

此外，微型计算机经常用到的技术指标还有兼容性、可靠性等。评价微型计算机系统性能应考虑其综合性能、价格。

1.5 多媒体简介

1.5.1 多媒体技术概念

1．媒体和多媒体

媒体就是人与人之间实现信息交流的中介，简单地说就是信息的载体。媒体也称为媒介。多媒体就是多重媒体的意思，可以理解为直接作用于人的感官的文字、图形图像、动画、声音和影像等各种媒体的统称，即多种信息载体的表现形式和传递方式。

2．媒体的分类

国际电信联盟对媒体做如下分类：

① 感觉媒体：例如，人的语音、文字、音乐、自然界的声音、图形图像、动画、视频等都属于感觉媒体。

② 表示媒体：表示媒体表现为信息在计算机中的编码，如ASCII码、图像编码、声音编码等。

③ 表现媒体：又称显示媒体，是计算机用于输入输出信息的媒体，如键盘、鼠标、光笔、显示器、扫描仪、打印机、数字化仪等。

④ 存储媒体：也称为介质。常见的存储媒体有硬盘、软盘、磁带和CDR-OM等。

⑤ 传输媒体：例如电话线、双绞线、光纤、同轴电缆、微波、红外线等。

3．多媒体技术

多媒体技术是指把文字、图形图像、动画、音频、视频等各种媒体通过计算机进行数字化的采集、获取、加工处理、存储和传播而综合为一体化的技术。

多媒体技术涉及信息数字化处理技术、数据压缩和编码技术、高性能大容量存储技术、多媒体网络通信技术、多媒体系统软硬件核心技术、多媒体同步技术、超文本超媒体技术等，其中，信息数字化处理技术是基本技术，数据压缩和编码技术是核心技术。

4. 常见感觉媒体信息

多媒体技术处理的感觉媒体信息类型有以下几种：信息、图形图像、动画、音频信息、视频信息等。

1.5.2 多媒体技术的特点

多媒体技术具有集成性、交互性、实时性等主要特点。

1. 集成性

媒体信息集成文字、图形、图像、动画、音频、视频，同步组合成为一个完整的多媒体信息。输入显示媒体（键盘、摄像机、话筒等设备）或输出显示媒体（显示器、喇叭等）集成。存储信息实体的集成是指多媒体信息由计算机统一存储和组织。多媒体的集成性，一是体现在信息载体的集成；二是体现在存储信息实体的集成。

2. 交互性

交互可以增加对信息的注意力和理解，延长信息保留时间。在多媒体系统中用户可以主动地编制、处理各种信息，因而多媒体系统具有人机交互功能。

3. 实时性

多媒体技术研究多种媒体集成的技术，其中声音的活动和视频图像是与时间密切相关的，这就决定了多媒体技术必须支持实时处理，如视频会议系统。

1.5.3 多媒体技术的发展和应用

计算机多媒体技术大体上经历了 3 个阶段：

第一个阶段是 1985 年以前，这一时期是计算机多媒体技术的萌芽阶段。

第二个阶段是在 1985 年至 20 世纪 90 年代初，这一时期是多媒体计算机初期标准的形成阶段。

第三个阶段是 20 世纪 90 年代至今，这一时期是计算机多媒体技术飞速发展的阶段。

多媒体的应用已经遍及社会生活的各个领域，如教育应用、电子出版、广告与信息咨询、管理信息系统、办公自动化、家庭应用、虚拟现实等。

1.5.4 多媒体计算机系统

1. 多媒体计算机系统构成

（1）多媒体计算机的硬件系统

计算机的硬件系统在整个系统的最底层，它是系统的物质基础，包括多媒体计算机中的所有硬件设备和由这些设备构成的一个多媒体硬件环境。

（2）多媒体软件平台

多媒体软件平台是多媒体软件核心系统，其主要任务是提供基本的多媒体软件开发的环境，一般是专门为多媒体系统而设计或是在已有的操作系统的基础上扩充和改造而成的。在个人计算机上运行的多媒体软件平台，应用最广泛的是 Microsoft 公司的 Windows 系列操作系统。

（3）多媒体开发系统

多媒体开发系统包括多媒体数据准备工具和著作工具。

多媒体准备工具是由各种采集和创作多媒体信息的软件工具组成。

多媒体著作工具又称多媒体创作工具或多媒体编辑工具，它为多媒体开发人员提供组织编排多媒体数据和连接形成多媒体应用系统的软件工具。常见的多媒体著作工具包括这样几类：以图标为基础的多媒体著作工具、以帧为基础的多媒体著作工具、以页为基础的多媒体著作工具、以程序设计语言为基础的多媒体著作工具等。

（4）多媒体应用系统

多媒体应用系统是由多媒体开发人员利用多媒体开发系统制作的多媒体产品，它面向多媒体的最终用户。

2. 多媒体硬件系统

MPC 硬件系统是在 PC 硬件设备的基础上，附加了多媒体附属硬件。MPC 硬件系统上的多媒体附属硬件主要有两类：适配卡类和外围设备类。

（1）多媒体适配卡

多媒体附属硬件基本都是以适配卡的形式添加到计算机上的。这些适配卡种类和型号很多，主要有：视频采集卡、声音卡、解压缩卡、视频播放卡、电话语音卡、传真卡、图形图像加速卡、电视卡、Modem 卡等。

（2）多媒体外围设备

以外围设备形式连接到计算机上的多媒体硬件设备有：光盘驱动器、扫描仪、打印机、数码相机、触摸屏、摄像机、录放像机、传真机、麦克风、多媒体音箱等。

1.5.5 多媒体的数字化

在计算机和通信领域，最为基本的 3 种媒体是：声音、图像、文本。

1. 声音

声音是一种重要的媒体，其种类繁多，如人的声音、乐器的声音等。

（1）声音数字化的过程

计算机系统通过输入设备输入声音信号，并对其进行采样、量化而将其转换成数字信号，然后通过输出设备输出。

（2）声音文件格式

① WAV 文件被称为波形文件，是以“.wav”作为文件的扩展名。

② MIDI 文件，规定了乐器、计算机、音乐合成器以及其他电子设备之间交换音乐信息的一组标准。它是以“.mid”、“.rmi”等为文件的扩展名。

（3）其他文件

VOC 文件是声霸卡使用的音频文件格式，以“.voc”作为文件的扩展名。AIF 文件是苹果机的音频文件格式，以“.aif”作为文件的扩展名。

2. 图像

（1）静态图像的数字化

一幅图像可以近似看成由许多的点组成，因此它的数字化通过采样和量化来实现。采样就是采集组成一幅图像的点，量化就是将采集到的信息转换成相应的数值。

（2）动态图像的数字化

人眼看到的一幅图像在消失后，还将在人的视网膜上滞留几毫秒，动态图像正是根据这样的原理而产生的。动态图像是将静态图像以每秒 N 幅的速度播放，当 N≥25 时，显示在人眼中的就是连续的画面。

（3）点位图和矢量图

表示或生成图像有两种方法：点位图法和矢量图法。点位图法是将一幅图分成很多小像素，每个像素用若干二进制位表示像素的信息。矢量图是用一些指令来表示一幅图。

（4）图像文件的格式

① .bmp 文件：Windows 采用的图像文件存储格式。

② .gif 文件：联机图形交换使用的一种图像文件格式。

③ .tiff 文件：二进制文件格式。

④ .png 文件：图像文件格式。

⑤ .wmf 文件：绝大多数 Windows 应用程序都可以有效处理的格式。

⑥ .dxf 文件：一种向量格式。

（5）视频文件格式

① .avi 文件：Windows 操作系统中数字视频文件的标准格式。

② .mov 文件：QuickTime for Windows 视频处理软件所采用的格式。

练　习　题

理论测试题

下列各题 A、B、C、D 四个选项中，只有一个选项是正确的，请将正确选项填写在括号中。

1. 计算机的发展按其所采用的电子元件可分为（　　）个阶段。

A. 2　　B. 3　　C. 4　　D. 5

2. 第一台计算机是哪一年研制成功的，该机的英文缩写名是（　　）。

A. 1946 年 ENIAC　　B. 1947 年 MARK Ⅱ

C. 1948 年 EDSAC　　D. 1949 年 EDVAC

3. 计算机按照处理数据的形态可以分为（　　）。

A. 巨型机、大型机、小型机、微型机和工作站

B. 286 机、386 机、486 机、Pentium 机

C. 专用计算机、通用计算机

D. 数字计算机、模拟计算机、混合计算机

4. CAI 表示（　　）。

A. 计算机辅助设计　　B. 计算机辅助制造

C. 计算机集成制造系统　　D. 计算机辅助教学

5. 下列文字中，（　　）不是计算机的特点。

A. 高速、精确的运算能力　　B. 科学计算

C. 准确的逻辑判断能力　　D. 自动功能

6. 下列（　　）不是网格计算的特点。

A. 能够提供资源共享，实现应用程序的互连互通

B. 逻辑判断能力

C. 基于国际开发技术标准

D. 网格可以提供动态服务，能够适应变化

7. 下列对计算机发展趋势的描述中，不正确的是（　　）。

A. 网络化　　B. 巨型化　　C. 智能化　　D. 高度集成化

8. 现代信息技术的特点不包括（　　）。

A. 数字化　　B. 高速度、网络化、宽频带

C. 巨型化　　D. 多媒体化

9. 计算机中所有信息的存储都采用（　　）。

A. 十进制　　B. 十六进制　　C. ASCII　　D. 二进制

10. 与二进制数 1010.01 等值的十进制数是（　　）。

A. 16　　B. 10.25　　C. 10.52　　D. 11.5

11. 二进制数 110110 对应的十进制数是（　　）。

A. 53　　B. 54　　C. 55　　D. 56

12. 与十进制数 5 324 等值的十六进制数是（　　）。

A. 1144　　B. 14C4　　C. 14CC　　D. 1C4C

13. 计算机中信息存储的基本单元是（　　）。

A. 十进制数　　B. 字节　　C. 二进制数　　D. 字

14. 1 TB 是（　　）MB。

A. 1 024　　B. 1 024×1 024

C. 1 024×1 024×1 024　　D. 0

15. 在下列字符中，其 ASCII 码值最大的一个是（　　）。

A. 8　　B. 9　　C. a　　D. b

16. 设汉字点阵为 32×32，那么 100 个汉字的字形码信息所占用的字节数是（　　）。

A. 12 800　　B. 128

C. 32×3 200　　D. 32×32

17. 下列说法正确的是（　　）。

A. 运算器只能进行算术运算　　B. 运算器处理的数据来自存储器

C. 运算器处理后的结果数据只能送回存储器　　D. 运算器即 CPU

18. 运算器的组成部分不包括（　　）。

A. 译码器　　B. 控制线路　　C. 加法器　　D. 寄存器

19. 一条指令必须包括（　　）。

A. 操作码和地址码　　B. 信息和数据

C. 时间和信息　　D. 以上都不是

20. 下列说法中错误的是（　　）。

A. 简单来说，指令就是给计算机下达的一道命令

B. 指令系统有一个统一的标准，所有的计算机指令系统相同

C. 指令是一种二进制代码，规定由计算机执行程序的操作

D. 为解决某一问题而设计的一系列指令就是程序

21. 计算机中用于控制和协调计算机各部件自动、连续的执行各条指令的部件，通常称为（　　）。

A. 运算器　　B. 控制器　　C. 显示器　　D. 存储器

22. 下列说法正确的是（　　）。

A. CPU 可以直接访问外存上的数据

B. 存储器分为内存储器和外存储器两类

C. 存储器只能存储运算结果

D. 外存储能存储数据，而内存不能

23. 下列选项中，不属于输入设备的是（　　）。

A. 扫描仪　　B. 投影仪　　C. 条形码阅读器　　D. 键盘

24. 下列说法不正确的是（　　）。

A. 直接连接可以获得最高的连接速度

B. 总线可分为数据总线、地址总线、控制总线

C. 计算机结构反应的是计算机各个组成部件之间的访问方式

D. 控制总线是用来在存储器、运算器、控制器和 I/O 设备传送控制信号的公共通道

25. 下列说法不正确的是（　　）。

A. 高速缓冲存储器集成在 CPU 芯片上

B. 中央处理器主要包括运算器和控制器两部分

C. 高速缓冲存储器是为了协调 CPU 和内存之间速度不一致的问题

D. CPU 的性能指标是内存

26. CPU 中控制器的功能是（　　）。

A. 进行逻辑运算　　B. 进行算术运算

C. 分析指令并发出相应的控制信号　　D. 只控制 CPU 的工作

27. RAM 具有的特点是（　　）。

A. 存储海量

B. 存储的信息可以永久保存

C. 存储在其中的数据不能改写

D. 一旦断电，存储在其上的信息将全部消失无法恢复

28. 在微机的性能指标中，内存储器容量指的是（　　）。

A. ROM 的容量　　B. RAM 的容量

C. ROM 和 RAM 容量的总和　　D. CD-ROM 的容量

29. 下列有关外存储器的描述不正确的是（　　）。

A. 外存储器不能为 CPU 直接访问，必须通过内存才能为 CPU 所使用

B. 外存储器既是输入设备又是输出设备

C. 外存储器中所存储的信息，断电后信息也会随之丢失

D. 扇区是磁盘存储信息的最小单位

30. 下列说法不正确的是（　　）。

A. 总线是连接其他硬件的公用通道　　B. 总线的特点是简单清晰、易于扩展

C. 主板一旦成型就不能更改或扩充　　D. 主板即总线在硬件上的体现

31. 下列有关总线的描述，正确的是（　　）。
A. 总线分为内部总线和外部总线
B. 内部总线分为数据总线、地址总线和控制总线
C. 总线的英文表示就是 Main Board
D. 总线体现在硬件上就是计算机主板

32. 下列属于计算机输入设备的是（　　）。
A. UPS　　B. 服务器　　C. 触摸屏　　D. 绘图仪

33. 下列不属于计算机输出设备的是（　　）。
A. 音箱　　B. 打印机　　C. 触摸屏　　D. 绘图仪

34. 一台显示器的分辨率是 640×480，则它可以显示（　　）个像素。
A. 640　　B. 307 200　　C. 8　　D. 480

35. 计算机软件分为（　　）。
A. 程序与数据　　B. 系统软件与应用软件
C. 操作系统与语言处理程序　　D. 程序、数据与文档

36. 下列两个软件都属于系统软件的是（　　）。
A. DOS 和 Excel　　B. DOS 和 UNIX
C. UNIX 和 WPS　　D. Word 和 Linux

37. 下列关于系统软件的描述中不正确的是（　　）。
A. 系统软件的核心是数据库管理系统
B. 系统软件具有存储、加载和执行应用程序的功能
C. 系统软件由一组控制计算机系统并管理其资源的程序组成
D. 系统软件提供人机界面

38. 计算机能够直接执行的计算机语言是（　　）。
A. 汇编语言　　B. 机器语言　　C. 高级语言　　D. 自然语言

39. 以下属于高级语言的有（　　）。
A. 机器语言　　B. C 语言　　C. 汇编语言　　D. 以上都是

40. 用汇编语言或高级语言编写的程序称为（　　）。
A. 目标程序　　B. 源程序　　C. 翻译程序　　D. 编译程序

41. 以下关于汇编语言的描述中错误的是（　　）。
A. 汇编语言诞生于 20 世纪 50 年代初期　　B. 汇编语言不在使用难以记忆二进制代码
C. 汇编语言使用的是助记符号　　D. 汇编程序是一种不在依赖于机器的语言

42. 下列有关多媒体计算机概念描述正确的是（　　）。
A. 多媒体技术可以处理文字、图像和声音，但不能处理动画和影像
B. 多媒体计算机系统主要由多媒体硬件系统、多媒体操作系统和支持多媒体数据开发的应用工具软件组成
C. 传输媒体主要包括键盘、显示器、鼠标、声卡及视频卡等
D. 多媒体技术具有集成性和交互性的特征

43. 下列不属于多媒体特点的是（　　）。

A. 模拟信号　　B. 集成性　　C. 交互性　　D. 实时性

44. 以下文件格式中（　　）是视频文件格式。

A. .avi　　B. .bmp　　C. .wav　　D. .mad

45. 下列不属于微机主要性能指标的是（　　）。

A. 字长　　B. 内存容量　　C. 软件数量　　D. 主频

第 2 章　Windows 7 操作系统

2.1　操作系统概述

2.1.1　操作系统基本概念

为了使计算机系统中所有软、硬件资源协调一致，有条不紊地工作，就必须要由操作系统统一管理和调度。操作系统是对计算机硬件系统的第一次扩充，是在硬件基础上的第一层软件，是其他软件和硬件之间的接口，它直接运行在裸机之上。操作系统是一个复杂庞大的程序，它控制所有在计算机上运行的程序并管理整个计算机的资源，合理组织工作流程，以使系统资源得到高效的利用，并为用户使用计算机创造良好的工作环境，最大限度地发挥计算机系统各部分的作用，因此操作系统的性能很大程度上决定了计算机系统的性能。

2.1.2　操作系统的分类

操作系统可以分为如下几类：

① 单用户操作系统。

② 批处理操作系统：单道批处理系统；多道批处理系统。

③ 分时操作系统（Time Sharing System）。

④ 实时系统（Real Time System）。

⑤ 网络操作系统。

2.1.3　典型操作系统介绍

1. DOS 简介

DOS（Disk Operation System，磁盘操作系统）是一种单用户、单任务的计算机操作系统。DOS采用字符界面，必须输入各种命令来操作计算机，这些命令都是英文单词或缩写，比较难于记忆，而且大多数命令都需要若干参数一起执行，不利于一般用户操作，让人望而却步。常用版本为MS-DOS 和 PC-DOS。20 世纪 90 年代后，DOS 逐步被 Windows 操作系统所取代，但一名熟练的计算机硬件系统维护人员不熟悉 DOS 是不行的。

2. Windows 简介

Windows 是 Microsoft 公司在 20 世纪 80 年代末推出的基于图形的、多用户多任务操作系统，对计算机的操作是通过对“窗口”“图标”“菜单”等图形画面和符号的操作来实现的。用户的操作不仅可以使用键盘，更多的是用鼠标来完成。鼠标点击之间，选择运行、调度等工作运用自如。

由于它易于使用、速度快、集成娱乐功能、方便快速上网，现已深受全球众多计算机用户的青睐。短短二十几年中，Windows 由原来的 Windows 1.0 版本历经 Windows 3.1、Windows 95、Windows NT、Windows 98、Windows Me、Windows 2000、Windows XP、Windows 2003、Windows Vista、Windows 7、Windows 8。Windows 的功能已日渐丰富，发展势头迅猛，目前已经成为桌面用户操作系统的主流。

3. UNIX 简介

UNIX 是一个交互式的分时操作系统，1969 年诞生于贝尔实验室。UNIX 取得成功的最重要原因是系统的开放性、源代码公开、易理解、易扩充、易移植。用户可以方便地向 UNIX 系统中逐步添加新功能和工具，这样可使它越来越完善，提供更多服务，从而成为有效的程序开发的支持平台。它是可以安装和运行在微型机、工作站以至大型机和巨型机上的操作系统。UNIX 系统有着多用户、多任务、并行处理能力强的优点，尤其网络处理能力强，而且安全性特别高。此外，由于它属于开源系统，所以发展得特别快，系统内在的缺陷比较少。因此，UNIX 系统大多被要求苛刻的高端服务器采用。

4. Linux 简介

Linux 是一个开放源代码、类似于 UNIX 的操作系统。它除了继承 UNIX 操作系统的特点和优点外，还进行了许多改进，从而成为一个真正的多用户、多任务的通用操作系统。

在 Linux 的基础上，我国中科红旗软件技术公司于 1999 年成功研制出红旗 Linux。它是应用于以 Intel 和 Alpha 芯片为 CPU 的服务器平台上的第一个国产操作系统。红旗 Linux 标志着我国拥有了独立知识产权的操作系统，为我国国产操作系统的发展奠定了坚实的基础。它在政府、电信、金融、交通和教育等领域使用较为广泛。

2.2 Windows 7 基础知识

2.2.1 Windows 发展简述

1975 年 4 月 4 日 Microsoft 成立，1979 年 1 月 1 日 Microsoft 从北墨西哥州 Albuquerque 迁移至华盛顿州 Bellevue 市，1981 年 6 月 25 日 Microsoft 正式登记公司，1981 年 8 月 12 日，IBM 推出内含 Microsoft 的 16 位元作业系统 MS-DOS 1.0 的个人计算机。

1985 年 11 月，Windows 1.0 发布。

1987 年 12 月 9 日，Windows 2.0 发布。

1990 年 5 月 22 日，Windows 3.0 正式发布，由于在界面、人性化、内存管理多方面的巨大改进，终于获得用户的认同。

1993 年 Windows NT 3.1 发布，这个产品是基于 OS/2 NT 的基础编制的，由 Microsoft 和 IBM 联合研制。

1995 年推出了全新的真正脱离 DOS 平台的 Windows 95，Windows 95 是一个混合的 16 位/32 位 Windows 系统，其版本号为 4.0。

1998 年推出了 Windows 98。

2000 年推出 Windows 2000 以及 Windows Me。

2001 年紧接着推出 Windows XP。

2003 年 4 月，Windows Server 2003 发布；对活动目录、组策略操作和管理、磁盘管理等面向服务器的功能作了较大改进，对.NET 技术的完善支持进一步扩展了服务器的应用范围。

2007 年推出了 Windows Vista。它是微软 Windows 操作系统的新版本，是继 Windows XP 和 Windows Server 2003 之后的又一重要的操作系统。该系统带有许多新的特性和技术。

2009 年推出了 Windows 7。Windows 7 常见的版本有 Windows 7 Home Basic（家庭普通版）、Windows 7 Home Premium（家庭高级版）、Windows 7 Professional（专业版）和 Windows 7 Ultimate（旗舰版）。本书所介绍的是 Windows 7 Ultimate（旗舰版）。

2012 年 10 月 26 日，Windows 8 正式发布，它具有独特的开始界面和触控式交互系统。

2.2.2 Windows 7 的启动和退出

1. Windows 7 的启动

按下计算机主机电源开关后，系统会自动进行硬件自检、引导操作系统启动等一系列动作，之后进入用户登录界面，用户需要选择账户并输入正确的密码，才能登录到桌面，进行操作。如果计算机只设有一个账户，并且该账户没有设置密码，则开机后系统会自动登录到桌面。

2. Windows 7 的退出

如果用户准备不再使用计算机，应该将其退出。用户可以根据不同的需要选择不同的退出方法，如关机、睡眠、锁定、注销和切换用户等，如图 2–1 所示。

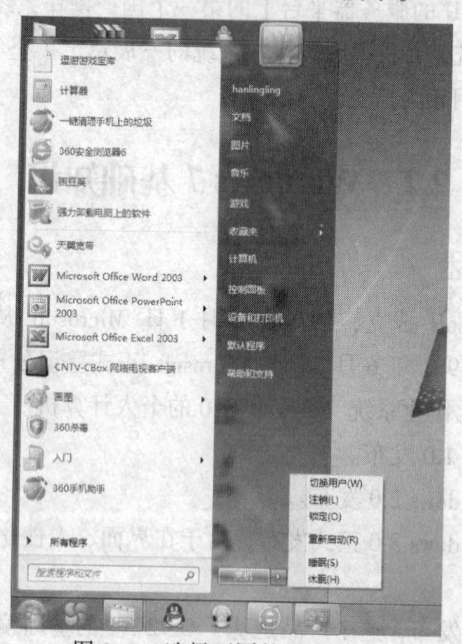

图 2–1 选择不同的退出方法

2.3 Windows 7 的基本知识和基本操作

2.3.1 鼠标操作

常用的鼠标操作：

① 单击左键（简称单击）。

② 单击右键（简称右击）：单击鼠标右键后，通常出现一个快捷菜单。

③ 双击：快速单击左键两下。

④ 指向："指向"操作通常有两种用法——打开子菜单；突出显示。

⑤ 拖动：将目标用左键点住不放，然后拖动到目标区。

2.3.2　桌面简介

桌面是用户启动 Windows 之后见到的主屏幕区域，也是用户执行各种操作的区域。桌面包含了"开始"菜单、任务栏、桌面图标和通知区域等组成部分，如图 2-2 所示。

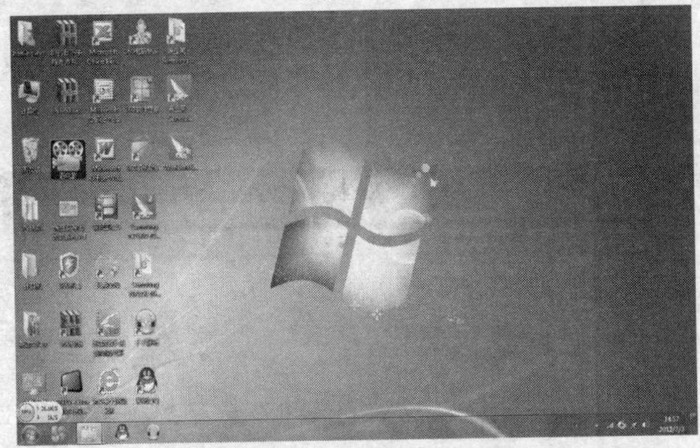

图 2-2　Windows 7 桌面

1. "开始"菜单

位于桌面的左下角，单击"开始"按钮即可弹出。通过"开始"菜单，用户可以启动应用程序、打开文件、修改系统设定值、搜索文件、获得帮助、关闭系统等，如图 2-3 所示。

图 2-3　"开始"菜单

在“开始”菜单中选择“所有程序”，即出现所有应用程序菜单项，可以启动应用程序，如图 2-4 所示。

在“开始”菜单中选择“控制面板”，即可调整计算机的设置，如图 2-5 所示。

图 2-4 “所有程序”菜单

图 2-5 控制面板

在“开始”菜单中，可以在“计算机”中搜索程序和文件，如图 2-6 所示，在文本框中输入要搜索的文件名或程序名，按【Enter】键即可完成。

图 2-6 “搜索”功能

2．桌面图标

在桌面的左边，有许多个上面是图形、下面是文字说明的组合，这种组合叫图标。用户可以根据自己的使用习惯，添加用户文件、计算机、网络和控制面板等图标，还可以自己创建快捷方式图标。

3．任务栏

任务栏位于桌面最下方，提供快速切换应用程序、文档和其他窗口的功能。

在运行多个应用程序的情况下，可以通过单击任务栏上的图标快速切换程序。

相比之前的 Windows 版本，Windows 7 的任务栏发生了较大的改变。具体表现在：

- 将程序锁定到任务栏。
- 预览窗口。
- 跳转列表。

例如，将鼠标指针放在最小化在任务栏里的文件或文件夹上，会列出文件或文件夹的列表，如图 2–7 所示。

图 2–7　任务栏上的文件或文件夹

鼠标指针放在其中一个文件或文件夹上面，则显示预览窗口，如图 2–8 所示。

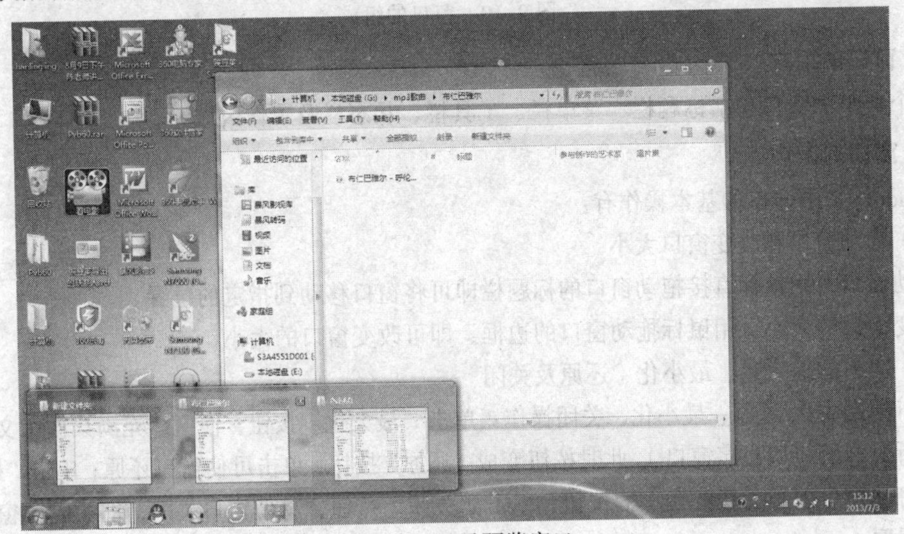

图 2–8　显示预览窗口

4．通知区域

位于 Windows 7 任务栏的右侧，用于显示时间、一些程序的运行状态和系统图标，单击图标，通常会打开与该程序相关的设置，也称系统托盘区域，如图 2–9 所示。

图 2–9　通知区域

2.3.3　窗口和对话框

窗口和对话框是 Windows 的基本组成部件，因此窗口和对话框操作是 Windows 的最基本操作，窗口的组成如图 2–10 所示。

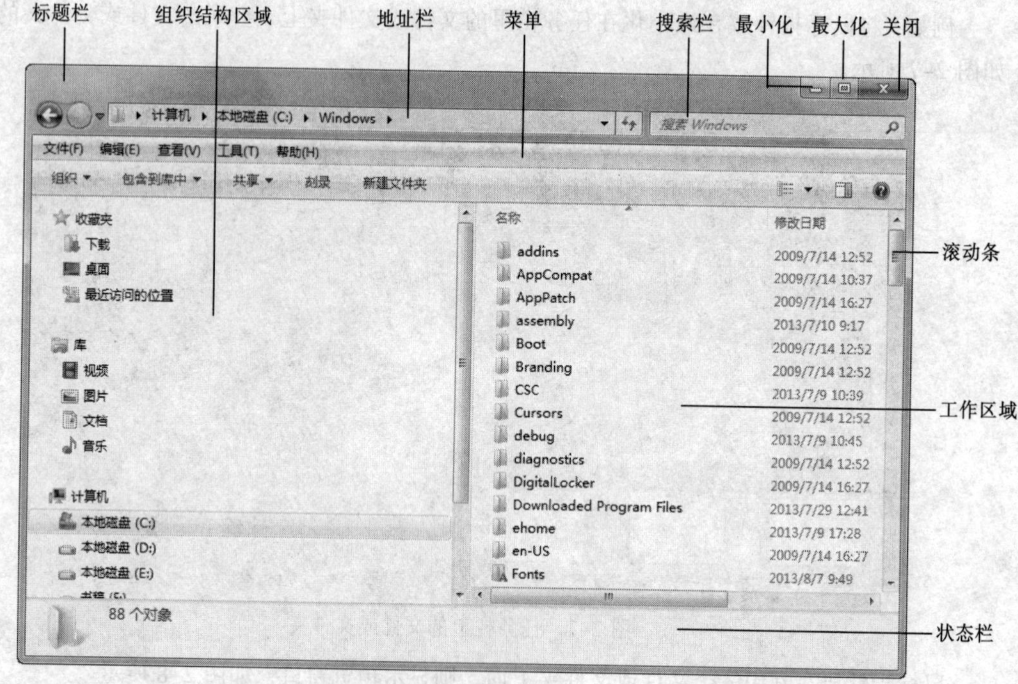

图 2-10 窗口的组成

1. 窗口的组成

一个典型的窗口包括标题栏、菜单栏、工具栏、状态栏及工作区域等。

2. 窗口的操作

Windows 7 中窗口的基本操作有：

（1）移动窗口和改变窗口大小

移动窗口：用鼠标直接拖动窗口的标题栏即可将窗口移动到指定的位置。

改变窗口的大小：用鼠标拖动窗口的边框，即可改变窗口的大小。

（2）窗口的最大化、最小化、还原及关闭

窗口的最大化/还原、最小化、关闭操作：单击“最大化”按钮，使窗口充满桌面（文档窗口是充满所对应的应用程序窗口），此时按钮变成“还原”按钮，单击可使窗口还原；单击“最小化”按钮，将使窗口缩小为任务栏上的按钮；单击“关闭”按钮，将使窗口关闭，即关闭了窗口对应的应用程序。

（3）滚动窗口内容

拖动窗口中的垂直或水平滚动条，可滚动窗口的内容。

（4）切换窗口

窗口之间切换：当多个窗口同时打开时，单击要切换到的窗口中的某一点，可以切换到该窗口；在任务栏上单击某窗口对应的按钮，也可切换到该按钮对应的窗口；利用【Alt + Tab】和【Alt + Esc】组合键也可以在不同窗口间切换。

（5）排列窗口

Windows 7 提供了排列窗口的功能，可以使窗口在桌面上有序排列。右击任务栏的空白处，在弹出的快捷菜单中可以选择窗口的排列方式，如图 2–11 所示。

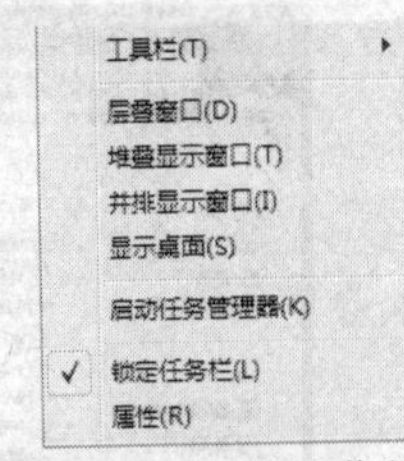

图 2–11　快捷菜单

① 层叠窗口：右击任务栏的空白处，在弹出的快捷菜单中选择“层叠窗口”命令，可以使窗口纵向排列，且每个窗口的标题栏均可见，如图 2–12 所示。

② 堆叠显示窗口：右击任务栏的空白处，在弹出的快捷菜单中选择“堆叠显示窗口”命令，可以使窗口堆叠显示，如图 2–13 所示。

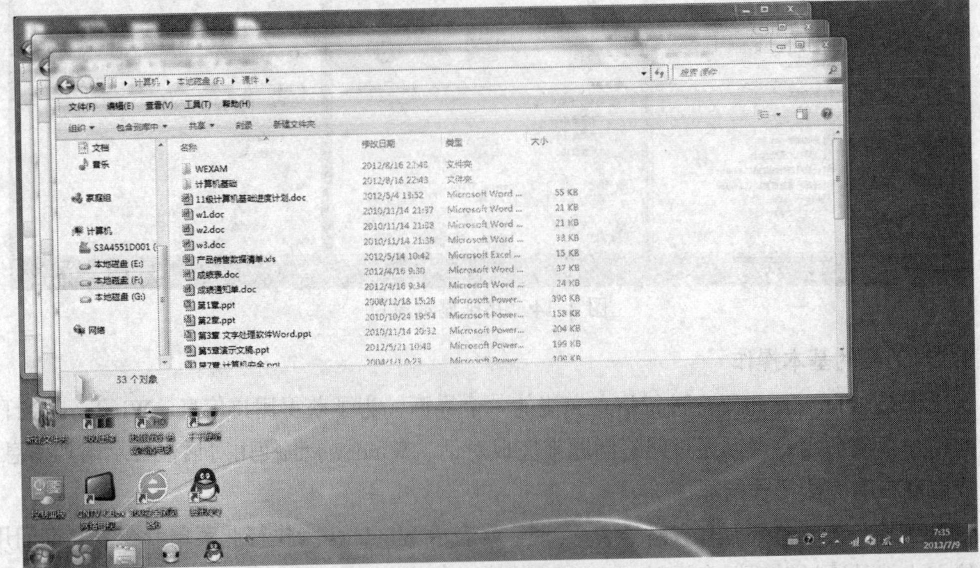

图 2–12　层叠窗口

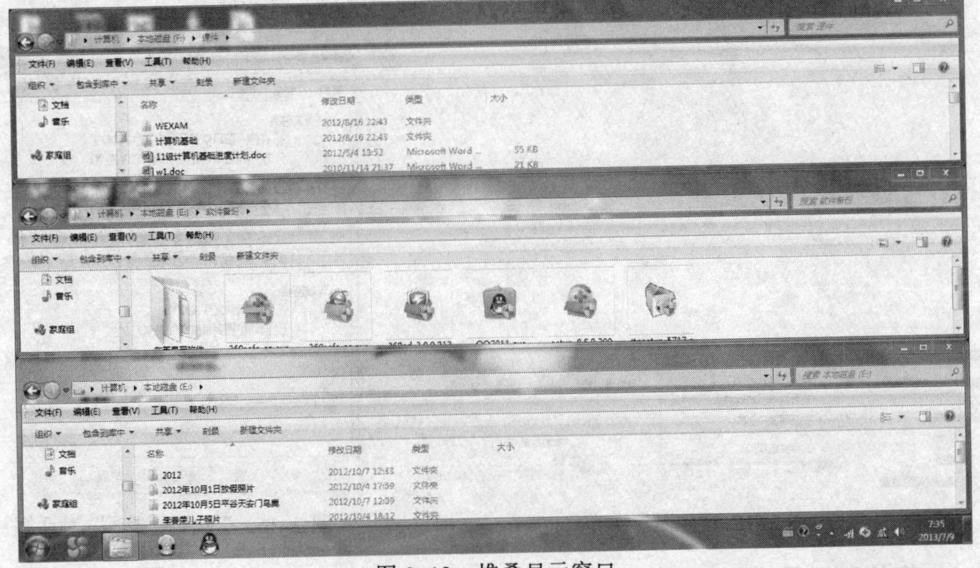

图 2–13　堆叠显示窗口

③ 并排显示窗口：右击任务栏的空白处，在弹出的快捷菜单中选择“并排显示窗口”命令，可以使每个打开的窗口均可见且均匀地分布在桌面上，如图 2–14 所示。

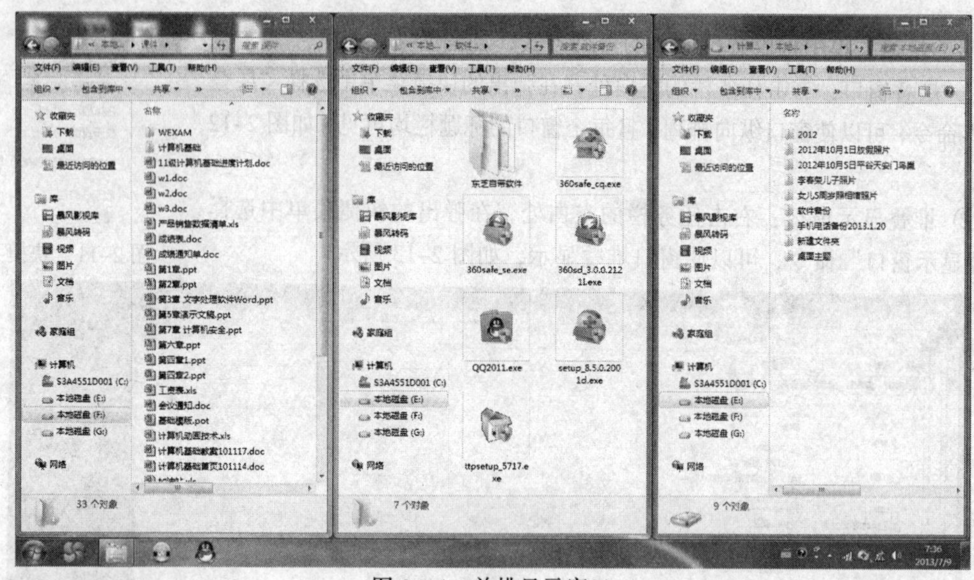

图 2–14　并排显示窗口

3. 对话框的基本操作

对话框是 Windows 和用户进行信息交流的一个界面，为了获得用户信息，Windows 会打开对话框向用户提问，用户可以通过回答问题来完成对话，Windows 也使用对话框显示附加信息和警告，或解释没有完成操作的原因。

一般当某一菜单命令后有省略号“…”时，就表示 Windows 为执行此菜单命令需要询问用户，询问的方式就是通过对话框来提问。

图 2–15 和图 2–16 所示为“工具”菜单以及“文件夹选项”对话框。

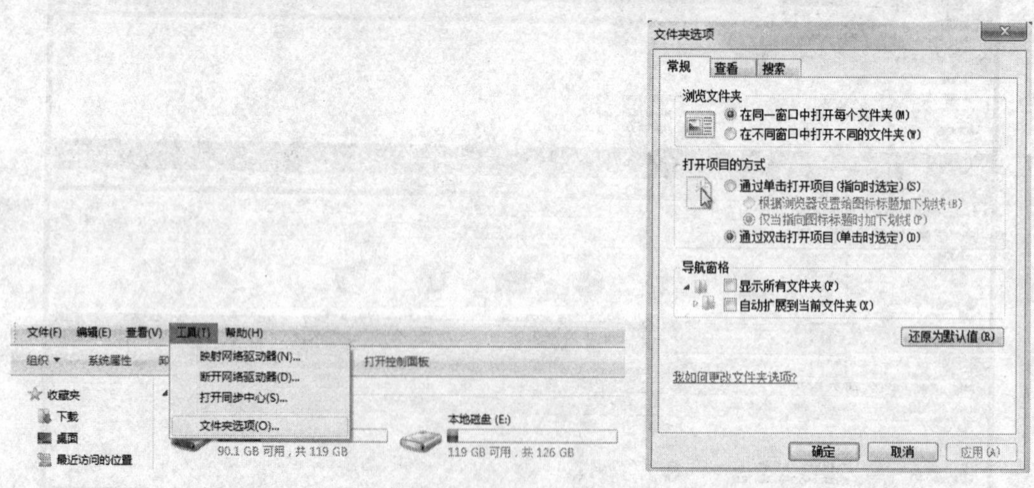

图 2–15　“工具”菜单　　　　图 2–16　“文件夹选项”对话框

2.3.4　菜单和工具栏

1. 菜单

（1）打开和关闭菜单

打开菜单：将鼠标指针移到菜单栏上的某个菜单选项，单击可打开菜单。

关闭菜单：在菜单外面的任何地方单击，可以取消菜单显示。

（2）菜单中命令项

① 暗淡的：当前不可用的菜单项。

② 后带省略号“…”：执行该命令后，打开一个对话框。

③ 前有符号“√”：表示选中该命令，启用这个命令。

④ 带组合键：可以使用快捷键。

⑤ 后带指向右边的三角形：该菜单项含有级联菜单。

（3）快捷菜单

当右击对象时，即可打开包含作用于该对象的命令的快捷菜单，如图 2–17 所示。

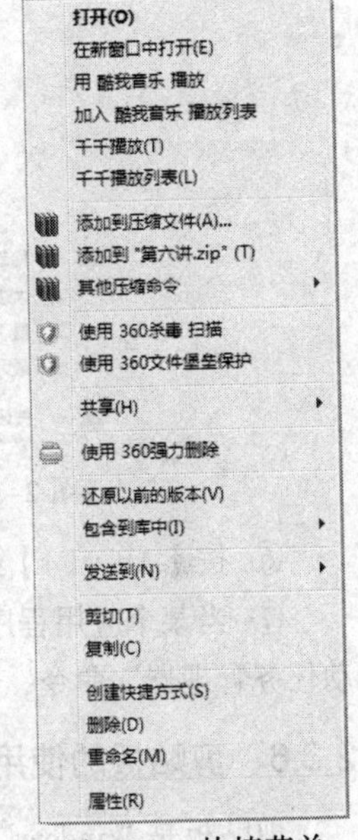

图 2–17　快捷菜单

2. 工具栏

大多数 Windows 应用程序都有工具栏，工具栏上的按钮在菜单中都有对应的命令，工具栏是为了方便用户使用应用程序而设计的，直接单击工具栏上的图标按钮可以执行相应的菜单命令，免去了频繁查找菜单中命令的麻烦。

当移动鼠标指针指向工具栏上的某个按钮时，稍停留片刻，将显示该按钮的功能名称。

用户可以用鼠标把工具栏拖放到窗口的任意位置，或改变排列方式。

2.3.5　启动和退出应用程序

1. 启动应用程序

在 Windows 7 中，启动应用程序有多种方法，使用何种方法，可以根据用户自己的爱好和习惯而定。几种最常用的方法如下：

① 通过桌面快捷方式启动应用程序。

② 通过锁定到任务栏中的图标启动应用程序。

③ 通过“开始”菜单启动应用程序。

④ 通过浏览驱动器和文件夹启动应用程序。

⑤ 通过“运行”对话框启动应用程序。

⑥ 打开与应用程序相关联的文档或数据文件。

2. 退出应用程序

当不再需要动行一个应用程序时，应该退出这个应用程序。常用的几种方法为：

① 在应用程序的“文件”菜单上选择“关闭”命令。

② 双击应用程序窗口上的控制菜单图标。

③ 单击应用程序窗口上的控制菜单图标，在弹出的控制菜单中选择“关闭”命令，如图 2–18 所示。

④ 单击应用程序窗口右上角的“关闭”按钮。

⑤ 在任务栏的应用程序列表中选定要关闭的应用程序，右击弹出快捷菜单，选择“关闭窗口”命令，可退出应用程序，如图 2–19 所示。

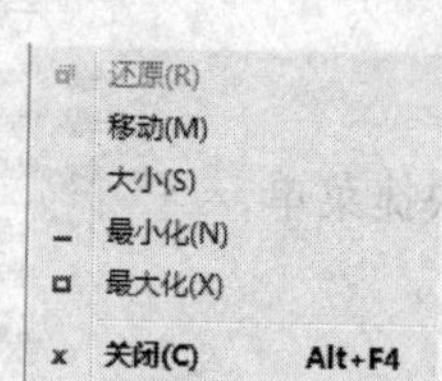

图 2-18 控制菜单

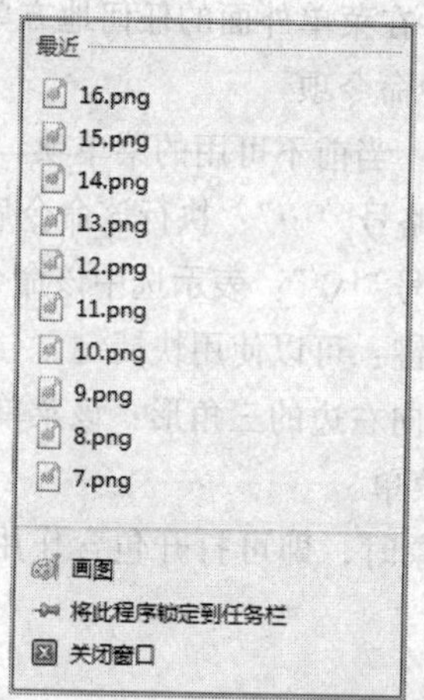

图 2-19 任务栏的应用程序快捷菜单

⑥ 按【Alt + F4】组合键。

⑦ 当某个应用程序不再响应用户的操作时，可以右击任务栏，在弹出的快捷菜单中选择“启动任务管理器”命令，打开“Windows 任务管理器”窗口，可在该窗口中结束该任务。

2.3.6 剪贴板的使用

剪贴板是 Windows 系统为了传递信息在内存中开辟的临时存储区，通过它可以实现 Windows 环境下运行的应用程序之间的数据共享。

剪贴板的使用步骤是先将信息从源文档复制到剪贴板，然后再将剪贴板中的信息粘贴到目标文档中。

1. 将信息复制到剪贴板

（1）把选定信息复制到剪贴板

① 选定要复制的信息，使之突出显示。

② 选择应用程序“编辑”菜单中的“剪切”或“复制”命令。

（2）复制整个屏幕或窗口到剪贴板

- 复制整个屏幕：按下【Print Screen】键，整个屏幕被复制到剪贴板上。
- 复制窗口：先将窗口选择为活动窗口，然后按【Alt + Print Screen】组合键。

2. 从剪贴板中粘贴信息

其操作步骤如下：

① 确认剪贴板上已有要粘贴的信息。

② 切换到要粘贴信息的应用程序，并将光标定位到要放置信息的位置上。

③ 选择该程序“编辑”菜单中“粘贴”命令。

“复制”、“剪切”和“粘贴”命令都有对应的组合键，分别是【Ctrl + C】、【Ctrl + X】和【Ctrl + V】。

2.4　Windows 资源管理器

"Windows 资源管理器"是 Windows 7 提供的用于管理文件和文件夹的应用程序，利用它可以显示文件夹的结构和文件的详细信息、启动应用程序、打开文件、查找文件、复制文件等。右击"开始"按钮，打开图 2-20 所示快捷菜单，选择"打开 Windows 资源管理器"命令，打开 Windows 资源管理器。

图 2-20　"开始"按钮快捷菜单

2.4.1　文件和文件夹

一个磁盘上通常存有大量的文件，必须将它们分门别类地组织为文件夹，Windows 7 采用树形存储结构以文件夹的形式组织和管理文件。

在树形存储结构下，用户可以分门别类地建立多个文件夹（对文件夹也必须对它进行命名），并将文件按类别分别保存在不同的文件夹下，以方便组织和管理。

Windows 7 使用长文件名，即可以使用长达 256 个字符的文件名或文件夹名，其中还可以包含空格。

2.4.2　资源管理器窗口

启动 Windows 资源管理器可以采用以下方法：

- 单击"开始"按钮，在打开的"开始"菜单中选择"所有程序"→"附件"命令，然后选择"Windows 资源管理器"命令，打开资源管理器窗口。
- 右击"开始"按钮，在弹出的快捷菜单中选择"打开 Windows 资源管理器"命令。
- 单击锁定在任务栏中的"Windows 资源管理器"图标。

Windows 资源管理器窗口如图 2-21 所示。

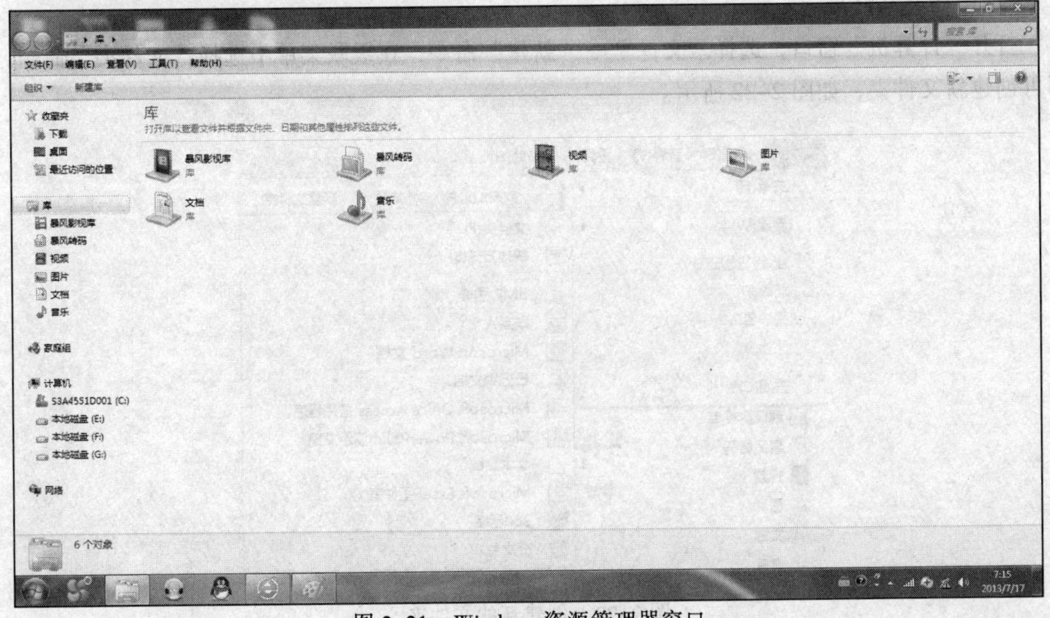

图 2-21　Windows 资源管理器窗口

Windows 资源管理器窗口上部是地址栏、搜索栏、菜单栏和工具栏；窗口中部被分为两个区域：左窗格和右窗格；窗口底部是状态栏。

1．资源管理器的视图设置

一般情况下，大多数文件不会显示扩展名，而是使用不同的图标表示其类型。如果一个文件的类型没有登记，则使用通用的图标表示这个文件，并且显示文件扩展名。

可以根据个人喜好和实际需要更改文件或文件夹图标的大小，或者让文件或文件夹以列表、平铺等方式显示。

2．浏览文件夹中的内容

在 Windows 资源管理器左窗格中选定一个磁盘驱动器或文件夹后，在右窗格显示其中包含的文件和文件夹，如果包含有文件夹，则可以双击文件夹的名称或图标，将这个文件夹打开，进一步查看其中的内容。

2.4.3 管理文件和文件夹

1．选定文件或文件夹

- 单击所要选定的文件或文件夹就可以选定单个文件或文件夹。
- 单击所要选定的第一个文件或文件夹，然后按住【Shift】键，单击最后一个文件或文件夹，可以选定多个连续的文件或文件夹
- 也可以用键盘选定多个连续的文件或文件夹，方法是移动光标到所要选定的第一个文件或文件夹上，然后按住【Shift】键不放，用键盘方向键移动光标到最后一个文件或文件夹上。
- 单击所要选定的第一个文件或文件夹，然后按住【Ctrl】键不放，单击其他文件或文件夹，可以选定多个不连续的文件或文件夹。

2．创建新文件夹

打开“计算机”窗口，选择“文件”→“新建”命令，在级联菜单中选择“文件夹”命令，即可创建新文件夹，如图 2-22 所示。

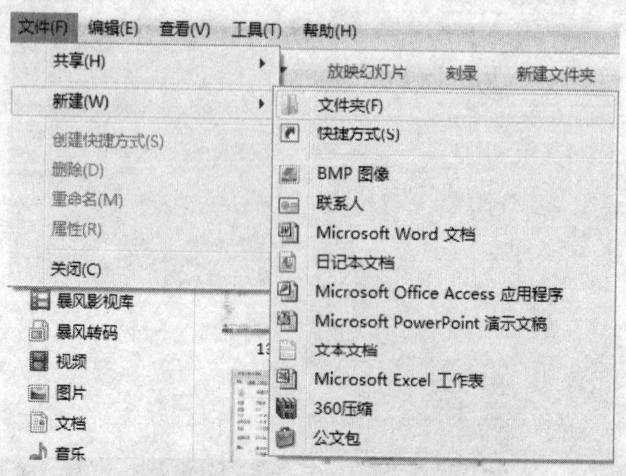

图 2-22 创建新的文件夹

3. 复制/移动文件或文件夹

复制文件或文件夹：按住【Ctrl】键的同时，选中要进行复制的文件或文件夹不放，拖动鼠标到目标位置，文件或文件夹右下角显示“复制到……”字样，如图 2-23 所示。松开鼠标左键，即可复制该文件或文件夹。

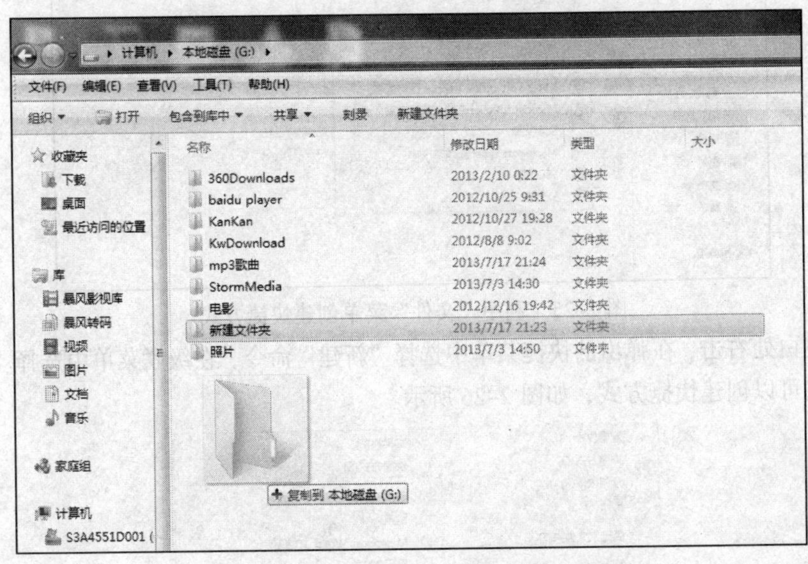

图 2-23　复制文件或文件夹

移动文件或文件夹：选中要进行移动的文件或文件夹不放，拖动鼠标到目标位置，文件或文件夹右下角显示“移动到……”字样，如图 2-24 所示。松开鼠标左键，即可移动该文件或文件夹到目标位置。

名称	修改日期	类型	大小
360Downloads	2013/2/10 0:22	文件夹	
baidu player	2012/10/25 9:31	文件夹	
KanKan	2012/10/27 19:28	文件夹	
KwDownload	2012/8/8 9:02	文件夹	
mp3歌曲	2012/7/26 8:21	文件夹	
Storm → 移动到 mp3歌曲	2013/7/3 14:30	文件夹	
电影	2012/12/16 19:42	文件夹	
照片	2013/7/3 14:50	文件夹	
新建文件夹	2013/7/17 21:23	文件夹	

图 2-24　移动文件或文件夹

4. 删除文件或文件夹

选中要删除的文件或文件夹，按键盘上的【Delete】键，即可删除该文件或文件夹；如果要永久删除该文件或文件夹，则按住【Shift】键的同时，按键盘上的【Delete】键。

5. 创建文件的快捷方式

在“文件”菜单中指向“新建”菜单项，在级联菜单中选择“快捷方式”命令，如图 2-25 所示。

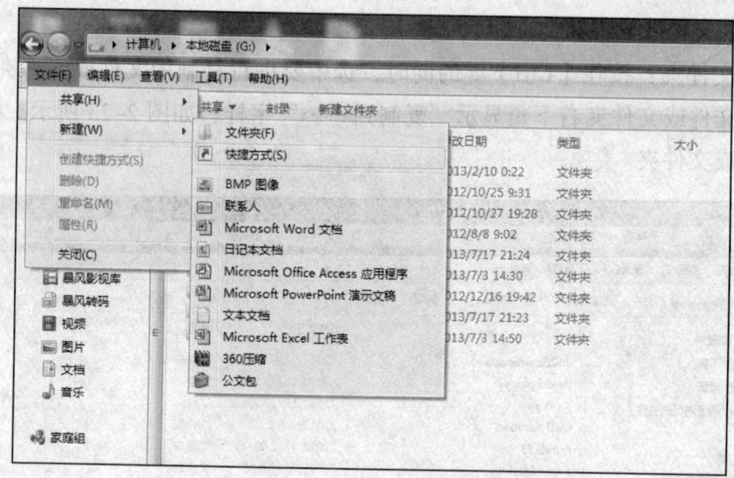

图 2-25　利用“文件”菜单创建快捷方式

或者在空白处右击，在弹出的快捷菜单中选择“新建”命令，在级联菜单中选择“快捷方式”命令，同样也可以创建快捷方式，如图 2-26 所示。

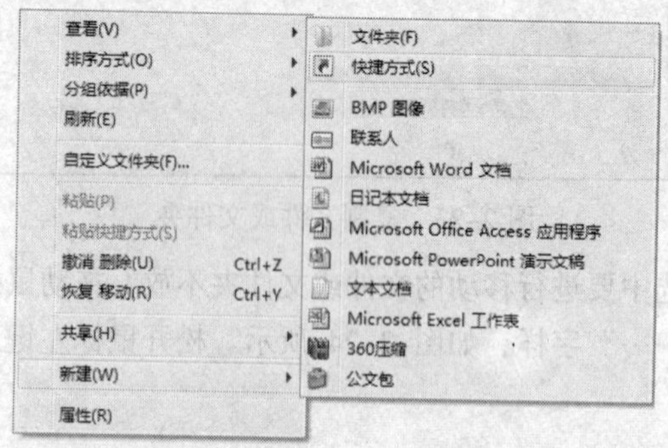

图 2-26　利用快捷菜单创建快捷方式

在弹出的“创建快捷方式”对话框中，单击“浏览”按钮，找到要为其创建快捷方式的对象，如图 2-27 所示。

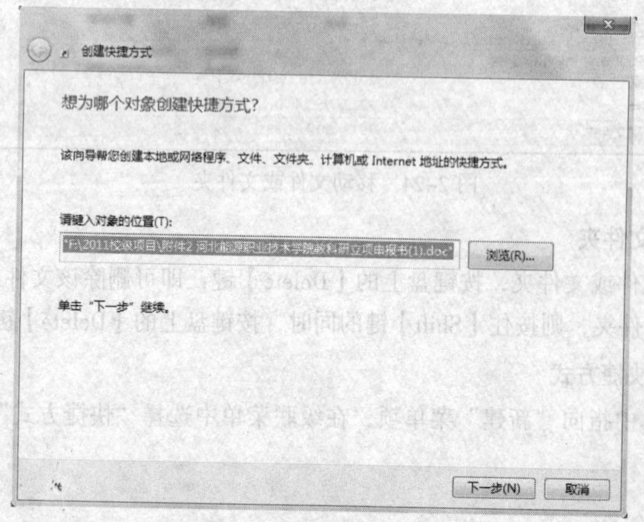

图 2-27　“创建快捷方式”对话框

单击“下一步”命令按钮，输入该快捷方式的名称，单击“完成”按钮，如图 2-28 所示。

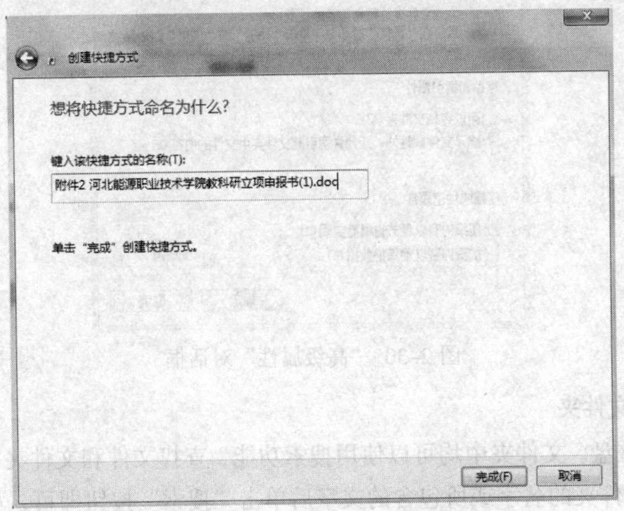

图 2-28　完成快捷方式的创建

6. 更改文件或文件夹的名称

右击要更改名称的文件或文件夹，在快捷菜单中选择“重命名”命令，即可对文件或文件夹重命名。

7. 查看及设置文件和文件夹的属性

选择文件或文件夹，右击该文件或文件夹，在快捷菜单中选择“属性”命令，弹出对话框如图 2-29 所示。

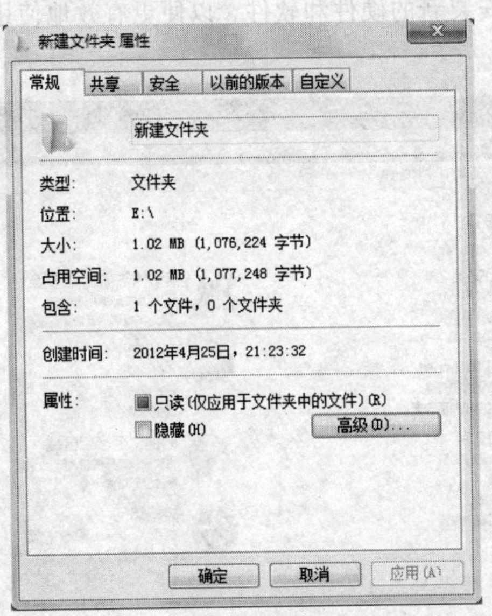

图 2-29　“新建文件夹属性”对话框

在属性对话框中可以查看或设置该文件或文件夹的属性，例如“只读”属性、“隐藏”属性，在“高级属性”对话框中设置“存档”属性等，如图 2-30 所示。

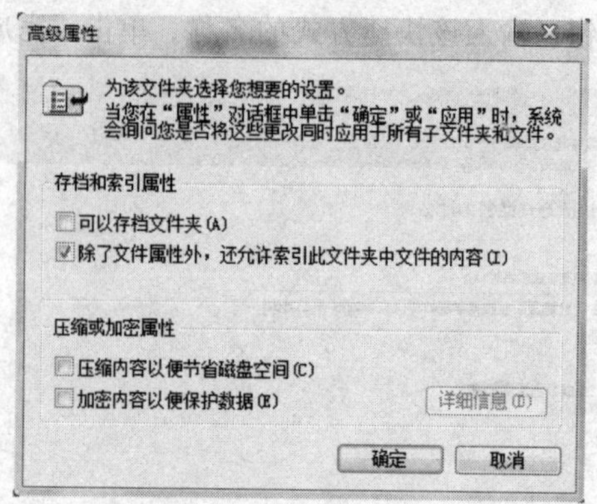

图 2-30 "高级属性"对话框

8. 查找文件和文件夹

在"计算机"、磁盘、文件夹中均可以使用搜索功能，查找文件和文件夹。在搜索文本框中输入要搜索的文件或文件夹的名字或所包含的文字后单击"搜索"按钮即可，如图 2-31 所示。

图 2-31 查找文件和文件夹

2.5 Windows 7 控制面板

控制面板是用来对系统进行设置的一个工具集。我们可以根据自己的爱好更改显示器、键盘、鼠标、桌面等设置，可以安装新的硬件和软件，以便更有效地使用系统。"控制面板"窗口如图 2-32 所示。

图 2-32 "控制面板"窗口

2.5.1　显示属性

在“控制面板”窗口中单击“外观和个性化”功能图标，打开“外观和个性化”窗口，如图 2–33 所示。

图 2–33　“外观和个性化”窗口

在窗口中的“显示”功能里，可以调整屏幕分辨率和刷新频率；在“个性化”功能里，可以更改桌面背景、更改主题、更改屏幕保护程序等。

2.5.2　鼠标设置

在“控制面板”窗口中单击“硬件和功能”功能图标，再单击“鼠标”功能图标，打开“鼠标属性”对话框，用户可以通过该对话框更改鼠标设置以适应个人喜好。例如，更改鼠标键配置、更改鼠标指针外观、更改鼠标指针工作方式、更改鼠标滑轮工作方式等，如图 2–34 所示。

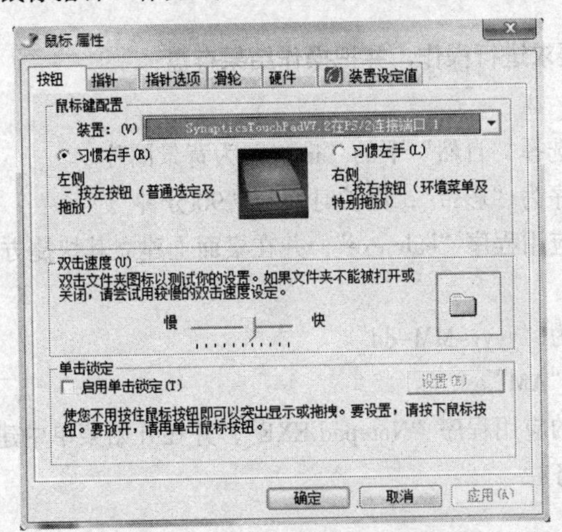

图 2–34　“鼠标属性”对话框

2.5.3 安装和删除应用程序

除了少数软件可以无须安装直接运行外，大多数 Windows 应用程序都需要安装之后才能使用。一个 Windows 应用程序如果以后不再使用，还可以将它删除，释放其占用的辅存存储空间。

2.6 Windows 7 输入法的设置和使用

Windows 7 中自带了几种中文输入法，例如“微软拼音 ABC 输入法”、“微软拼音输入法 2003”、“全拼输入法”和“双拼输入法”等，使用这些输入法就可以进行汉字输入。但是，仅这些输入法往往不能满足用户的需要，因此，需要安装其他的输入法来输入汉字（如搜狗拼音输入法、谷歌拼音输入法等）。

2.6.1 添加和删除中文输入法

在任务栏右侧的输入法指示器上右击，在弹出的快捷菜单中选择“设置”命令，打开 “文本服务和输入语言”对话框，在这个对话框中，有一个“常规”选项卡，在其中就可以进行添加/删除中文输入法的操作。

2.6.2 切换输入状态

要在中文 Windows 7 中输入汉字，先要选择一种汉字输入法，再根据相应的编码方案来输入汉字。

在默认设置下，Windows 中使用【Ctrl + Space】组合键来切换中英文输入，使用【Ctrl + Shift】组合键在英文及各种中文输入法之间进行切换选择。

也可以直接使用鼠标进行操作。单击任务栏上的“输入法指示器”图标，在弹出的系统当前所具备的输入法菜单中，单击要选用的输入法，即可切换到该输入法状态下。

当用户切换到中文输入法状态下时，在屏幕上就会显示一个输入法状态条。在状态条上，用户可以进行多种输入方式的切换。

上机操作练习题

一、按下面的操作要求进行操作，并把操作结果存盘

操作要求：

1. 设置桌面墙纸，选择“自然”下的“img1”为背景图片。
2. 设置屏幕保护程序为“彩带”，保护时间为“90 分钟”。
3. 查找系统提供的应用程序“calc.exe”，并在桌面上建立其快捷方式，快捷方式名为“计算工具”。
4. 设置短日期格式为“yyyy-MM-dd”。
5. 设置上午符号位“AM”。
6. 查找到系统提供的应用程序“Notepad.EXE”，并在开始菜单中建立其快捷方式。
7. 设置自动隐藏任务栏

二、文件操作，当前文件夹为 D:\第 2 章练习\试题 1。按下面的操作要求进行操作，并把操作结果存盘

操作要求：

1. 在当前文件夹下新建文件夹 USER1；在当前文件夹的 B 文件夹下新建文件夹 USER2。

2. 将当前文件夹下的 A 文件夹复制到当前文件夹下的 B 文件夹中；将当前文件夹下的 B 文件夹中的 BBB 文件夹复制到当前文件夹中。

3. 删除当前文件夹下的 C 文件夹；删除当前文件夹下的 A 文件夹中的 CCC 文件夹。

4. 将当前文件夹下的“FIRST.DOC”文件改名为“MAIN.DOC”;将当前文件夹下的 A 文件夹中的“SECOND.DOC”文件改名为“THIRD.DOC”

第 3 章　文字处理软件 Word 2010

Office 2010 是美国微软（Microsoft）公司推出的智能办公软件，是目前最受欢迎的、使用者最多的一套办公软件。其中的 Word 2010 更是文字处理软件中的佼佼者，它不仅具有强大的文字处理功能和易学易用、图文混排等特点，更与 Office 2010 中的其他各个组件有很好的兼容性，其文档中的内容可以很方便地移植到其他文档中。

本章主要介绍 Word 2010 的各项功能，内容包括文本录入与编辑、格式编辑、表格处理、对象的插入与编辑、文档视图和邮件合并等。

3.1　基础知识与操作要点

3.1.1　Word 2010 的基本知识

1．Word 2010 的操作界面

Word 2010 与旧版本的 Word 相比，具有较大变化。选项卡与选项组替代了传统的菜单栏与工具栏，用户可以单击选择某个选项卡快速展开该组命令。

主操作界面一般由快速访问工具栏、标题栏、功能区和文档编辑区等构成，如图 3-1 所示。

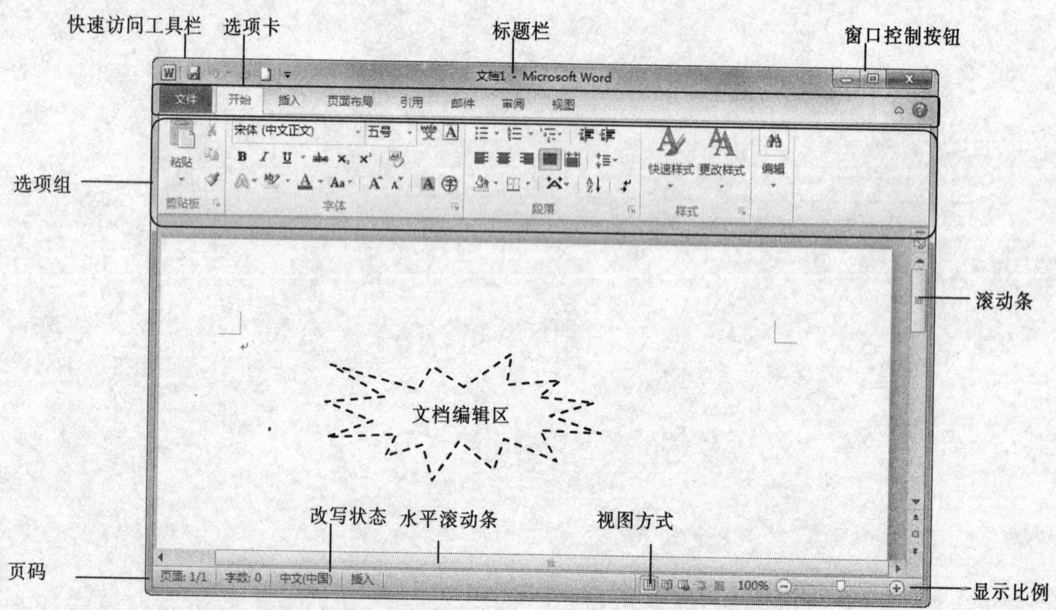

图 3-1　Word 2010 的主工作窗口

（1）快速访问工具栏

默认情况，快速访问工具栏位于 Word 图标的右侧，主要放置常用的命令按钮。通过单击旁边的下三角按钮，可以添加或删除该工具栏中的按钮。

（2）标题栏

标题栏由当前工作表名称和窗口控制按钮组成。当前工作表名称位于标题栏中间，窗口控制按钮位于标题栏最右侧，分别由“最小化”、“最大化”和“关闭”按钮组成。

（3）功能区

功能区通过选项卡与选项组展示各级命令，用户可以双击选项卡展开或隐藏选项组，可以直接单击选项组中的命令按钮实现文档的编辑操作。

①“文件”选项卡：包括了文件的新建、打开、保存、另存为、关闭、打印，文件的信息和文件的保存并发送。

②“开始”选项卡：包括了“剪贴板”、“字体”、“段落”、“样式”和“编辑”选项组，对应旧版本的“编辑”和“格式”　菜单。

③“插入”选项卡：包括“页”、“表格”、“插图”、“链接”、“页眉和页脚”、“文本”、“符号”、“特殊符号”选项组，对应旧版本中的“插入”、“表格”菜单，及“视图”菜单中的部分命令。

④“页面布局”选项卡：包括了“主题”、“页眉设置”、“稿纸”、“页面背景”、“段落”和“排列”选项组，对应旧版本“编辑”和“格式”菜单。

⑤“引用”选项卡：包括“目录”、“脚注”、“引文与书目”、“题注”、“索引”和“引文目录”，对应旧版本的“插入”菜单中的“引用”命令。

⑥“邮件”选项卡：包括“创建”、“开始邮件合并”、“编写与插入域”、“预览结果”、“完成”选项组，对应旧版本中“工具”菜单中的“信函与邮件”。

⑦“审阅”选项卡：包括“校对”、“语言”、“中文简繁转换”、“批注”、“修订”、“更改”、“比较”、“保护”选项组，对应旧版本的“工具”菜单。

⑧“视图”选项卡：包括“文档视图”、“显示/隐藏”、“显示比例”、“窗口”、“宏”选项组，对应旧版本中的“视图”和“窗口”菜单。

⑨“加载项”选项卡：默认只包括“菜单命令”选项组，可通过“Word 选项”对话框加载选项卡，对应旧版本中的“插入”菜单中的“特殊符号”命令。

（4）编辑区

编辑区位于窗口中间，可以进行文本输入、插入表格和图片，并进行内容的删除、移动、格式编辑等操作。

① 制表位：主要用来定位数据的位置与对齐方式，位于编辑区的左上角，包括左对齐式、右对齐式、居中式、小数点对齐式、竖线对齐式、首行缩进、悬挂缩进 7 种制表位格式。

② 滚动条：分为水平滚动条和垂直滚动条，它们分别位于窗口的底部和右侧，利用滚动条可以使页面在窗口内移动，以便观察到页面的全部内容。

③ 标尺：位于编辑区的上方和左侧，上方为水平标尺，左侧为垂直标尺。标尺主要用于估算对象的编辑尺寸，可以显示当前页面的尺寸和页面边距。

④ 文本区：也叫工作区，它占据了窗口的大部分区域，用户可在其中创建和编辑文本、表格及图形。

⑤ 状态栏：位于 Word 窗口底部，用于显示当前文档窗口的页数、字数、编辑状态、视图、和显示比例状态信息。

2. 文档的创建

（1）创建空白文档

选择“文件”选项卡下的“新建”命令，在展开的“可用模板”列表中选择“空白文档”类型，单击“创建”按钮则创建了一空白的新文档。

（2）创建模板文档

选择“文件”选项卡下的“新建”命令，在展开的“可用模板”列表中选择文档类型，单击“创建”按钮可以创建对应模板的文档。Word 2010 为用户提供了会议议程、名片、日历、信封、费用报表等 30 多种模板，以及“其他类别”中的 40 多种其他类型的模板，如图 3-2 所示。

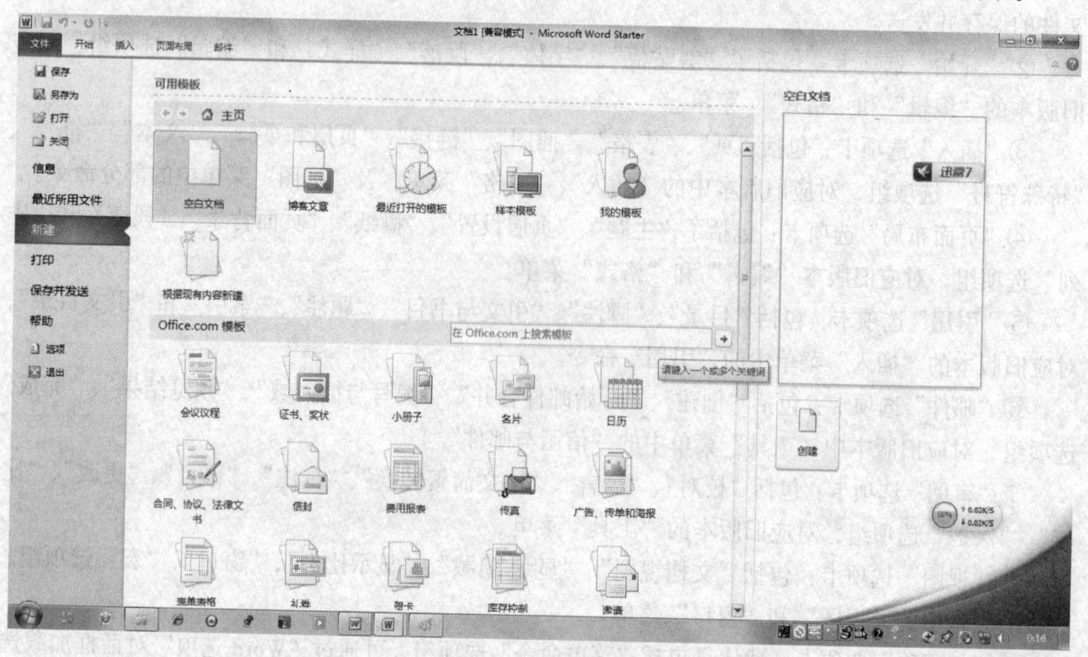

图 3-2　模板类型

“可用模板”中的模板主要有以下几种：

① 样本模板。主要用于创建 Word 2010 自带的模板文档，提供了黑领结合并信函、黑领结简历、基本报表、基本简历等 50 多个模板，选择任何一个模板创建文档即可。

② 我的模板。主要根据用户创建的模板创建新文档。选择此项，在弹出的“新建”对话框中，选择需要创建的模板类型，单击“确定”按钮即可。

③ 根据现有内容新建。主要根据本地计算机磁盘中的文档来创建一个新的文档。选择此项，在弹出的“根据现有文档新建”对话框中，选择本地文件存储路径，选择某文档，单击“新建”按钮即可。

3. 文档的打开

要编辑磁盘上已经存在的 Word 文档，首先要将其打开，打开文档的方法有以下几种：

（1）用菜单命令打开文档

① 选择“文件”选项卡下的“打开”命令，弹出“打开”对话框，如图 3-3 所示。

② 在左侧窗格中，选择要打开文档所在的位置，在“文件名”下拉列表框中选择文件名，然后单击“打开”按钮，或直接双击该文件名即可将文件打开。

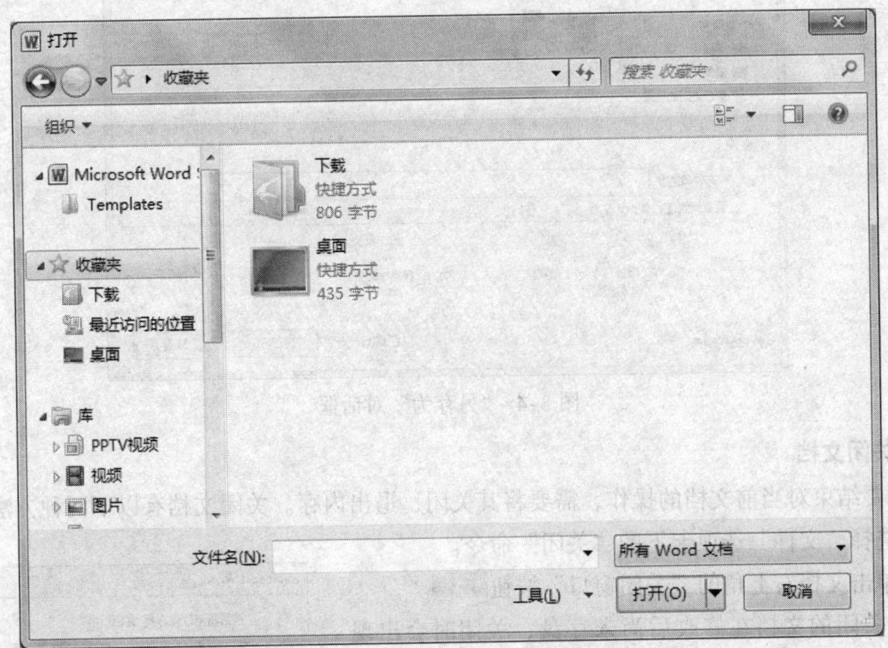

图 3-3 “打开”对话框

（2）用“计算机”打开文档

在“计算机”窗口中，找到要打开的 Word 文档，对其双击即可。

4. 文档的保存

用户对文档的编辑是在内存中操作的，如要想将其长期保存，必须使用“保存”命令将其存储到磁盘上。需要注意的是，在创建新文档后，应立即为文件命名，并随时保存，这样在文档编辑过程中如出现断电、死机等意外情况时，能保证数据不会丢失。

保存文档有以下几种方法：

① 选择“文件”选项卡下的“保存”命令。

② 单击快速访问工具栏中的“保存”按钮。

当执行保存命令时，如果文档是一个已命名的文件，则系统将在原文档上进行保存，不改变该文档的编辑状态；如果文档是一个尚未命名的文件（即新文件），屏幕上则会显示“另存为”对话框，如图 3-4 所示。

在对话框的左侧窗格中选定要存放文档的位置（磁盘或文件夹），在“文件名”文本框中输入保存文档的文件名，在“保存类型”下拉列表框中选定文档类型（一般为 Word 文档），最后单击“保存”按钮，即可将文件存入硬盘的指定文件夹中。

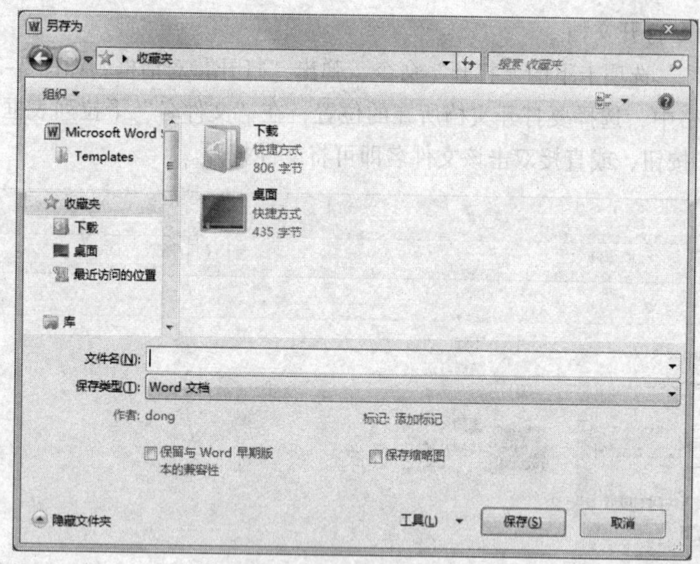

图 3-4 “另存为”对话框

5. 关闭文档

如果要结束对当前文档的操作，需要将其关闭，退出内存。关闭文档有以下两种方法：

① 选择“文件”选项卡下的“关闭”命令。

② 单击文档右上角的“关闭窗口”按钮 。

如果关闭的文档在修改后尚未存盘，关闭时会出现图 3-5 所示的提示，询问用户是否存盘。

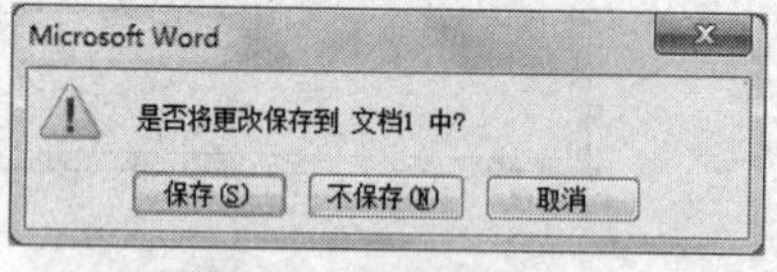

图 3-5 关闭文档提示

◎提示

单击“关闭窗口”按钮仅关闭当前 Word 文档，不退出 Word 系统。而选择“关闭”命令，则不仅关闭当前 Word 文档，而且同时退出 Word 系统。

3.1.2 文档编辑

文档编辑常用的操作有输入文本、选定文本、插入或删除文本、移动或复制文本，撤销和恢复操作以及文本的查找和替换等。

1. Word 的简单编辑

（1）输入文本

一般情况下，Word 文档中的英文字母和半角字符可以直接通过键盘在插入点“|”输入。而输入中文文字和全角字符，则要切换到中文输入方式下，选择适合自己的中文输入法后进行。

◎提示

输入操作分为“插入”和“改写”两种方式。当状态栏上的“改写”按钮为灰色时，表示当前为“插入”方式，此时插入字符，插入点右侧的内容自动向右移动，不覆盖原来内容。当状态栏上的“改写”按钮为黑色时，表示当前为“改写”方式，此时插入的字符将覆盖插入点右侧的字符。按【Insert】键或单击状态栏“改写”按钮，可以进行“插入”与“改写”方式的切换。

（2）选定文本

在 Word 中，用户要对文档进行编辑，需要先选定文本，使其反显（黑底白字），然后再进行相应的设置。

① 选定若干个字符：将鼠标指针定位在第一个字符之前，按住鼠标左键向后拖动，直到最后一个字符为止，即选定了从第一个字符到最后一个字符之间的所有字符。

② 选定一行或多行：按住鼠标左键向上或向下拖动若干行，则这些行都被选中。

③ 选定一个矩形文本块：按住【Alt】键，然后拖动鼠标，可选中一个矩形文本块。

（3）插入和删除文本

① 插入文本：将鼠标指针移到要插入文字的位置，然后切换到适当的输入法，即可开始输入文字。

② 删除文本：当需要在文档中删除少数几个文字时，可以直接将鼠标指针移到要删除的文字处，然后按【Backspace】键删除插入点前面的文字，按【Delete】键删除插入点后面的文字。当要删除的文字很多时，先选定要删除的文本块，然后按【Delete】键。

（4）移动文本

在文本的编辑过程中，常常会对文本的前后顺序进行重新调整。这就需要将文本块从文档中的一个位置搬移到另一个位置，即文本的移动。移动文本有以下两种方法：

① 利用剪贴板移动。选中要移动的文本，选择“开始”选项卡“剪贴板”选项组中的“剪切”命令（或按【Ctrl+X】组合键），此时文本块的内容被放入剪贴板中，屏幕上的文本块将消失；将鼠标指针移动到目标位置，单击将插入点定位，选择“剪贴板”选项组中的“粘贴”命令（或按【Ctrl+V】组合键），剪贴板中的内容便移动到了指定位置。

② 利用鼠标拖动。选中要移动的文本，然后按下鼠标左键将其拖动到目标位置。

（5）复制文本

文本复制与文本移动相同的是，文本复制也是要将选定的文本从文档中的一个位置搬移到另一个位置。不同的是，移动完文本后，原处的文本块不再存在；而复制完文本后，原处仍保留着被复制的文本块。复制文本有以下两种方法：

① 利用剪贴板复制。选中要复制的文本，选择“开始”选项卡“剪贴板”选项组中的“复制”命令（或按【Ctrl+C】组合键），此时，选定文本块的内容被放入剪贴板中，而原位置的文本块仍存在；将鼠标指针移动到目标位置，单击将插入点定位，选择“剪贴板”选项组中的“粘贴”命令（或按【Ctrl+V】组合键）剪贴板中的内容便复制到了指定位置。

② 利用鼠标拖动复制。选中要复制的文本，然后按住【Ctrl】键，用鼠标将选定的文本拖动到目标位置。

（6）撤销和恢复操作

编辑时，如果出现了误操作，可以单击快速访问工具栏中的“撤销”按钮，可以还原文档到误操作之前的状态。

如果“撤销”命令用错了，可以单击快速访问工具栏中的“恢复”按钮。

2．查找和替换文本

当用户想要在文档中查找某些指定内容或把一些重复的内容替换成其他内容时，可以使用查找和替换功能。

（1）查找文本

选择“开始”选项卡“编辑”选项组中的“查找”命令，展开命令组分别为“查找”、“高级查找”和“转到”。选择“查找”命令，编辑区左侧弹出“导航”窗格，可以搜索文档中的文本；单击“查找”右侧的下三角按钮，在弹出的列表中选择“高级查找”命令，弹出“查找和替换”对话框，如图 3-6 所示。

图 3-6 “查找”选项卡

在“查找”选项卡的“查找内容”文本框中输入要查找的内容（如“微机”），单击“查找下一处”按钮开始查找，如果找到，文档中该文本反显。

在弹出的列表中选择“转到”命令，弹出“查找和替换”对话框的“定位”选项卡，定位查找文本位置。

（2）替换文本

选择“开始”选项卡“编辑”选项组中的“替换”命令，弹出“查找和替换”对话框，显示“替换”选项卡，如图 3-7 所示。

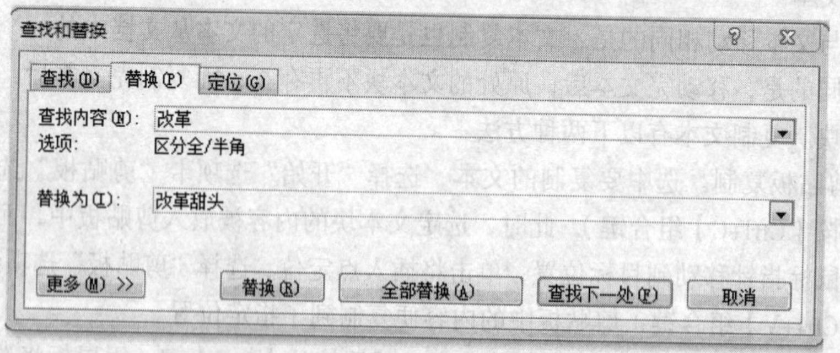

图 3-7 “替换”选项卡

在“替换”选项卡的“查找内容”文本框中，输入要查找的内容（被替换对象）；在“替换为”文本框中输入替换内容（如果该框内不输入内容，则将删除文档中的被替换对象）。

替换分两种情况，即“替换”和“全部替换”。单击“替换”按钮，当前插入点向下的第一处查找内容被选中（反显）。再次单击“替换”按钮，该处选中的内容被替换，下一处查找内容被选中。如果不想替换本次找到的内容，可单击“查找下一处”按钮，继续查找下一个目标。这种方式的替换，对于每一处找到的内容，用户都要选择“替换”或“查找下一个”（不替换）。单击“全部替换”按钮，在文档中查找到的替换目标，全部由 Word 自动进行替换。

在“替换”选项卡中单击“更多”按钮，“查找和替换”对话框将向下展开，为用户提供查找和替换的搜索选项，如图 3-8 所示。

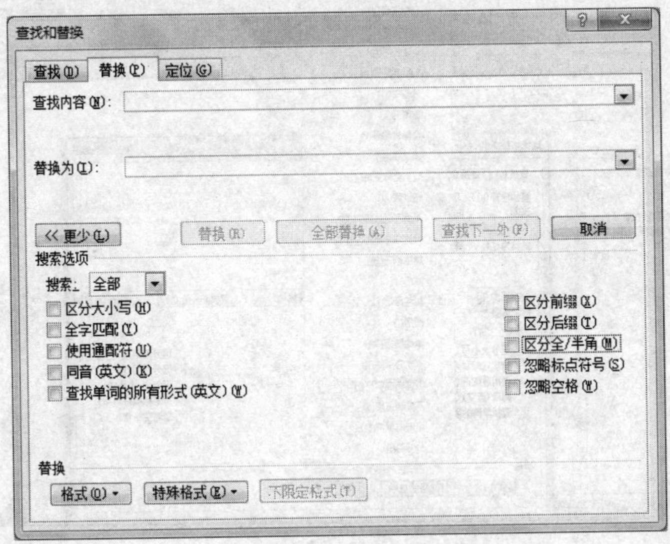

图 3-8　展开后的“查找和替换”对话框

①“搜索”下拉列表框：可以选择查找和替换的方向，如“向上”表示从当前插入点处向上查找和替换。

② 10 个复选框用来设置查找和替换单词的各种查找条件：

- 区分大小写：用于大小写字母组合。
- 全字匹配：用于查找词汇，只有精确匹配才能找到。
- 使用通配符：允许使用通配符查找。如：“图?”可以找到“图形”、“图书”等。
- 同音（英文）：用于同音字查找。
- 查找单词的所有形式（英文）：查找单词的各种形式。
- 区分前缀：用于前缀不同的查找。
- 区分后缀：用于后缀不同的查找。
- 区分全/半角：用于区分全/半角查找。
- 忽略标点符号：用于保留文档中不同特征的标点。
- 忽略空格：用于保留文档中的空格。

③“格式”按钮：设置“查找内容”和“替换为”文本框中文本的格式。

④ 有些符号不能从键盘直接输入，单击“特殊格式”按钮将弹出“特殊格式”菜单，从弹出的菜单中可以选择查找或替换的一些特殊内容或模糊匹配（见图 3-9），例如如果需要将文档中的段落标记替换为制表符，则将插入点定位在“查找内容”处，选择“特殊格式”菜单中的“段落标记”命令，同理在“替换为”处，选择“特殊格式”菜单中的“制表符”命令。

⑤ 若对“查找内容”或“替换为”文本框中的内容设定了格式，“不限定格式”按钮将被激活。单击“不限定格式”按钮可以取消“查找内容”或“替换为”文本框中的文本格式。

在实际应用当中，“格式”和“特殊字符”可以相互配合进行查找和替换。

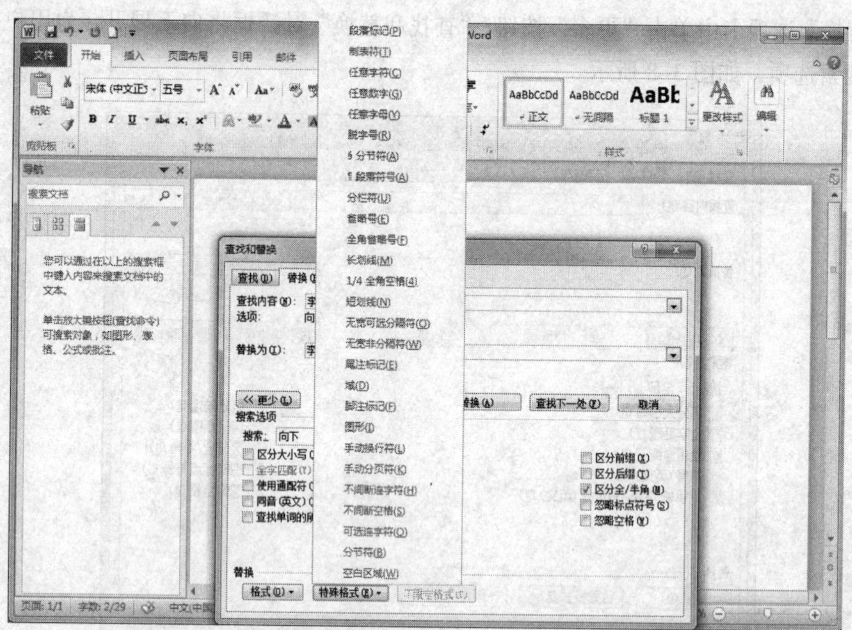

图 3-9 “查找和替换”对话框中的“特殊格式”菜单

3.1.3 文档的排版

输入完文档以后，为使显示的文档层次清晰、外观漂亮、便于阅读，需要对整篇文档进行排版。文档排版主要有字符格式、段落格式、边框和底纹、项目符号和编号等内容。

1. 字符格式的设置

字符格式的设置包括字符颜色、字体、字形、字号、字符间距、文字效果等。设置字符格式，可以在未输入字符前设置，随后输入的字符将按设置的格式一直显示下去；也可先选定文本块后再进行设置，此时字符格式只对该文本块起作用。设置字符格式有以下两种方法：

（1）使用选项组中的命令

先选定文本，然后选择 “开始”选项卡“字体”选项组，提供“字体”、“字号”、“加粗”、“倾斜”、字体颜色等基本字体格式工具，如图 3-10 所示。

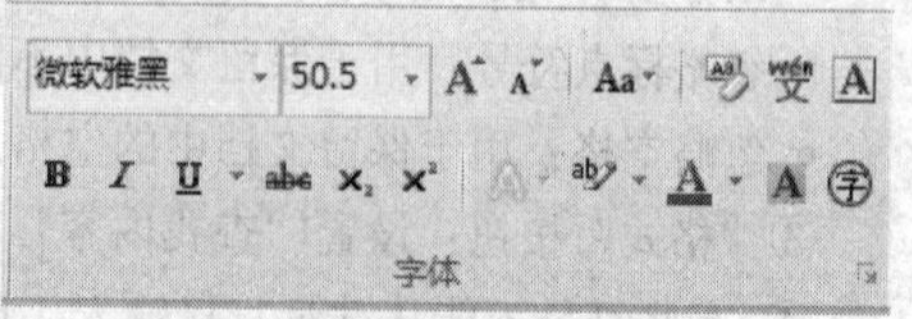

图 3-10 “字体”选项组

宋体 (中文标题 - 四号 分别用于设置字符的字体和字号，如：字符排版。

B 用于加粗字符，如：**字符排版**（黑体、四号、加粗）。

I 用于字符倾斜，如：*字符排版*（楷体、四号、倾斜）。

U 给字符底部加下画线，如：字符排版（宋体、三号、加下画线）。

A 给字符加上边框，如：字符排版（楷体、四号、加边框）。

A给字符加上底纹，如：字符排版（楷体、四号、加底纹）。

（2）使用“字体”对话框

先选定文本，然后选择“开始”选项卡“字体”选项组，单击右下角的“对话框启动器”，弹出“字体”对话框，该对话框中有“字体”和“高级”两个选项卡，如图 3-11 所示，格式设置效果可从对话框的“预览”框中看到。最后单击“确定”按钮完成设置。

① 设置字体。在“字体”对话框中选择“字体”选项卡，可以设置字体、字形、字号、下画线类型、颜色及效果等字符格式。

◎提示

使用菜单命令还可以对字符进行特殊的设置，如空心字、字符上加删除线、阴阳文及阴影等。

② 设置字符间距。在“字体”对话框中选择“高级”选项卡，在“缩放”、“间距”及“位置”下拉列表框中做相应选择，可以对 Word 默认的标准字符间距进行调整，也可以调整字符在所在行中相对于基准线的高低位置。

a. “高级”选项卡的“缩放”下拉列表框可以调整字符的缩放大小。当缩放比例小于 100%时，文字变得更加紧凑；当缩放比例大于 100%时，文字将会横向扩大。

b. “高级”选项卡的“间距”下拉列表框可以选择“加宽”或“紧缩”，通过“磅值”设置间距值。

c. “高级”选项卡的“位置”下拉列表框可以选择“提升”或“降低”，通过“磅值”设置提升或降低的幅度。

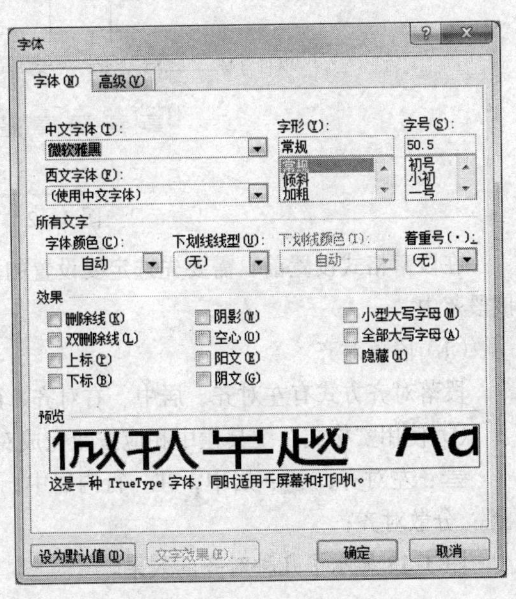

图 3-11　“字体”对话框

◎提示

字符缩放和改变字号都能改变字符的大小，但缩放只使字符产生水平方向的伸长和缩短，而改变字号则使字符整体成比例增大和缩小。

（3）使用格式刷设置字符格式

“开始”选项卡“剪贴板”选项组中的格式刷按钮，是一种快速复制格式的好工具，在需要使用某些字符的格式，但又弄不清具体是什么设置时，使用格式刷就非常必要了。格式刷有两种使用方式：

① 一次使用。首先选定需要复制格式的文本，再单击格式刷按钮，格式刷就采集到了这种格式，然后用格式刷去“刷”指定的字符，这些字符就会被设置为相同格式。

② 多次使用。选定需要复制格式的文本，双击格式刷按钮，可以多次使用格式刷复制格式，直到再次单击格式刷按钮或按【Esc】键为止。

2. 段落格式的设置

在 Word 中，段落是指以段落标记作为结束的一段文字。每按一次【Enter】键就自动生成一个段落，同时在其后产生一个段落标记。选择 “开始”选项卡“段落”选项组中的“显示/隐藏编辑标记”按钮，可以显示或隐藏段落标记。也可通过选择 “文件”选项卡中“选项”命令，在弹出的“Word 选项”对话框中，选择“显示”选项卡，在“始终在屏幕上显示这些格式标记”组中勾选“段落标记”，则段落标记在文档中显示。

段落格式设置主要包括对齐方式、段落间距、行间距、缩进、段落分页等内容，设置既可使用“开始”选项卡“段落”选项组完成，如图 3-12 所示，也可以使用“段落”对话框完成。

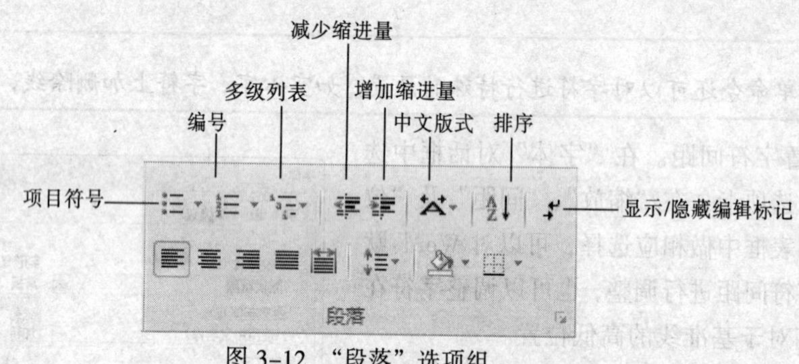

图 3-12 “段落”选项组

在段落格式设置前，需要先选定要设置的段落，如果只设置一个段落，则可以将插入点移到该段落中。

（1）段落对齐

段落对齐方式有左对齐、居中、右对齐、两端对齐、分散对齐五种方式。

① 使用“格式”工具栏中相应按钮完成对齐设置。

：左对齐；：居中，在一行内居中；：右对齐；：两端对齐，默认值为左端对齐；：分散对齐；

图 3-13 显示了几种对齐的效果。

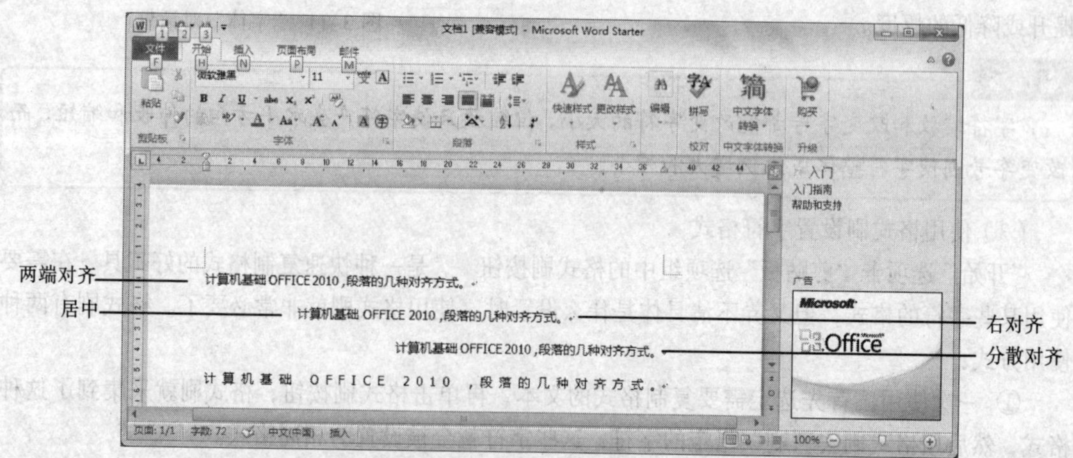

图 3-13 对齐方式的效果

② 选择 “开始”选项卡，单击“段落”选项组右下角的“对话框启动器” ，弹出“段落”对话框，该对话框中有“缩进和间距”、“换行和分页”、“中文版式” 3 个选项卡，如图 3-14 所示。

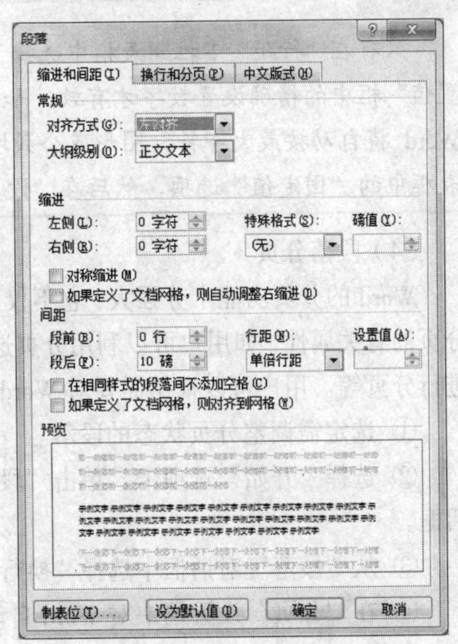

图 3-14 “段落”对话框

（2）段落缩进

段落缩进方式分为左缩进、右缩进、首行缩进和悬挂式缩进。其中“首行缩进”表示段落中只有第一行缩进。“悬挂式缩进”则表示段落中除第一行外的其余各行都缩进。

段落缩进的目的主要是设置文档与纸张边缘之间的距离（也称页边距）。改变段落的左缩进（或右缩进）将使被选定段落的左（或右）页边距变大或变小。

① 使用水平标尺设置。拖动水平标尺上的段落缩进标记可以快速对段落左缩进、右缩进、首行缩进和悬挂缩进等进行设置，如图 3-15 所示。拖动标尺上的缩进标记，此时会有一条垂直虚线随着缩进标尺的拖动而移动，用来指出缩进位置，确定后松开鼠标即可。

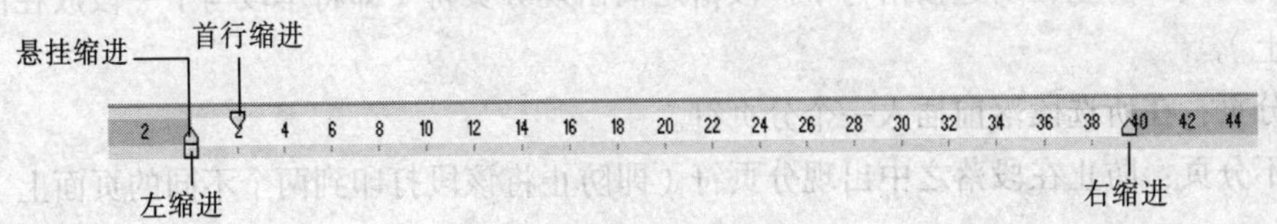

图 3-15　水平标尺

② 使用菜单命令设置。在图 3-14 所示的“段落”对话框“缩进和间距”选项卡中，可以指定段落缩进的精确值：

- 在“缩进”区域的“左”、“右”微调控制框中设置段落的左缩进和右缩进量。
- 在“特殊格式”下拉列表框中选择“首行缩进”或“悬挂缩进”，在度量值微调控制框中设置缩进量。

（3）间距

间距设置包括段落间距设置和段落中各行间距的设置。设置前须选中要设置的段落或文本行。

① 段落间距设置。在图 3-14 所示的“段落”对话框“缩进和间距”选项卡中的“间距”区域，在“段前”、“段后”微调控制框中选择合适的段间距。

② 行间距设置。在图 3-14 所示的“段落”对话框“缩进和间距”选项卡中的“间距”区域，在“行距”下拉列表框中选择合适的行间距。

◎注意

只有在“行距”下拉列表框中选择了“最小值”、“固定值”或“多倍行距”选项时，右边“设置值”框中的精确设置数字才有效。如果某行包含大字符、图形或公式，除“固定值”设置外，Word 将自动按最大字符、图形或公式增加行距。要使所有的行距相同，可选择“行距”下拉列表框中的“固定值”选项，然后在“设置值”框中输入能容纳最大字体或图形的行距。

（4）段落分页

Word 的分页功能十分强大，它不仅允许用户手工对文档进行分页，并且还允许用户调整自动分页的有关属性，如用户可以利用分页选项避免文档中出现“孤行”、避免在段落内部或段落之间进行分页等。用户可以根据需要对 Word 自动分页属性进行调整，操作步骤为：

① 选定需调整分页状态的段落。

② 选择“开始”选项卡，单击“段落”选项组右下角的“对话框启动器”，打开“段落”对话框。

③ 从“段落”对话框中选择“换行和分页”选项卡。

④ 在“分页”设置框中对 Word 自动分页的属性进行选择（选中相应复选框）。

段落分页功能有以下几个：

- 孤行控制：防止在 Word 文档中出现孤行（孤行是指单独打印在一页顶部的某段落的最后一行，或者是单独打印在一页底部的某段落的第一行）。
- 与下段同页：防止在所选段落与下一段落之间出现分页符（即将本段与下一段放在同一个页面上）。
- 段前分页：在所选段落前插入一个分页符。
- 段中不分页：防止在段落之中出现分页符（即防止将该段打印到两个不同的页面上）。

3. 项目符号和编号

为使文档层次分明，条理清楚，便于阅读和理解，在 Word 文档中，可以方便地为并列项标注项目符号或为序列项加编号。

（1）设置行编号

选择“页面布局”选项卡“页面设置”选项组中的“行号”命令，在弹出的下拉列表中选择“连续”选项，即可为每行添加编号。“行号”列表中，主要包括“无”、“连续”、“每页重编行号”、“每节重编行号”、“禁止用于当前段落”和“行编号选项”6 个选项。

（2）设置段编号

选择“开始”选项卡“段落”选项组中的“编号”选项，单击其右侧的下拉按钮，在列表中选择一种即可。另外，用户还可以在列表中选择“定义新编号格式”选项，在弹出的“定义新编号格式”对话框中设置编号样式与对齐方式，如图 3-16 所示。

（3）设置项目符号

选择“开始”选项卡“段落”选项组中的“项目符号”命令，单击其右侧的下拉按钮，在列表中选择一种项目符号。另外用户还可以在列表中选择“定义新项目符号”选项，在弹出的“定义新项目符号”对话框中设置项目符号字符与对齐方式，如图 3-17 所示。

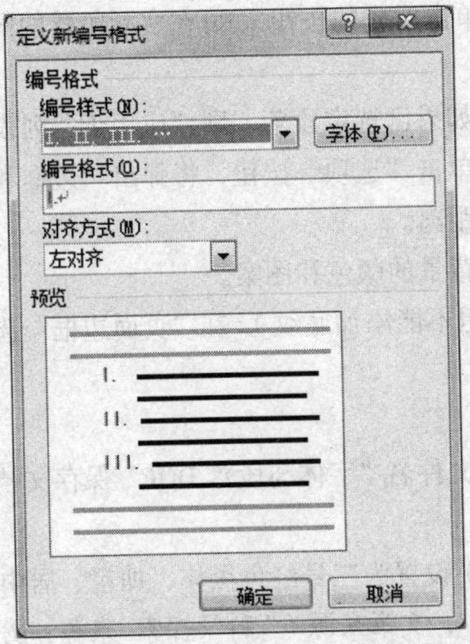

图 3-16　“定义新编号格式”对话框

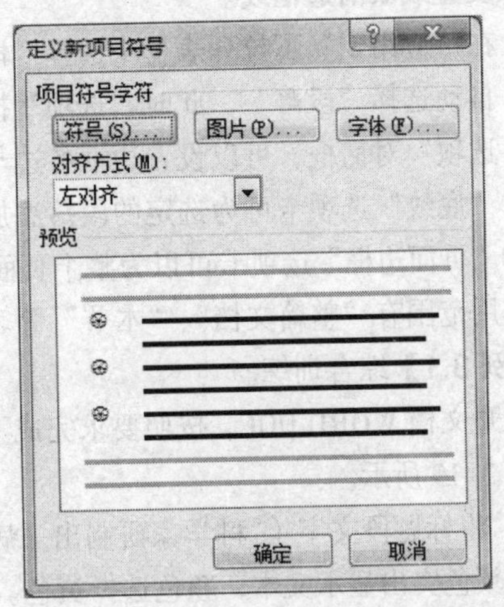

图 3-17　“定义新项目符号”对话框

4．边框和底纹

为了强调某些个性化内容或美化页面，可以对选定段落添加各种边框或底纹（背景）。

方法为：先选定段落，选择“开始”选项卡“段落”选项组中的“边框”命令，在弹出的列表中选择需要设置的边框位置。另外用户可以在列表中选择“边框和底纹”命令，弹出“边框和底纹”对话框，该对话框有“边框”、“页面边框”和“底纹”3 个选项卡，如图 3-18 所示。

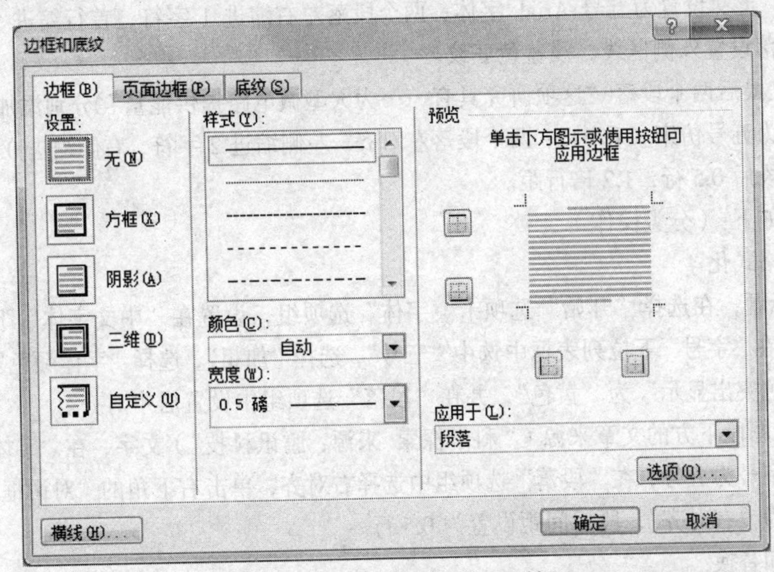

图 3-18　“边框和底纹”对话框

①“边框”选项卡可为选定的段落添加边框。其中，在“设置”选项组中选择边框的类型，当某一段落各边格式不一样时应选择“自定义”边框类型。

- 在“样式”、“颜色”和“宽度”下拉列表框中选择边框的线型、颜色和边框线宽度。

- 选择边框类型后，单击预览区域中的某一边（或单击对应的按钮），可在实际段落的同一侧设置或取消边框线。
- 在“应用于”下拉列表框中选择“段落”选项（如果已选定段落，则“应用于”列表框会自动选择“段落”），此时“选项”按钮被激活。单击“选项”按钮，将弹出“边框和底纹选项”对话框，可以设置边框各边与正文之间的距离。

②“底纹”选项卡可为选定的段落添加底纹，设置背景的颜色和图案。

③“页面边框”选项卡可以为整个页面添加边框（但不能添加底纹）。在“页面边框”选项卡中，应用范围有“整篇文档”、“本节”等。

【例 3.1】综合训练。

打开文档 WORD.DOC，按照要求完成下列操作并以文件名“字体与段落.DOC”保存文档。效果如图 3–19 所示。

① 将标题段文字（“科学家研制出‘病毒发电机’”）设置为三号红色黑体、加粗、居中，并以不同颜色突出显示文本，颜色选择黄色。将标题段下方，文章来源（“科学探索 来源：腾讯科技”）设置为五号黑体，右对齐，段后间距设置为 0.5 行。

② 将文中所有“病毒”加上着重号。

③ 将正文第一和第二个段落文字（“据国外媒体报道……产生压电效应。”）设置段落编号（一）、（二），段落中的中文字体设置为五号仿宋_GB2312；两个段落左对齐，段后 10 磅，悬挂缩进 2 字符，行距设置为 1.25 倍行距。

④ 将正文第三和第四段落（“研究人员还可以……增大释放的电压。”）中文字体设置为五号仿宋_GB2312，英文设置为五号 Arial 字体；两个段落左右缩进 1 字符，首行缩进 2 字符，单倍行距；两个段落设置外侧框线，浅蓝色底纹。

⑤ 将正文最后两个段落(“这项研究具有……为大型微电路提供能量”)分别添加项目符号✧；中文字体设置为五号仿宋_GB2312；两个段落左对齐，左侧缩进 2 字符，右侧缩进 0.5 字符，悬挂缩进 2 字符，段后 0.5 行，1.2 倍行距。

操作步骤如下：（分类操作）

（1）字符格式化

① 选中标题，在选择“开始”选项卡“字体”选项组，设置在“中文字体”下拉列表框中选中“黑体”，在“字号”下拉列表框中选中“三号”，选择“加粗”，选择“字体颜色”为“红色”，选择“不同颜色突出显示”为“黄色”，并在“段落”选项组中设置居中对齐。

② 选中标题段下方的文章来源（“科学探索 来源：腾讯科技”）文字，在“字体”选项组设置字体为黑体字号为五号；在“段落”选项组中选择右对齐，单击右下角的“对话框启动器”，设置对齐方式为“右对齐”，段后间距设置为 0.5 行。

（2）查找和替换

选择“开始”选项卡“替换”命令，弹出“查找和替换”对话框。在查找内容处输入“病毒”，在替换为处输入“病毒”。单击“更多”按钮，展开搜索选项，选择“格式”→“字体”命令，弹出“替换字体”对话框，选择“字体”选项卡，在“着重号”下拉列表框中选择“.”，如图 3–20 所示，单击“确定”按钮，返回“查找和替换”对话框，如图 3–21 所示。

科学家研制出“病毒发电机”

科学探索 来源：腾讯科技

(一)据国外媒体报道，科学家们正在将病毒派上用场，在实验室中制造出由病毒组成的微型设备，可从其他器械装动中汲取能量，就如我们用手指轻轻一按，就能将一台液晶显示屏启动起来。根据加州大学伯克利分校的研究人员的发现，病毒还存在这种特性，可成为纳米器件中的驱动器，或者为其他基于病毒研究的电子产品服务，形成独特的微型“发电机”，但是要使成果诞生还需更多的研究，目前仅是该过程的第一步。

(二)由病毒研究所催生的器械设备具有相当的应用前景，比如仅一张纸薄的发电机，可内置入鞋子中，当你行走时就可以提供能量，为电话等随身携带的设备充电，其工作原理为将有无害的病毒，它们可将行走时机械能转换为电能。科学家们也尝试着制造出邮票大小的“病毒发电机”，涂上特殊的病毒后只需要手指头仅仅触碰就可以提供能量，这是由于病毒可将手指压力产生的能量转换为电荷，产生压电效应。

[illegible]

[illegible]

- 这项研究具有重大的里程碑意义，意味着我们可以在日常生活中收集各种微小的能量来源，比如在走楼梯时产生的震动，关闭一扇窗户等这些简单的日常生活动作都有额外的能量损失，而神奇的“病毒发电机”则可以收集这些能量，由这项技术研发出的微型设备可派上大用场。最后，研究人员通过对多个“病毒发电机”的组合排列希望找出最强的压电效应模式，结果发现当有二十层微小的“病毒发电机”进行叠加时，所产生的压电效应最大。

- 根据研究人员估计，如果“病毒发电机”问世，那么其大小约为 0.4 英寸(1 厘米)的边长，当对微小的“病毒发电机”施加压力时，可产生 6 毫微安培以及潜在的 400 毫伏电量，这些电力足够在显示屏上打出“1”的字样，相当于四分之一的 3A 电池。根据进行这项研究的科学家介绍：“我们目前正在研究如何改善‘病毒’电池，使其能进行更好的可视化运行示范。”由于通过生物技术工具可大规模生产经过基因改造的病毒，因此基于这种病毒的压电材料在未来可为大量微型电路提供能量。

图 3-19　文档排版后的效果

最后，单击“替换”按钮可以逐个替换，单击“全部替换”按钮可以一次性将所有匹配的内容替换完成。

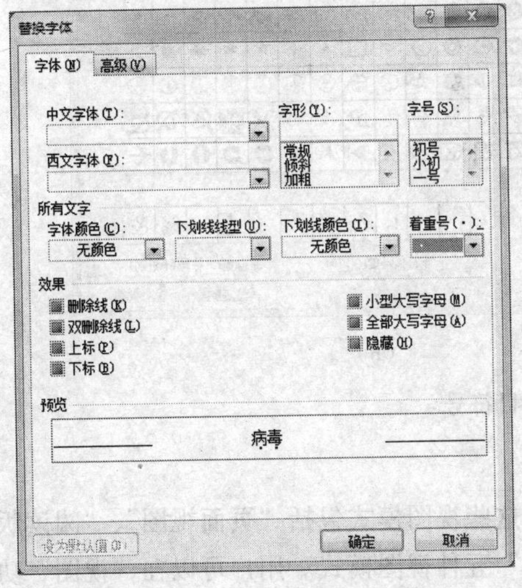

图 3-20　“替换字体”对话框

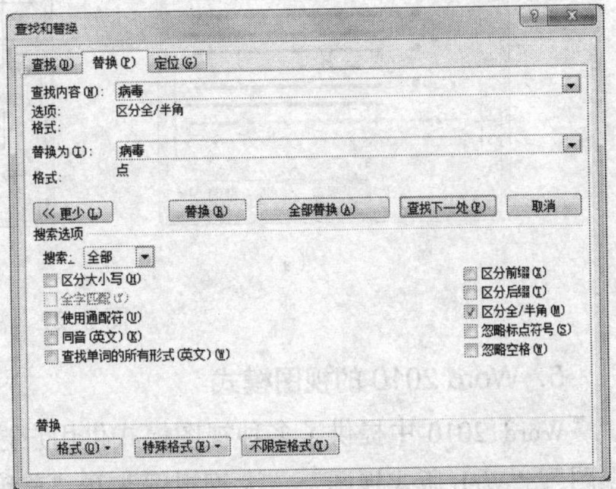

图 3-21　“查找和替换”对话框

（3）段落编号

① 正文第一和第二个段落文字（“据国外媒体报道……产生压电效应。”），单击“开始”选项卡“段落”选项组中的“编号”右侧的下三角按钮，在弹出列表中选择相应编号方式。

② 在“字体”选项组中设置字体为仿宋_GB2312 字号为五号；在“段落”选项组中选择左对齐，单击右下角的“对话框启动器”，设置对齐方式为“左对齐”，段后间距文本框中输入 10 磅，悬挂缩进 2 字符，行距设置为 1.25 倍行距。

（4）边框和底纹

① 选中正文第三和第四段落（“研究人员还可以……增大释放的电压。”）在“字体”选项组中设置字体为仿宋_GB2312，字号为五号。

② 在“段落”选项组中，单击右下角的“对话框启动器”，设置对齐方式为“选择两端对齐”，左侧右侧缩进文本框输入“1 字符”，段后间距文本框中输入 0.5 行，首行缩进 2 字符，行距设置为单倍行距。

③ 选中正文第三和第四段落文字，选择“段落”选项组中的“外侧框线”命令，则为两段文字添加了外部边框；选择“底纹”命令，添加“浅蓝色”。

（5）项目符号

① 选择正文最后两个段落（“这项研究具有……为大型微电路提供能量”）。

② 单击“开始”选项卡“段落”选项组中“项目符号”右侧的下拉三角按钮，在列表中选择需要的项目符号类型。

③ 如果列表中没有需要的符号类型，则在列表中选择“定义新项目符号”，对话框如图 3-22（a）所示。在弹出的对话框中单击“符号”按钮，弹出“符号”对话框，如图 3-22（b）所示。在“字体”文本框选择字符集，在列表中选择需要的符号，单击“确定”按钮返回“定义新项目符号”对话框，再单击“确定”按钮即可添加选择的项目符号。

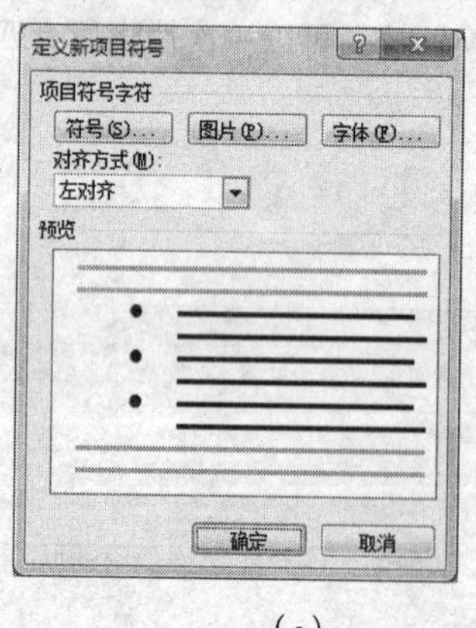

（a）

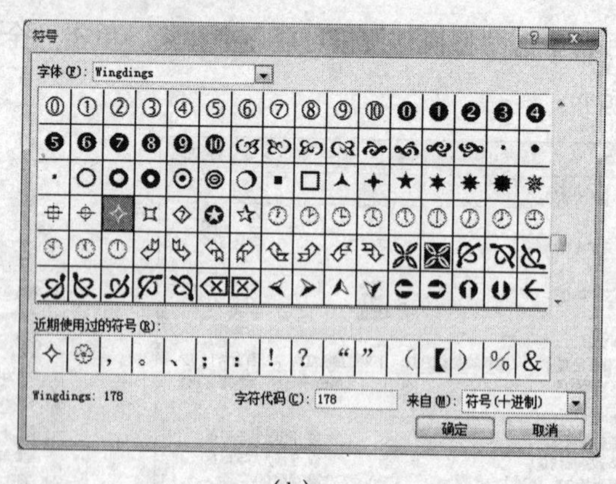

（b）

图 3-22 添加项目符号

5. Word 2010 的视图模式

Word 2010 中提供了多种视图模式供用户选择，这些视图模式包括“页面视图”、“阅读版式视图”、“Web 版式视图”、“大纲视图”和“草稿视图”五种视图模式。用户可以在“视图”功能区中选择需要的文档视图模式，也可以在 Word 2010 文档窗口的右下方单击视图按钮选择视图。

（1）页面视图

“页面视图”可以显示 Word 2010 文档的打印结果外观，主要包括页眉、页脚、图形对象、分栏设置、页面边距等元素，是最接近打印结果的页面视图。

（2）阅读版式视图

“阅读版式视图”以图书的分栏样式显示 Word 2010 文档，“文件”按钮、功能区等窗口元素被隐藏起来。在阅读版式视图中，用户还可以单击“工具”按钮选择各种阅读工具。

（3）Web 版式视图

“Web 版式视图”以网页的形式显示 Word 2010 文档，Web 版式视图适用于发送电子邮件和创建网页。

（4）大纲视图

“大纲视图”主要用于 Word 2010 文档的设置和显示标题的层级结构，并可以方便地折叠和展开各种层级的文档。大纲视图广泛用于 Word 2010 长文档的快速浏览和设置中。

（5）草稿视图

“草稿视图”取消了页面边距、分栏、页眉页脚和图片等元素，仅显示标题和正文，是最节省计算机系统硬件资源的视图方式。当然现在计算机系统的硬件配置都比较高，基本上不存在由于硬件配置偏低而使 Word 2010 运行遇到障碍的问题。

3.1.4　表格制作

Word 2010 提供的表格处理功能，可以方便地处理各种表格，除可以创建规则表格外，还可以制作不规则表格，特别适用于一般文档中常用到的简单表格。

1. 创建表格

表格由水平的行和垂直的列组成，行和列交叉组成的方框称为单元格。在 Word 中是通过指定行数和列数的方法来创建基础表格的。下面介绍 5 种创建基础表格的方法。

（1）使用“表格”选项组中的“表格”按钮

① 将插入点“|”定位于文档中需要插入表格的位置。

② 单击“插入”选项卡“表格”选项组“表格”按钮，此时会出现一个网格显示框，如图 3-23 所示。

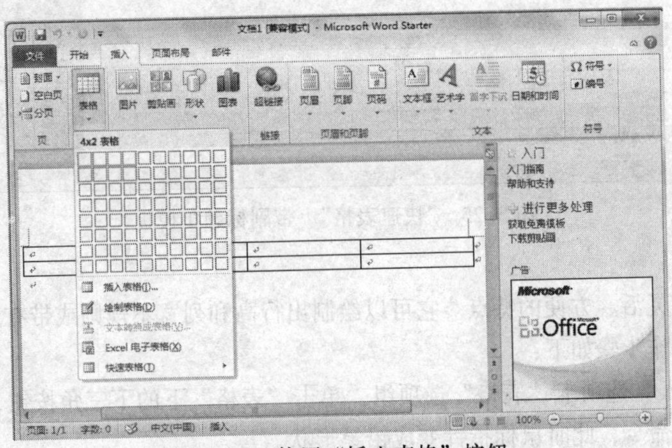

图 3-23　使用“插入表格”按钮

③ 在网格显示框内将鼠标向右下方拖动，选定需要的行数和列数（如 2 行 4 列），网格框下方有“行 × 列”的提示，选定后松开鼠标，就会在插入点处生成一个 2 行 4 列的表格。

（2）利用“表格”菜单插入表格命令

① 将插入点定位于文档中需要插入表格的位置。

② 选择“插入”选项卡“表格”选项组，单击“表格”下的下三角按钮，在弹出的列表中选择“插入表格”命令，弹出“插入表格”对话框，如图 3-24 所示。

③ 在其中的“列数”和“行数”文本框中，分别输入表格的列数和行数。

④ 单击“确定”按钮，即可插入规定的表格。

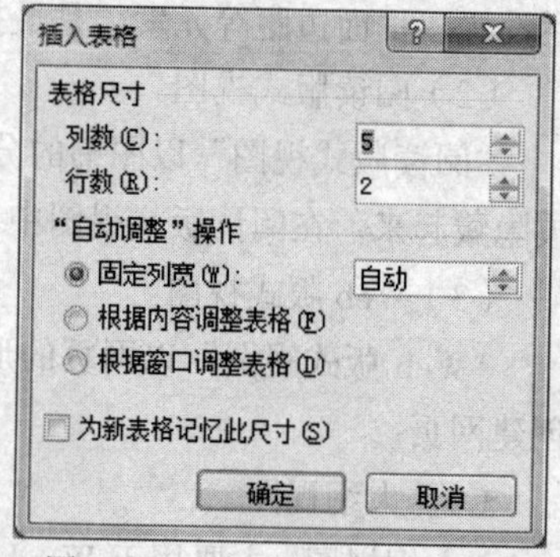

图 3-24 “插入表格”对话框

（3）使用表格模板

Word 2010 一共为用户提供了表格式列表、带副标题 1、日历 1、双表等 9 种快速表格模板，且在每个表格模板中都自带表格数据，可以更直观地显示模版效果。选择“插入”选项卡“表格”选项组，单击“表格”下的下三角按钮，在弹出的列表中选择“快速表格”命令，选择用户需要的模板即可。如图 3-25 所示，选择了“带副标题 1”模板。

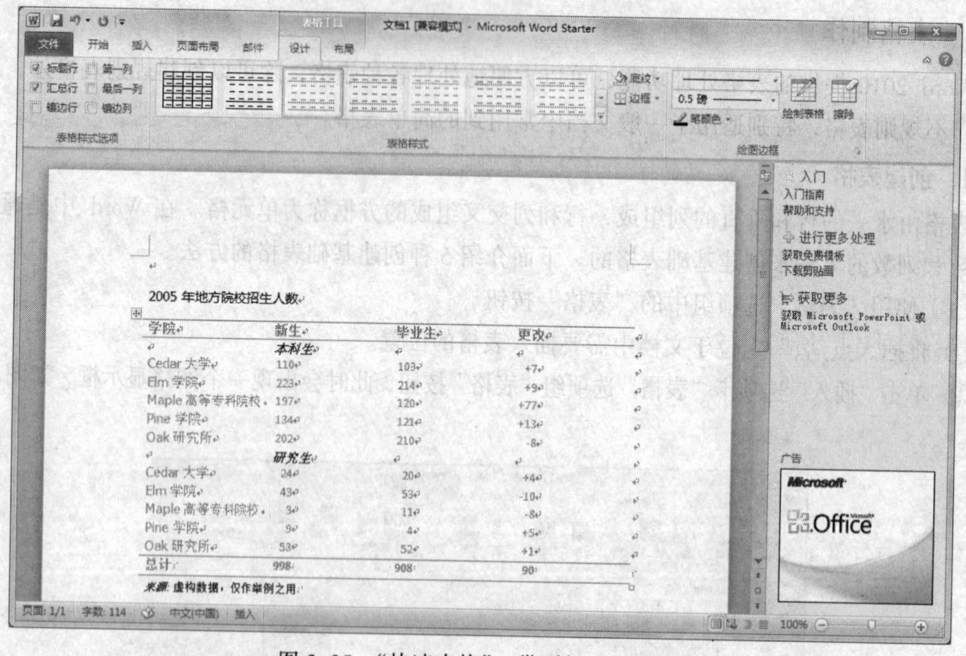

图 3-25 “快速表格” 带副标题 1 模板

（4）手动制表

手动制表具有灵活、方便的特点。它可以绘制出行高和列宽不规则或带有斜线表头等格式复杂的表格，具体操作步骤如下：

① 选择“插入”选项卡“表格”选项组，单击“表格”下的下三角按钮，在弹出的列表中选择“绘制表格”命令，此时鼠标指针变成铅笔形状。

② 根据用户需要，利用“设计”选项卡“绘图边框”选项组，如图 3–26 所示，可以设置适合的线型、线的粗细和颜色，然后按住鼠标左键在页面上拖动画笔形光标画出表格的外边框，再在边框中画横线、竖线和斜线。若取消绘制表格状态须再次单击“绘制表格”按钮。

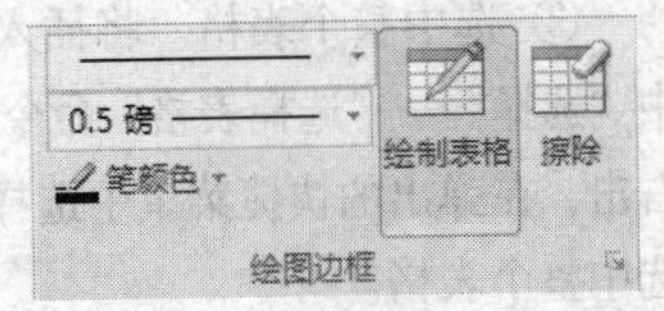

图 3–26 “绘图边框” 选项组

在绘制过程中，如果画错了线，可以单击“擦除”按钮，鼠标变成橡皮状后，沿线条拖动可以擦除线。

◎提示

当表格创建成功后，将插入点定位在创建的表格中任意位置，窗口界面都增加了“表格工具”，包含了“设计”和“布局”两个选项卡。

（5）插入 Excel 表格

Word 2010 中为用户提供插入 Excel 表格的功能。选择“插入”选项卡“表格”选项组，单击“表格”下的下三角按钮，在弹出的列表中选择“Excel 电子表格”选项，即可在文档中插入一个 Excel 表格。

2. 表格的编辑

当表格创建好以后，用户便可以对表格进行修改和调整，如调整行高和列宽、合并与拆分单元格、插入与删除单元格或表格的行与列等，这些统称为表格编辑。表格的选中和编辑都可以利用“布局”选项卡，包含了“表”、“行和列”、“合并”、“单元格大小”、“对齐方式”和“数据”6 个选项组，如图 3–27 所示。进行表格编辑前必须选中要编辑的表格对象。

图 3–27 “布局” 选项卡

（1）选中表格对象

表格对象包括有整个表格、单元格、表格的行和列等。下面是选中这些对象的操作方法。

① 选中单元格。将插入点定位在需要选中的单元格，右击，在弹出的快捷菜单中选择“选择”→“选择单元格”命令，则选中该单元格。

选择多个连续单元格的方法：

- 将鼠标置于要选择的单元格处拖动鼠标来选中多个单元格。
- 选中一个单元格后，按住【Shift】键，再选中最后一个单元格，则两个单元格之间或以两个单元格为对角的区域内全部单元格被选中。
- 选中一个单元格后，按住【Ctrl】键，再选中其他单元格，则会选中多个不连续的单元格。

② 选中表格的行和列。将插入点定位在需要选中列的一个单元格，右击，在弹出的快捷菜单中“选择”→“选择列”命令，则选中该列，同理可以选中行。另外，也可以将鼠标指针移动到表格所选行的左端，或者所选列的顶端，当鼠标指针变成向上右斜的空心小箭头形状时单击，则鼠标指针所指行被选中；而当鼠标指针变成向下黑色实心小箭头形状时单击，则鼠标指针所指列被选中。

③ 选中整个表格。将插入点定位在需要选中表格中的任意单元格，右击，在弹出的快捷菜单中“选择”→“选择表格”命令，则选中该表格。另外，也可以将插入点置于表格的任意单元格内，右击，在弹出的快捷菜单中选择“选择”→“表格”命令，或者单击表格左上角的控制柄，即可选中整个表格。

（2）插入、删除单元格或表格的行和列

将插入点置于表格中插入位置，选择“布局”选项卡，根据用户需要可以在插入点上方或下方插入行、可以插入点左侧或右侧插入列，可以执行多次插入。

在进行删除操作时，首先选中要删除的对象，或将插入符置于要删除行或列的任意单元格中，单击“布局”选项卡“行和列”选项组中的“删除”按钮，在弹出的列表中可以选择“删除单元格”、“删除列”、“删除行”、“删除表格”命令。注意，删除表格的同时也将删除表格内的全部内容。

（3）合并与拆分单元格

① 合并单元格。当需要将多个连续单元格合并为一个单元格时，可以选定需要合并的多个单元格，然后单击“布局”选项卡“合并”选项组中的“合并单元格”按钮，则所选择的多个单元格将合并为一个单元格。

② 拆分单元格。拆分单元格就是将一个或多个连续的单元格拆分成等宽的若干个小单元格。方法是：选定将要拆分的单元格，然后单击“布局”选项卡“合并”选项组中的“拆分单元格”按钮，在弹出的“拆分单元格”对话框中输入要拆分的“列数”和“行数”，单击“确定”按钮。

③ 拆分表格。拆分表格是将当前一个表格拆分成两个。方法是：将插入点定位表格拆分行中，该行成为新表格的首行，单击“布局”选项卡“合并”选项组中的“拆分表格”按钮，则当前表格被拆分成为上下两个表格。

（4）调整表格的行高和列宽。

① 自动调整。选定单元格，选择“布局”选项卡“单元格大小”选项组中的“自动调整”命令，在弹出的列表中，选择一种调整方式。为使表格容纳更多的内容且分布合理，可先“根据内容调整表格”，然后再选择“根据窗口调整表格”。

② 手动调整。将鼠标移到要调整行高和列宽的表格线上，当鼠标指针变成双向箭头时，按住鼠标左键拖动，此时看到有一条虚线在动，同时标尺中该线对应的标记也一起移动，将其移动到合适的位置松开鼠标即可。

③ 精确调整。将鼠标指针移动到需要改变行高或列宽的单元格，然后选择“布局”选项卡“单元格大小”选项组，设置表格行高和表格列宽可以精确调整单元格大小。如果要设置多行或多列，则需要选中多行多列对象再进行调整。

④ 平均分布行、列。选择“布局”选项卡“单元格大小”选项组，选择“分布行”可以将表格中的行高在各行中平均分布。同理，选择“分布列”可以平分各列的列宽。

3. 表格的格式化

格式化表格的目的是改变表格的外观效果，包括表格的边框、底纹，文本对齐方式，以及表格的属性等。

（1）单元格文本的对齐方式

选定要设置文本对齐方式的单元格，选择“布局”选项卡“对齐方式”选项组，选项组中共有 9 种对齐方式，分别是“靠上两段对齐”、“靠上居中对齐”、“靠上右对齐”、“中部两段对齐”、“水平居中”、“中部右对齐”、“靠下两段对齐”、“靠下居中对齐”和“靠下右对齐”，选中一种即可。

（2）设置表格边框和底纹

设置表格的样式和边框可以使用“设计”选项卡，如图 3-28 所示。

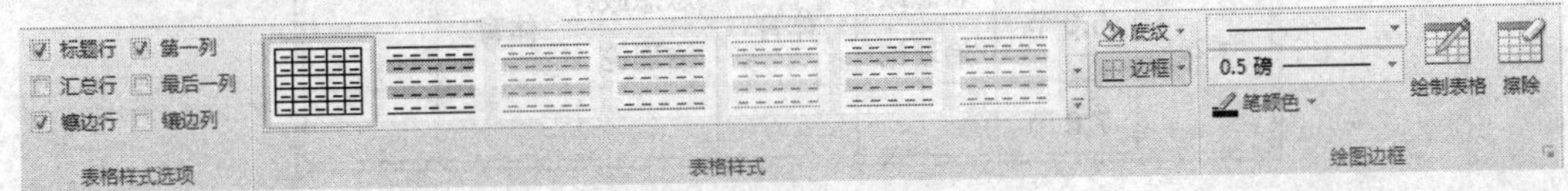

图 3-28　“设计”　选项卡

在表格中选定要设置边框或底纹的单元格，选择“设计”选项卡“绘图边框”选项组，单击右下角的“对话框启动器”，弹出“边框和底纹”对话框，如图 3-29 所示。“边框和底纹”对话框共包含了“边框”、“页面边框”和“底纹” 3 个选项卡，按照需求设置表格外边框样式、边框线的线型、颜色、线宽，以及单元格的底纹。

（3）设置表格的属性

利用“表格属性”命令可以对表格的一些属性进行相关的设置。

选中表格或单元格，选择“布局”选项卡“表”选项组，单击其中的“属性”按钮，可以打开“表格属性”对话框。或者，选择“布局”选项卡，单击“单元格大小”选项组右下角的“对话框启动器”，也可以打开“表格属性”对话框，如图 3-30 所示。在“表格”选项卡中可以设置表格的尺寸、对齐方式和文字环绕方式等；在“单元格”选项卡中可以设置单元格的宽度和垂直对齐方式；在行、列选项卡中可以对行高、列宽等进行设置。

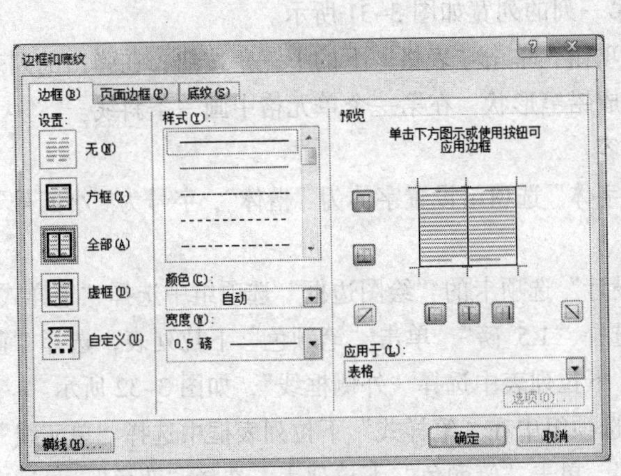

图 3-29　“边框和底纹”对话框

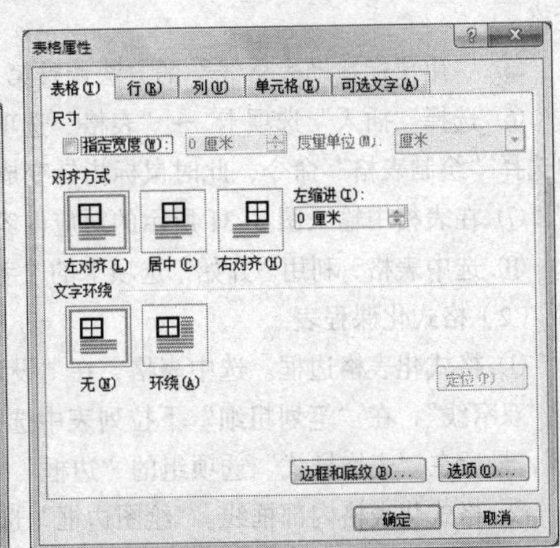

图 3-30　“表格属性”对话框

【例 3.2】综合训练。

制作课程表并对其进行格式化，如图 3-11 所示。

星期 节次		星期一	星期二	星期三	星期四	星期五
上午	1,2 节	英语	应用文写作	英语	信息安全法	应用文写作
	3,4 节	高等数学	信息安全法	计算机基础	高等数学	计算机基础
下午	5,6 节	思想政治理论	体育	思想政治理论	体育	
	7,8 节					

图 3-31　绘制的课程表效果

操作步骤如下：

（1）制作课程表

① 将插入点定位到要插入课程表的位置。

② 选择“插入”选项卡“表格”选项组，单击“表格”下的三角按钮，在弹出的列表中选择“插入表格”命令，弹出“插入表格”对话框。在“列数”文本框中输入 7，在“行数”文本框中输入 5，单击“确定”按钮。在插入点插入一个 5 行 7 列的表格。

③ 选中表格，选择“布局”选项卡“表”选项组，单击其中的“属性”按钮，弹出“表格属性”对话框。选择“行”选项卡，在“指定高度”文本框中输入 1.5，选择“列”选项卡，在“指定宽度”文本框中输入 1.8，单击“确定”按钮。

④ 合并单元格。选中第一行的第一、二单元格右击，选择“布局”选项卡“合并”选项组，单击其中的“合并单元格”按钮。同理，合并第一列的第二、三单元格，合并第一列的第四、五单元格。

⑤ “用鼠标拖动表格线”的方法调整第一列的列宽如图 3-31 所示。

⑥ 选择“插入”选项卡 →“表格”选项组，单击“表格”下的下三角按钮，在弹出的列表中选择“绘制表格”命令，此时鼠标指针变成铅笔形状，在第一个单元格中画一条斜线。

⑦ 在表格中输入图 3-31 所示的对应内容。

⑧ 选中表格，利用“开始”选项卡的“字体”选项组设置字体为“楷体”，字号为“小四号”。

（2）格式化课程表

① 格式化表格边框。选中表格，在“设计”选项卡的“绘图边框”选项组中选择“笔样式”为“双窄线”，在“笔划粗细”下拉列表中选择“1.5 磅”，单击“笔颜色”下拉列表，选择“蓝色”，最后在“表格样式”选项组的“边框”下拉列表中选择“外侧框线”，如图 3-32 所示。

② 格式化表格内部框线。“绘图边框”选项组中在“笔样式”下拉列表框中选择“单实线”，在“笔划粗细”下拉列表框中选择“0.75 磅”，单击“笔颜色”下拉列表，选择“蓝色”，最后在“表格样式”选项组“边框”下拉列表框中选择“内部框线”。

③ 加粗表格部分内部框线。选中第一行单元格，在“绘图边框”选项组，选择“笔样式”为“单实线”，在“笔划粗细”为“1.5 磅”，单击“笔颜色”选择“蓝色”。 在“边框”下拉列

表框中选择“下框线”。

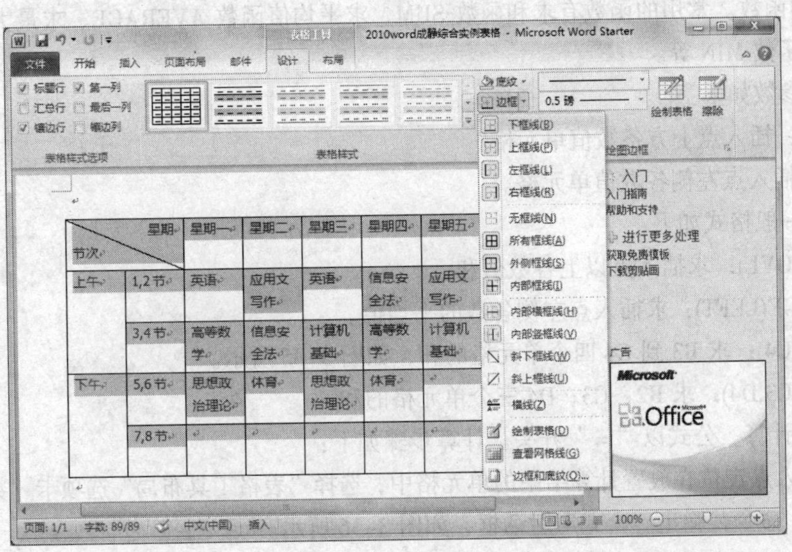

图 3-32　表格与边框

选中第二列单元格，在“框线”下拉列表中选择“右框线”。

④ 设置单元格底纹。选中第一行单元格，在“底纹颜色”下拉列表中选择“黄色”，如图 3-33 所示。

⑤ 单元格文本对齐。选中整个表格，在“布局”选项卡“对齐方式”选项组中选择“水平居中”方式，如图 3-34 所示。

课程表制作完毕。

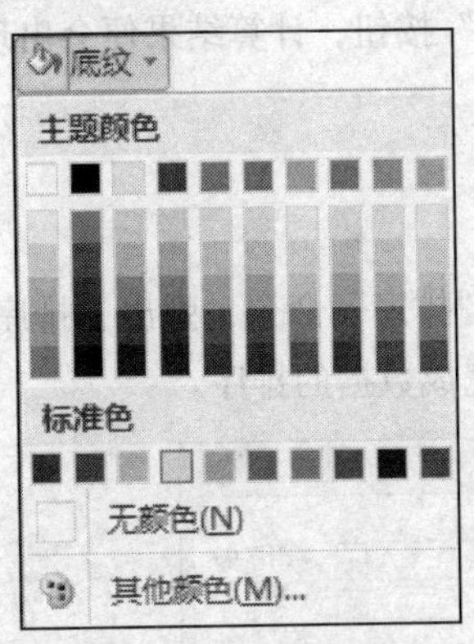

图 3-33　表格底纹

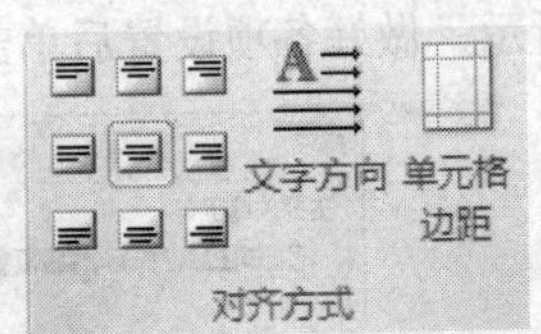

图 3-34　表格对齐方式

4. 表格中的数据处理

Word 提供了表格中数据求和、求平均值、选择最大最小值、排序等常用数据处理功能。

（1）表格数据计算

① 单元格的编号。表格中的每一个单元格都有编号，进行表格中的数据计算时，需要使用单元格的编号，单元格所在的列以字母标识（A、B、C 等），行以数字标识（1、2、3 等）。

例如，第二行第四列的单元格标识为“D2”；用“B3:C4”表示 B3、C3、B4、C4 四个单元格；

用“B2,C3,C4”表示 B2、C3、C4 三个单元格。

② 常用函数。常用的函数有求和函数 SUM、求平均值函数 AVERAGE、求最大值函数 MAX 和求最小值函数 MIN 等。

常用的参数如下：

ABOVE：插入点上方各数值单元格。

LEFT：插入点左侧各数值单元格。

公式的一般格式如下：

SUM(ABOVE)：求插入点以上各数值和。

AVERAGE(LEFT)：求插入点左侧各数的平均值。

SUM(B3:C4)：求 B3 到 C4 四个单元格的和，如图 3-35 所示。

SUM(B2,C3,D4)：求 B2、C3、D4 三个单元格的和。

③ 公式计算。公式以“=”开头。计算步骤如下：

a. 将插入点定位在放置计算结果的单元格中，选择“表格工具布局”选项卡“数据”选项组中的“公式”命令，弹出“公式”对话框，如图 3-36 所示。

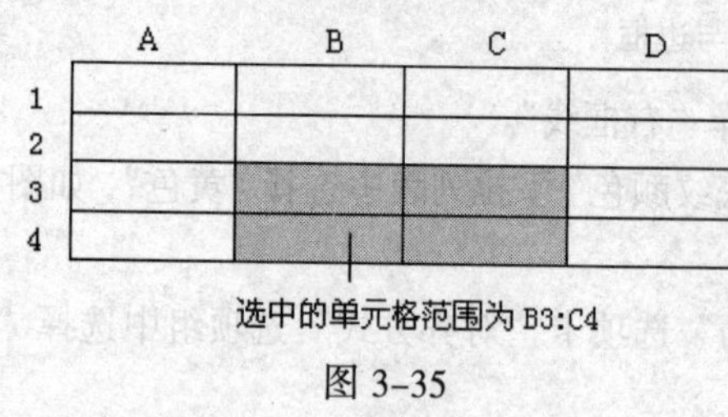

图 3-35

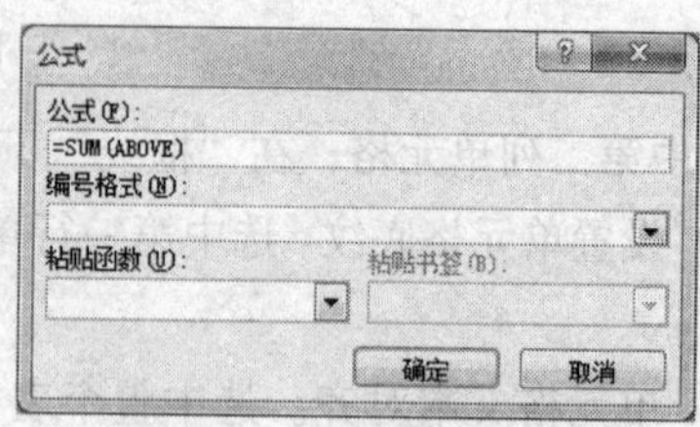

图 3-36 “公式”对话框

b. 在“公式”文本框中输入计算公式（以“=”开头），或在“粘贴函数”下拉列表框中选择所用函数，该函数自动添加到公式文本框内，单击“确定”按钮，计算结果便会出现在插入点所在的单元格中。

（2）排序

① 将插入点置于需排序的表格中。

② 选择“表格工具布局”选项卡“数据”选项组中的“排序”命令，弹出“排序”对话框，如图 3-37 所示，做好各项设置后单击“确定”按钮，即可完成数据的排序。

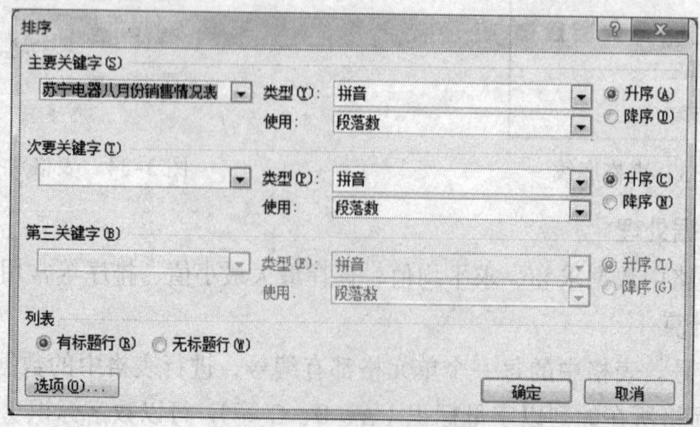

图 3-37 “排序”对话框

◎提示

当“排序”列是公式计算结果时，不能在“类型”列表框选择“数字”，而应选择“笔画”，否则排序无效果。

（3）表格与文本的转换

对于有规律的文本内容，Word 可以将其转换为表格形式，同样，Word 也可以将表格转换成排列整齐的文档。

① 将文本转换成表格。

a. 选定要转换成表格的如下文本，选择“插入”选项卡“表格”选项组，单击“表格”下的下三角按钮，在弹出的列表中选择“文本转换成表格”，弹出“将文字转换成表格”对话框，如图 3-38 所示。

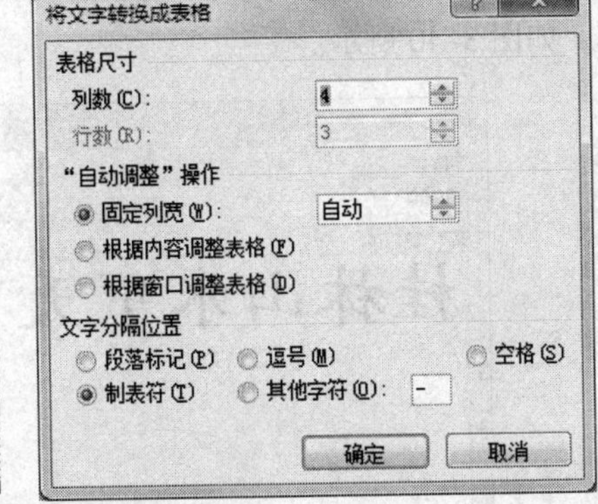

图 3-38　将文字转换成表格

b. 在“‘自动调整’操作”区域，选择某一单选按钮；在“文字分隔位置”区域，选择一种文字间的分隔形式，单击“确定”按钮，即可将文本转换成表格，如表 3-1 所示。

表 3-1　转换成的表格

订餐	35087191	服务	72162588
外卖	35054466	餐厅	62158586
投诉	82356621	卫生	32058574

② 将表格转换成文本。选定要转换成文本的表格，选择“布局”选项卡“数据”选项组中的“转换为文本”命令，在弹出“表格转换成文本”的对话框中选择相应选项，如图 3-39 所示。单击“确定”按钮，即可将表格转换成文本格式。

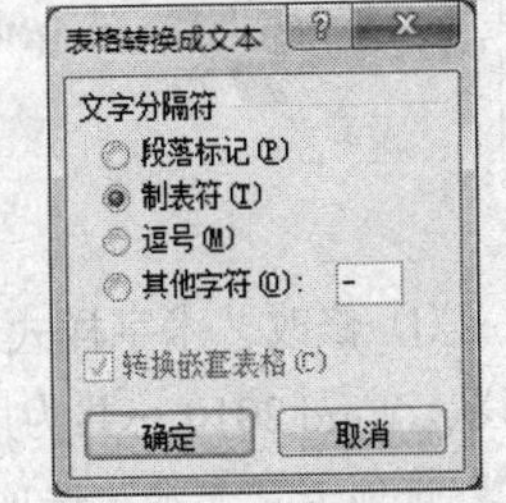

图 3-39　“表格转换成文本”对话框

a. 段落标记：表示可以将每个单元格的内容转换成一个文本段落。

b. 制表符：表示可以将每个单元格的内容转换后以制表符分隔，并且每行单元格的内容都将转换到一个文本段落。

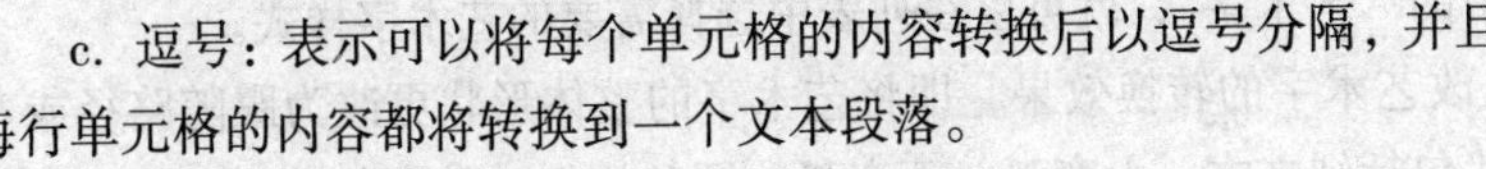

c. 逗号：表示可以将每个单元格的内容转换后以逗号分隔，并且每行单元格的内容都将转换到一个文本段落。

d. 其他字符：表示可以在对应的文本框中输入作为分隔符的半角字符，并且每个单元格的内容转换后都将以文本分隔符分隔，每行单元格的内容都将转换到一个文本段落。

3.1.5 图形处理

Word 2010 不仅可以对文字进行处理，而且还能插入艺术字、图片、图表等多种媒体文件，大大增强了文章的可读性和感染力。

1. 插入艺术字

艺术字就是具有特殊效果的文字，它可以使字体具有各种颜色，可带有阴影、倾斜、旋转和延伸效果，还可以扭曲成特殊的形状。艺术字体可使文字产生美的效果。

（1）插入艺术字

选择“插入”选项卡“文本”选项组中的“艺术字”命令，在弹出的列表中选择需要的艺术字样式，弹出“编辑艺术字文字”对话框，在“文本”框中输入文字内容，并设置艺术字的“字体”与“字号”，如图 3-40 所示。

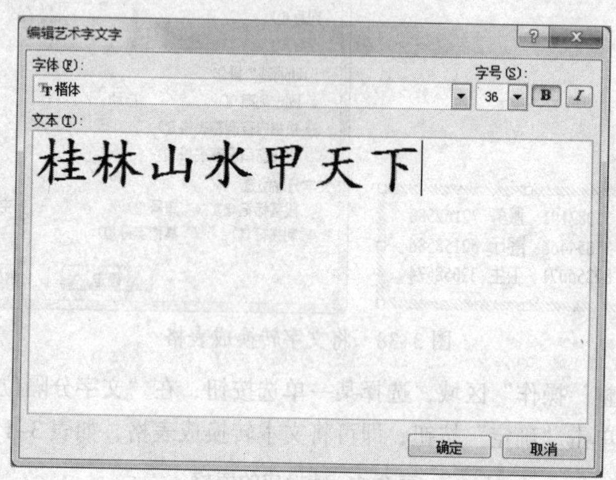

图 3-40 “编辑艺术字文字”对话框

（2）编辑艺术字

插入艺术字后还可以重新编辑艺术字文字、修改间距、改变艺术字样式、设置阴影效果等，这些操作都可以在“艺术字工具格式”选项卡完成，如图 3-41 所示。

图 3-41 “艺术字工具格式”选项卡

① 修改艺术字样式。艺术字样式主要包括设置艺术字的快速样式、设置填充颜色以及更改形状。Word 2010 一共为用户提供了 30 种艺术字样式，选中需要设置快速样式的艺术字，选择“格式”选项卡“文本”选项组中的“艺术字”，就可以在列表中选择需要的艺术字样式。

② 更改艺术字形状。更改艺术字的转换效果，即将艺术字的整体形状更改为跟随路径或弯曲形状。其中，跟随路径形状包括纯文本、上弯弧、下弯弧、圆和旋钮 4 种形状，而弯曲形状主

要包括左停止、倒 V 形等 36 种形状。选择“格式”选项卡“艺术字样式”选项组中的“文本效果” →“转换”命令，在列表中选择需要的形状。

③ 设置艺术字形状轮廓。选定指定艺术字形状轮廓的颜色、宽度和线性。

④ 设置文字格式。文字格式主要包括文字方向和对齐方式。选择“格式”选项卡“文本”选项组，“文字方向”可以设置文字方向为横排或竖排，“对齐文本”指定多行艺术字的单行对齐方式，主要包括“顶端对齐”、“中部对齐”、“底端对齐”等选项。

2. 首字下沉

在 Word 2010 中，可以把段落的第一个字符设置成一个大型的下沉字符，以达到醒目的效果。

操作步骤如下：

① 选定需要设置首字下沉的段落，或将插入点定位在该段落。

② 选择“插入”选项卡“文本”选项组→“首字下沉”命令，在列表中选择“下沉”，或在列表中选择“首字下沉选项”，弹出“首字下沉”对话框，如图 3-42 所示。

③ 在“首字下沉”对话框中可以选择“位置”为“下沉”，“选项”组中包括“字体”、“下沉行数”和“距正文”的度量值，可以更详细设置下沉效果。同理，可以设置悬挂效果。

④ 单击“确定”按钮。

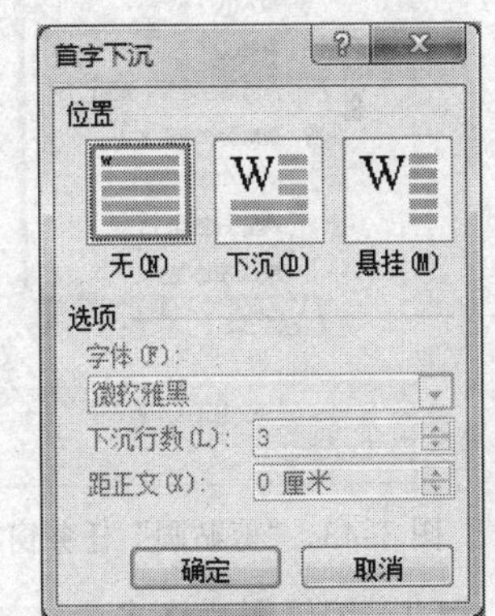

图 3-42 “首字下沉”对话框

3. 图片

（1）插入图片

Word 可以插入多种格式保存的图形、图片，包括从剪辑库中插入剪贴画和图片、从其他程序或文件夹中插入图片，以及插入扫描仪扫描的图片。

① 插入剪贴画。将插入点放到需要插入图片的位置，选择“插入”选项卡“插图”选项组中的“剪贴画”命令，打开“剪贴画”任务窗格，如图 3-43 所示，在“搜索文字”文本框输入搜索内容，单击“搜索”按钮，单击搜索结果中的图片即完成插入。

> ◎提示
>
> 在“剪贴画”任务窗格中，如果在“搜索文字”文本框不输入内容，直接单击“搜索”按钮，即可搜索出所有的剪贴画。

② 插入文件中保存的图片。Word 2010 允许将其他程序生成的图形、图像文件插入到文档中，如插入 AutoCAD 中生成的图形文件、画图中生成的图像文件等。

从文件中插入图片的操作方法如下：

a. 确定插入点位置，选择“插入”选项卡“插图”选项组中的“图片”命令，弹出“插入图片”对话框，如图 3-44 所示。

b. 在对话框左侧窗格中选择图片的存放位置，然后在文件或文件夹显示列表中选择要插入的图片，单击“插入”按钮，图片将被插到文档中。

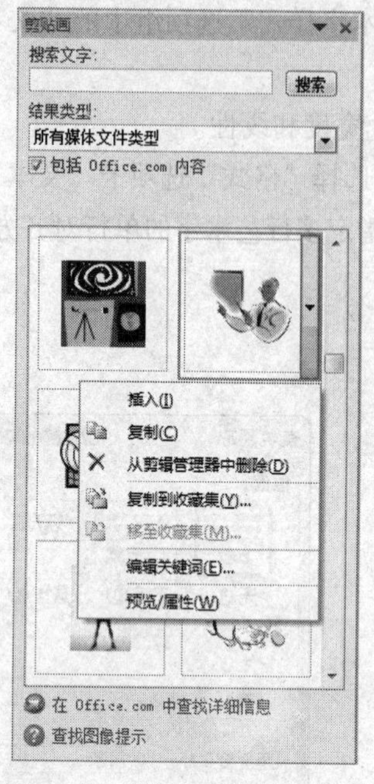

图 3-43 “剪贴画”任务窗格

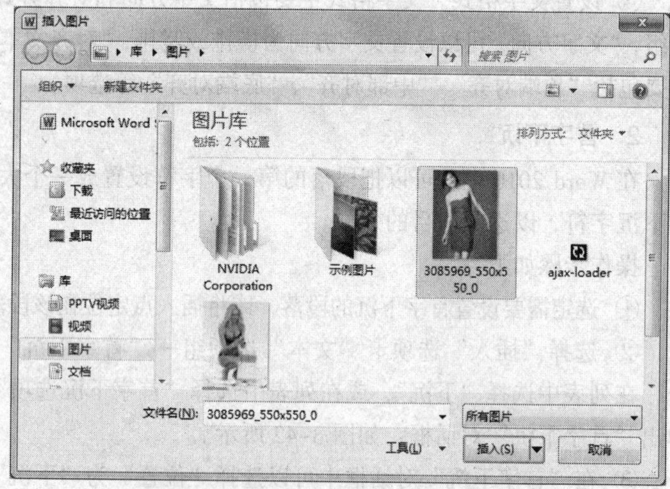

图 3-44 “插入图片”对话框

（2）编辑图片格式

① 调整图片。

• 调整图片尺寸：

方法 1：选中图片，将光标移动到图片四周的 8 个控制点，当光标变为双向箭头时，按住左键拖动图片控制点即可。

方法 2：选择“格式”选项卡“大小”选项组，输入“高度”和“宽度”值来调整图片尺寸，如图 3-45 所示。

• 裁剪图片：通过删除图片的部分缩小图片，选中图片，选择“格式”选项卡“大小”选项组中的“裁剪”命令，在弹出的列表框中选择“裁剪”，图片四周出现黑色断续边框，将鼠标放在尺寸控制点上拖动即可。

• 调整图片亮度、对比度：选择“格式”选项卡“调整”选项组中的“更正”命令（见图 3-46），可以调整图片的亮度和对比度，也可以在列表中选择“图片更改选项”命令，弹出“设置图片格式”对话框（见图 3-47），可以设置更多图片格式。

• 整图片颜色：选择“格式”选项卡“调整”选项组中的“颜色”命令，可以调整图片的亮度和对比度。

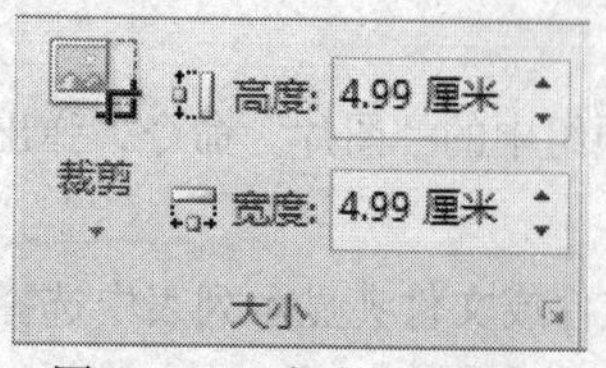

图 3-45 “大小”选项组

图 3-46 “调整”图片选项组

② 排列图片。选择“格式”选项卡“排列”选项组中的命令，如图 3-48 所示，可以排列图

片，包括图片相对位置、与文字的环绕效果、对齐方式等。

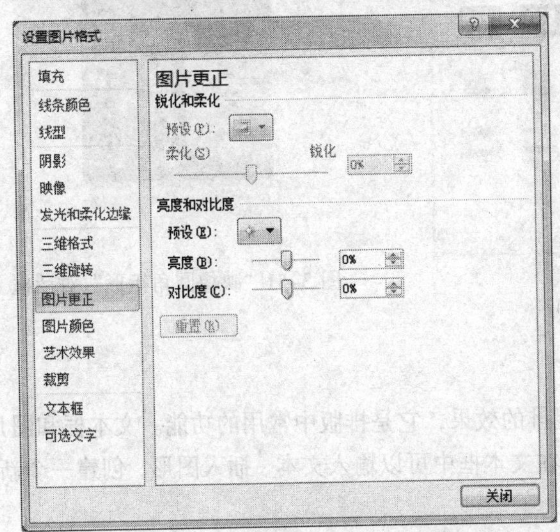

图 3-47 “设置图片格式”对话框

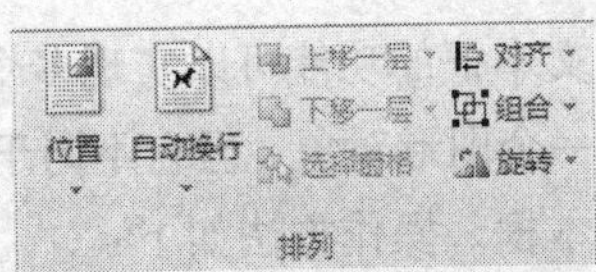

图 3-48 “排列”选项组

- 图片位置：可设置图片的“水平”位置和“垂直”位置等，更详细的设置可以在“位置”列表中选择“其他布局选项”，“布局”对话框如图 3-49 所示。
- 环绕效果：可设置图片在文字中的环绕方式和水平对齐方式。环绕方式主要包括“嵌入型”、“四周型”、“紧密型”、“穿越”、“上下”、“衬于文字下方”和“衬于文字上方”7 种。
- 图片的层次：设置图片相对于其他对象的层次位置
- 对齐方式：包括“左对齐”、“左右居中”、“右对齐”、“顶端对齐”、“上下居中”、“底端对齐”、“横向分布”、“纵向分布”等方式。
- 旋转图片：“向右旋转 90° ”、“向左旋转 90° ”、“垂直翻转”、“水平翻转”，如果用户要任意翻转，则在“旋转”列表中选择“其他旋转选项”。

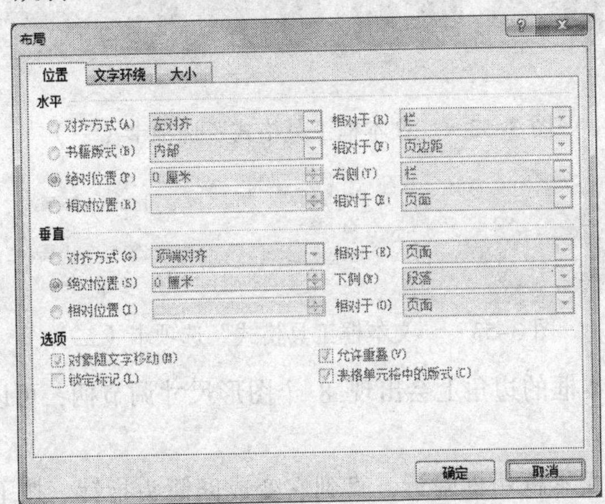

图 3-49 “布局”对话框

③ 设置图片样式。Word 2010 为用户提供 28 种内置样式，包括“简单样式，白色”、“棱台亚光，白色”、“金属框架”、“矩形投影”、“映像圆角矩形”等，如图 3-50 所示。剪贴画映像圆角矩形样式，如图 3-51 所示。

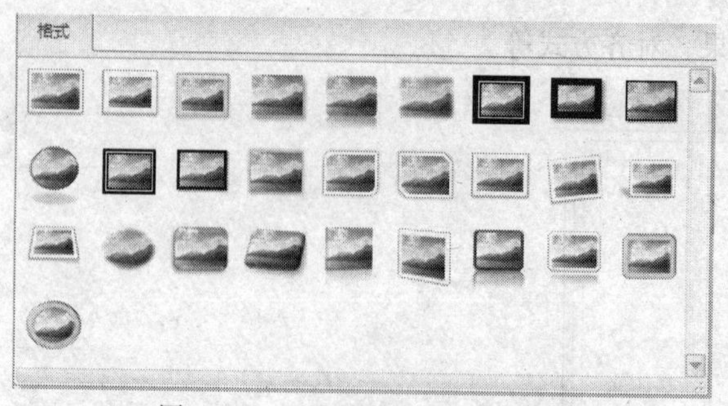

图 3-50 “设置图片样式”列表

图 3-51“映像圆角矩形”对话框

4．文本框

（1）插入文本框

使用文本框的功能可以实现多个文本混排的效果，它是排版中常用的功能。文本框和图片一样，也是一个图形对象，但它不同于图片，在文本框中可以输入文本、插入图形，创建一个新的、空白的文本框。操作方法如下：

① 选择“插入”选项卡“文本”选项组中的“文本框”命令，然后在列表中选择“简单文本框”或其他样式文本框。

② 当鼠标移动至文本框四周，指针变成十字形时，拖动鼠标改变大小、形状合适，并将其定位。

③ 释放鼠标后，会出现一个带边框的文本框，并且插入点在文本框中闪烁，这时就可以在文本框中输入文字了。

（2）编辑文本框

与插入图片一样，刚刚插入的文本框的位置、大小、文字方向、文本框样式、形状填充等效果，如果需要进一步调整，则选中文本框，借助“文本框工具格式”选项卡，可以进行调整，如图 3-52 和图 3-53 所示。

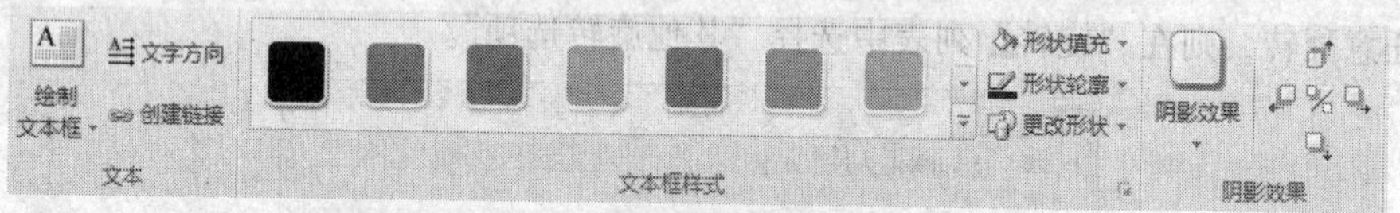

图 3-52 “文本框工具格式”选项卡（一）

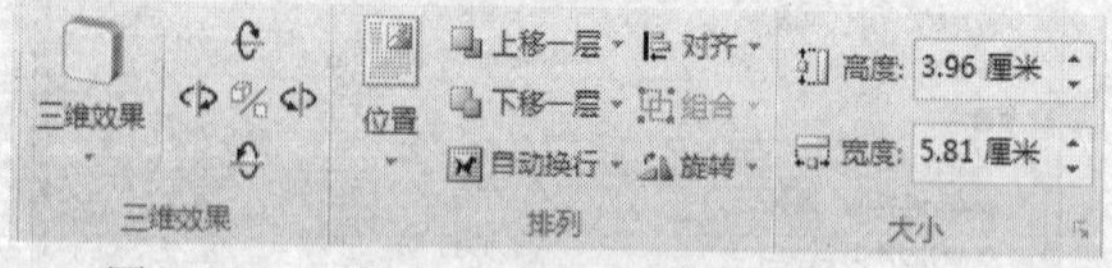

图 3-53 “文本框工具格式”选项卡（二）

① 单击文本框，文本框的边角上会出现 8 个图形尺寸调节柄，可以通过拖动调节柄来改变文本框的大小。

② 移动鼠标指针到文本框边框附近，直到它变成四箭头指针。按下鼠标左键将文木框拖动到需要的位置，释放鼠标键。

- 设置文本框的文字方向。选定文本框，选择“文本”选项组中的“文字方向”命令。
- 选定文本框，选择“文本框样式”，在列表选择一种样式。另外，也可以通过“文本框样式”选项组中的其他命令，修改文本框的颜色填充、轮廓线型和形状。

- “文本框工具格式”选项卡中的“排列”、“大小”等选项组的使用方法与“图片工具格式”选项卡中的命令相同，不再赘述。

5. 图形形状

Word 2010 中除可以在文档中插入各种已有的图片外，还可以绘制图形，并对绘制的图形设置一些特殊的效果。绘图时可以使用“绘图”工具栏。

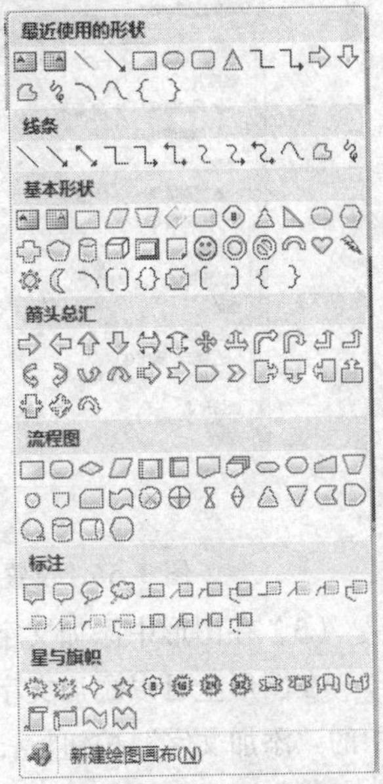

（1）绘制图形的基本方法

绘制图形的基本操作步骤如下：

① 确定需要绘制图形的轮廓，将图形分解为简单的图形组合，如直线、箭头、矩形或椭圆等。

② 选择“插入”选项卡“插图”选项组中的“形状”命令，在列表中选择需要的形状和线条，如图 3-54 所示。

③ 要插入哪一个线条或形状，单击图形对应的按钮，如“直线”按钮、“箭头”按钮、“矩形”按钮或“椭圆”按钮等，把鼠标指针移动到文本区，这时鼠标指针变为十字形。

图 3-54 “形状”列表

④ 选定绘制图形的起点，直接按住鼠标左键，然后拖动鼠标到需要的大小，这时就会产生需要的图形。

正方形和圆是矩形和椭圆的两个特例，在绘制前先按住【Shift】键，然后用鼠标拖动，就能直接画出正方形和圆。

对图形的编辑方法和对文本的编辑方法类似。例如，先选定要编辑的图形，然后就可以进行复制、粘贴、移动等操作。移动方法与图片的移动操作是类似的。

（2）改变图形形状

① 选定图形。选定图形后，图形周围出现的小方框称为控制点。如图 3-55 所示的图形是被选中的图形，它有 8 个控制点。

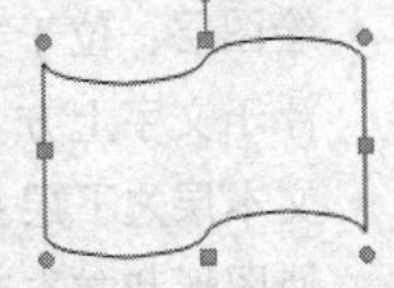

图 3-55　选定的图形

同时选定多个图形的操作方法是单击第一个图形，然后按住【Shift】键，再单击每一个要选定的图形。或单击绘图工具栏中的“选择对象”按钮，拖动鼠标将需要选定的图形包含在鼠标拖动的矩形区域中。

② 改变图形的大小。选定要改变大小的图形，将鼠标指针移动到控制点上，鼠标指针变成双向箭头后拖动控制点即可。

③ 旋转图形。选定要旋转的图形，选择“文本框工具”选项卡“排列”选项组中的“旋转”命令，在列表中选择旋转效果或选择“其他旋转选项”，弹出“设置自选图形格式”对话框，可以对图形进行更多详细编辑，如图 3-56 所示。

④ 为图形添加阴影或立体效果。选定要添加阴影或立体效果的图形，选择“文本框工具”选项卡，利用“阴影效果”选项组和“三维效果”选项组，可以将图形设置得立体美观（见图 3-57）。

⑤ 改变直线的形式。对插入的线条，可以设置实（虚）线型和箭头样式等。改变的方法是：选定要改变形式的线条，选择“形状样式”、“形状轮廓”。

另外，利用绘图工具栏中的绘图菜单，可对图形进行旋转、翻页、顶点编辑等操作。

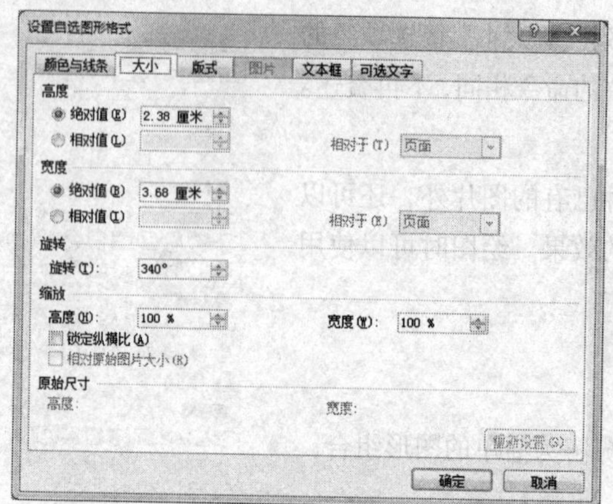

图 3-56“设置自选图形格式”对话框

图 3-57　图形的三维效果

（3）在图形中添加文字

在图形上可以添加文字，需要选中图形，单击“绘图工具格式”选项卡“插入形状”选项组中的“添加文字”按钮，图形上就会出现文本框，可以输入文字。

（4）图形的格式

① 设置图形的格式。图形的格式包括图形的大小、布局、颜色和线条、环绕等，其操作与图片的操作类似。

② 绘图的综合功能。

叠放次序：

Word 文档分为文本层、绘图层和文本层之下层 3 个层次，其作用如下：

- 文本层：用户在编辑文档时使用的层，插入的嵌入型图片或嵌入型剪贴画，都可以位于文本层。
- 绘图层：位于文本层之上。在 Word 中绘制图形时，先把图形对象放在绘图层，即让图形浮于文字上方。
- 文本层之下层：可以根据需要把有些图形对象放在文本层之下，称为图片衬于文字下方，使图形和文本产生层叠效果。

利用这 3 个层次，用户可将图片在文本层的上、下层之间移动，让图和文字混合编排，如生成水印图案等，以获得特殊的效果。

调整叠放次序的操作方法如下：

a. 选定要调整叠放次序的图形。

b. 选择“文本框工具格式”选项卡“排列”选项组中的“上移一层”或“下移一层”命令，可以调整当前图形的叠放层次。

图形相互间的叠放次序有 6 种：置于顶层、置于底层、上移一层、下移一层、衬于文字下方和衬于文字上方。

组合图形：

图形组合起来后，可对这一组图形像一个图形那样操作。组合图形的操作步骤如下：

a. 按【Shift】键，逐一选定要组合在一起的各个图形。

b. 选择“文本框工具格式”选项卡“排列”选项组中的“组合”命令。这时这一组图形只在最外围出现 8 个控制点，表明这一组图形已组合起来了。

6. 图表

虽然表格可以条理清晰地显示数据，但不够直观，不能详细地分析数据的变化趋势，这就需要根据表格中的数据创建数据图表。

① 插入图表。选择“插入”选项卡“插图”选项组中的“图表”命令，弹出“插入图表”对话框，如图 3-58 所示。在对话框左侧选择一种图表类型，在右侧列表中可以选择更为详细的类型，图标具体操作参考 Excel 对应章节。

② 编辑图表数据。选择柱形图，在右侧列表中选择“簇状圆柱图”，则弹出 Excel 文件，可以编辑数据，结束后保存并单击关闭。如果插入图标后，仍需要编辑数据，则右击图表“系列”位置，在快捷菜单中选择“编辑数据”即可，如图 3-59 所示。

③ 更改图表类型。右击图表“系列”位置，在快捷菜单中选择“更改系列图表类型”即可以更改图表类型。如果要设置更多效果，可以在快捷菜单中选择“设置数据系列格式”，如图 3-59 所示。

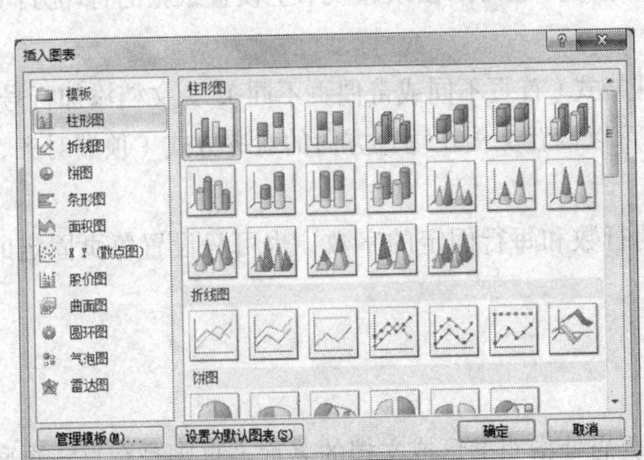

图 3-58 “插入图表”对话框

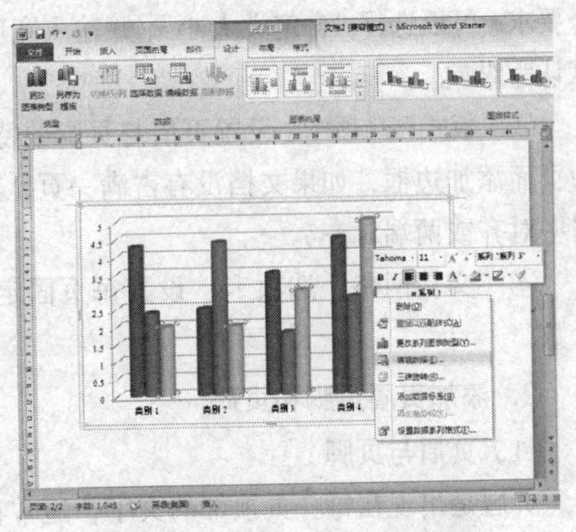

图 3-59 插入“簇状圆柱图”

3.1.6 版面设计与输出

为充分表现一篇文章的外观风格，还需进行页面的格式设置。Word 2010 文档内容都是以页为单位显示或打印的。页面格式主要包括纸张规格、页面方向、页边距、页面的修饰（设置页眉、页脚和页号）等。一般应在录入文档前进行页面设置，Word 2010 允许按系统的默认设置先录入文档，用户也可以随时对页面重新进行设置。

1. 调整页面设置

调整页面设置可以修改“页边距”、“纸张方向”、“纸张大小”等设置，选择“页面布局”选项卡“页面设置”选项组，如图 3-60 所示，或单击“页面设置”选项组右下角的“对话框启动器”，弹出“页面设置”对话框，如图 3-61 所示。

“页面设置”对话框中共有 4 个选项卡，即“页边距”、“纸张”、“版式”和“文档网格”。各选项卡的作用如下：

①“页边距”选项卡：设置文本与纸张的上、下、左、右边界距离，页眉、页脚与边界的距离。如果文档需要装订，还可以设置装订线与边界的距离。

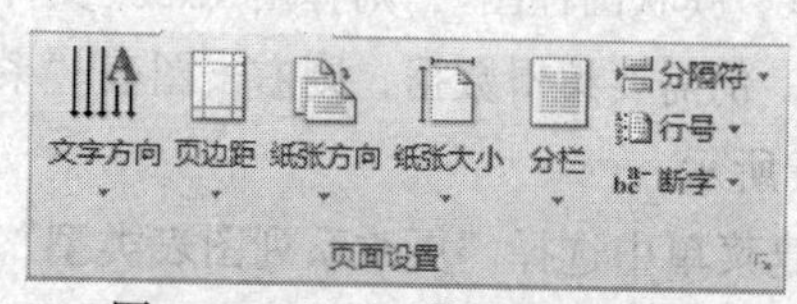

图 3-60 “页面设置”选项组

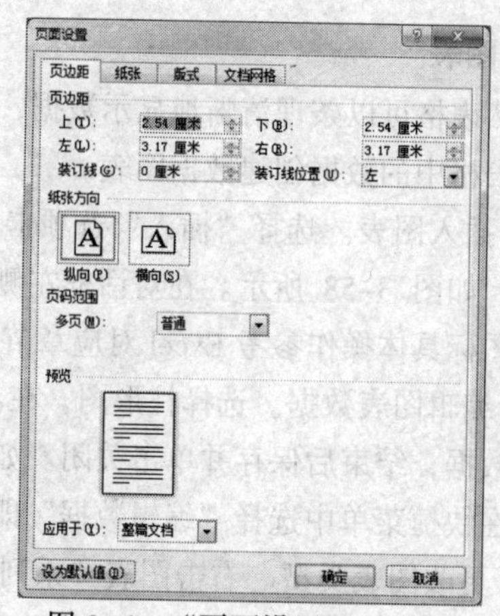

图 3-61 “页面设置”对话框

②“纸张”选项卡：通过选择纸张的规格设置纸张的大小。如果系统提供的纸张规格都不符合要求，可以选择“自定义大小”，并输入宽度和高度。还可以在该选项卡上设置纸张的打印方向，默认为纵向。

③“版式”选项卡：设置页眉与页脚的特殊格式（首页不同或奇偶页不同），为文档添加行号，为页面添加边框，如果文档没有占满一页，则可以设置文档在垂直方向的对齐方式（顶端对齐、居中对齐或两端对齐）。

④“文档网格”选项卡：设置每页固定的行数和每行固定的字数，也可只设置每页固定的行数。

2. 添加页眉页脚和页码

（1）页眉与页脚

页眉是出现在每一页顶部的文字，通常在页眉处指明书籍或文档的名称。页脚是在每一页底部加入的文字或图形，其内容可以是日期、页码等。

① 创建页眉和页脚。操作步骤如下：

a. 选择“插入”选项卡“页眉和页脚”选项组中的“页眉”命令，在列表中选择一种“内置”页眉样式，则进入页眉和页脚编辑状态，插入点位于“页眉”文本框内，工作界面出现“页眉和页脚工具设计”选项卡，如图 3-62 所示。

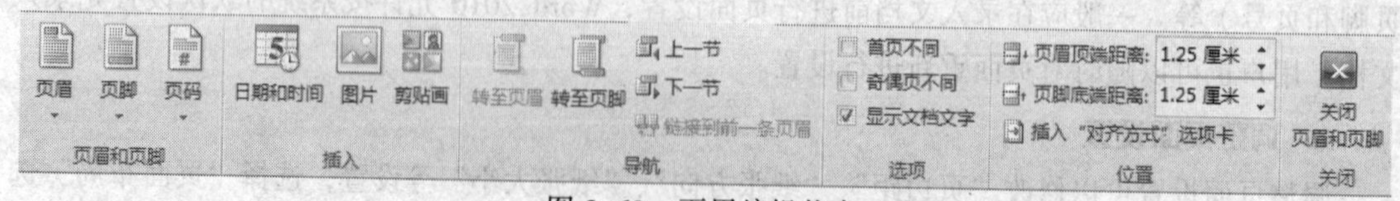

图 3-62 页眉编辑状态

b. 在“页眉”文本框中输入页眉内容。

c. 选择“导航”选项组中的“转至页脚”命令，插入点位于“页脚”文本框内，默认对齐方式为“左对齐”。

d. 在页脚文本框中输入页脚内容。

e. 单击“页眉和页脚”工具栏中的“关闭”按钮，返回文档编辑区。

② 编辑页眉和页脚。方法为：在页眉或页脚位置双击，进入页眉和页脚编辑状态，根据需

要编辑或格式化页眉和页脚。

（2）页码

利用“插入”选项卡可以插入页码，也可以进入页眉和页脚编辑状态，利用“页眉和页脚工具”选项卡插入页码。操作步骤如下：

① 选择“插入”选项卡“页眉和页脚”选项组中的“页码”命令。

② 列表中有“页面顶端”、“页面底端”、“页边距”等页码位置和样式，根据用户需要选择。

③ 在列表中选择“设置页码格式”命令，弹出“页码格式”对话框，如图 3-63 所示，在对话框中选择“编号格式”、“起始页码”等，单击“确定”按钮，返回“页码”对话框。

④ 系统为当前节的各页加上页码。

另外，删除页码的方法是双击页码，进入页眉和页脚编辑状态；将鼠标指针指向页码并成为箭头形状，单击选定页码；按【Delee】键删除页码；单击“关闭页眉和页脚”按钮返回。

3．分栏排版

分栏排版多见于杂志、报纸和一些专业技术手册，它不仅增加了文档的易读性，也使版面更加生动活泼。

（1）建立分栏

操作步骤如下：

选择“页面布局”选项卡“页面设置”选项组中的“分栏”命令，在列表中选择一种分栏方式或选择“更多分栏”命令，弹出“分栏”对话框，如图 3-64 所示。在对话框中选择所需的选项，可设置自定义的栏宽和栏间距，或在各栏间添加分隔线。

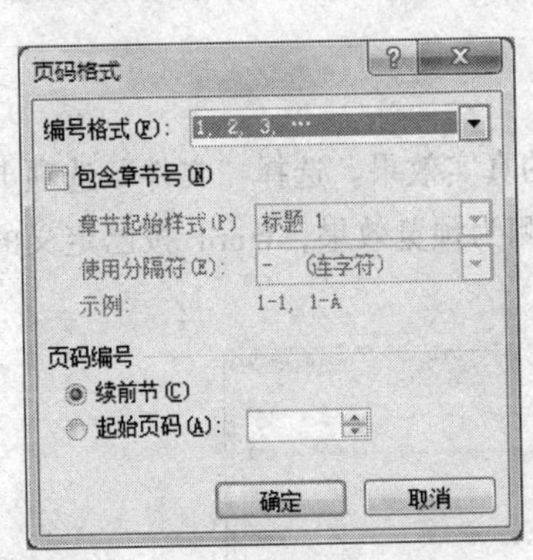

图 3-63　“页码格式”对话框

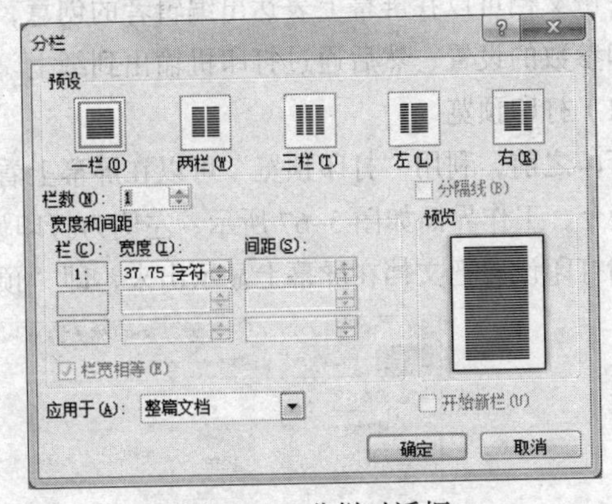

图 3-64　分栏对话框

（2）插入分栏符

如果要在文档中指定位置处强制分栏，而不是由 Word 2010 按文档长短自动分栏，则可以在需要分栏处插入分栏符。

方法为：选择“页面布局”选项卡“页面设置”选项组中的“分栏”命令确定分栏数目，如图 3-65 所示；将插入点移到需要开始下一栏的位置；选择“页面布局”选项卡“页面设置”选项组中的“分隔符”命令，在列表中选择“分栏符”选项，如图 3-66 所示，则插入点后的文本移入下一栏。

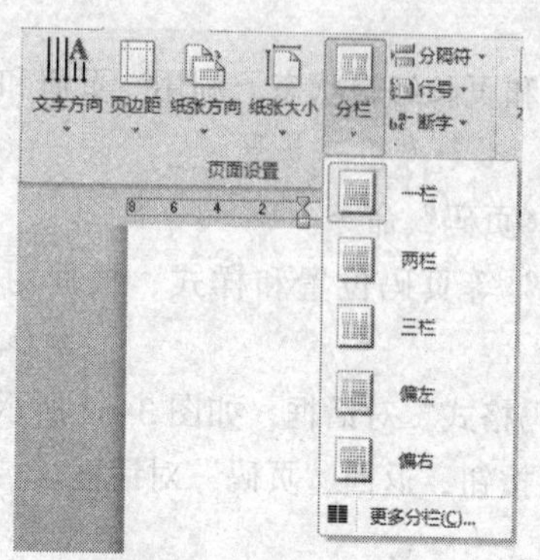

图 3-65 “分栏”列表

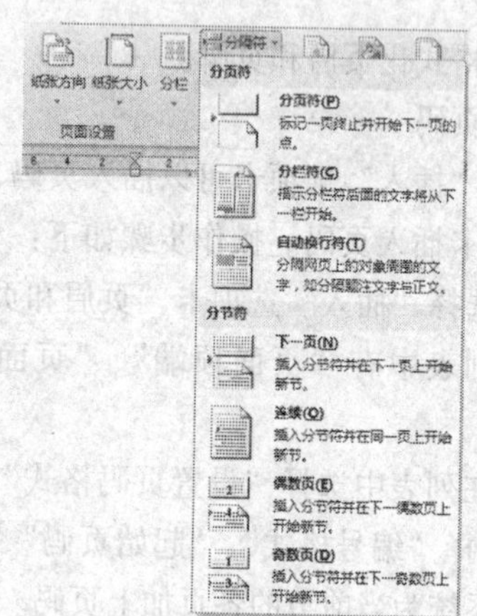

图 3-66 “分隔符”列表

（3）取消分栏

将原来的多重分栏设置为单一分栏，即可取消分栏。

方法为：在“分栏”列表中选择“一栏”，或选择“更多分栏”，将“栏数”数字框的值改为“1”，则选定文本或插入点所在节的分栏被取消。

（4）平衡栏长度

多文本进行分栏后，如遇到最后一页的两栏不等长的情况，可以采用如下方法：单击需要均衡分栏的文档结束处，选择“页面布局”选项卡“页面设置”选项组中的“分隔符”命令，在列表中选择“连续”即可。

4. 打印文档

一份文档可以在屏幕上表达出编辑者的创意，如果要把它变成纸上的文件或书籍，则需先进行打印参数的设置，然后通过打印机输出到纸上。

（1）打印预览

打印之前，利用“打印预览”可以在屏幕上看到打印的真实效果。选择“文件”选项卡“打印”命令，工作界面如图 3-67 所示，左侧为打印设置，右侧为预览效果，Word 按已定义的页面设置和打印设置把文档在屏幕上显示出来，即“预览”。

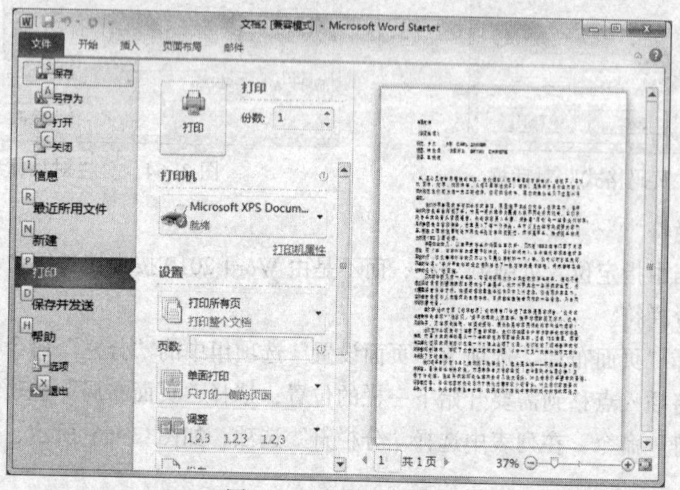

图 3-67 打印对话框

（2）打印

文档经过“打印预览”看到满意的效果后便可打印输出。选择“文件”选项卡“打印”命令，如图 3-67 所示，选择打印机，设置打印页码范围等，最后单击“打印”按钮便可实施文档打印。

3.1.7　邮件合并

1. 邮件合并原理

假如要写一封内容差不多而要寄给很多人的信，例如要写 50 封邀请函，是否要分别录入并编辑 50 个不同的文档呢？答案是不用的。利用 Word 2010 提供的邮件合并功能只需编辑两个文件即可，这将大大提高写信的效率。

将信中相同的重复部分保存成一个文档，称为主文档；将信的不同部分如很多收信人的姓名、地址等保存成另外一个文档，称为数据源。

数据源可看成是一张简单的二维表格。表格中的每一列对应一个信息类别（即数据域），例如姓名、城市、街道地址和邮政编码。各个数据域的名称列由表格的第一行来表示，这一行称为域名记录（域名行）。随后的每一行为一条数据记录，数据记录是一组完整的相关信息，例如某个收件人的姓名和地址。

邮件合并功能其实不仅仅处理邮件，具有上述原理的文档都可以用到邮件合并功能。

2. 邮件合并

邮件合并需要建立两个文档，一个是邮件合并时的主文档，另一个是邮件合并时的数据源文档。两个文档可预先分别建立，也可在编辑的过程中临时创建并使用，如图 3-68 所示。

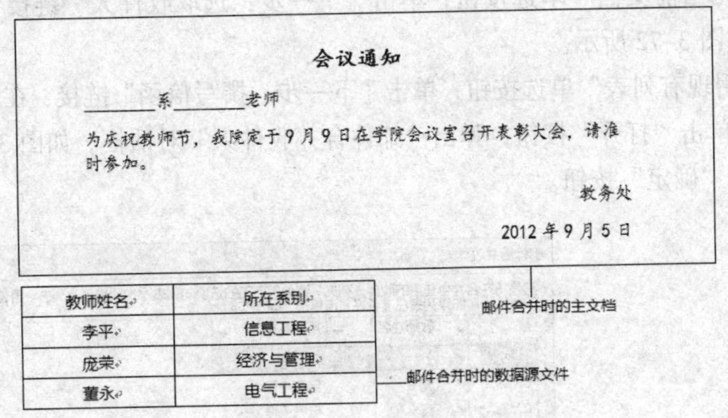

教师姓名	所在系别
李平	信息工程
庞荣	经济与管理
董永	电气工程

图 3-68　主文档与数据源文档格式

【例 3.3】邮件合并实例。

操作步骤如下：

（1）创建主文档

建立一个邮件合并时的主文档（会议通知.DOCX），最终结果如图 3-68 中的“邮件合并时的主文档”所示。

（2）创建数据源文档

数据源文档（教师.DOCX）的样式如图 3-68 中的“邮件合并时的数据源文件”所示。

数据源中的数据通过行和列来表示，称为数据源的结构。行表示同一信函中所有的插入项信息，列则表示插入项的名称。在主文档（会议通知.DOCX）中，所需的插入项：教师姓名、所在系。在“插入合并域”对话框中称为域。

（3）建立邮件合并域

建立邮件合并域是指将数据文件的插入项分别插入到主文档的相应位置。

① 打开邮件合并时的主文档（会议通知.DOCX）。

② 选择“邮件”选项卡“开始邮件合并”选项组中的“邮件合并分布向导”命令，如图 3-69 所示。屏幕右边会出现图 3-70 所示的“邮件合并”任务窗格。

③ 选择“信函”单选按钮，单击“下一步：正在启动文档”链接，进入图 3-71 图所示的邮件任务窗格。

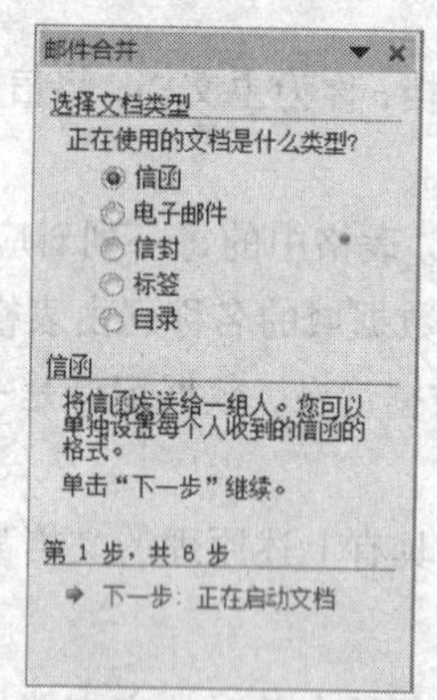

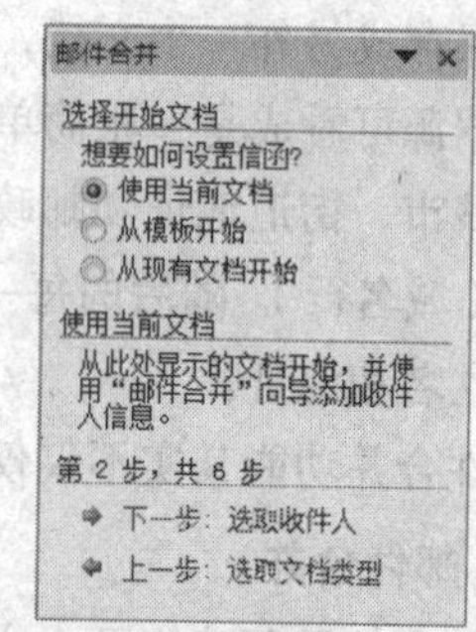

图 3-69 “开始邮件合并”列表 图 3-70 “邮件合并”任务窗格（1）图 3-71 “邮件合并”任务窗格（2）

④ 选择“使用当前文档”单选按钮，单击“下一步：选取收件人”链接，进入“选择收件人”任务窗格，如图 3-72 所示。

⑤ 选择“使用现有列表”单选按钮，单击“下一步：撰写信函”链接，在对话框中选择“教师.DOCX”文件，单击“打开”按钮，弹出“邮件合并收件人”对话框，如图 3-73 所示，可以删除部分数据，单击“确定”按钮。

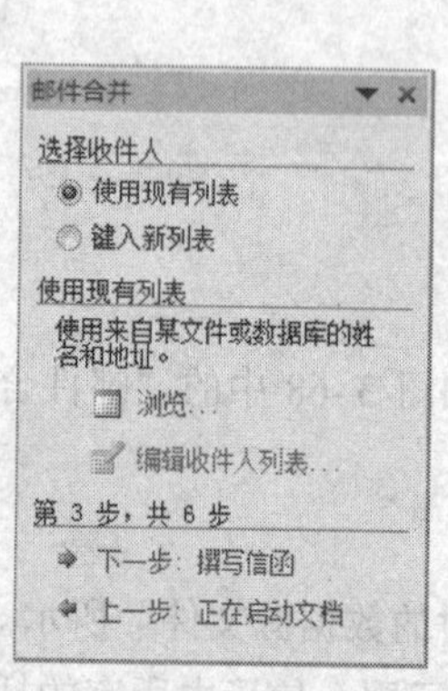

图 3-72 “邮件合并”任务窗格（3）

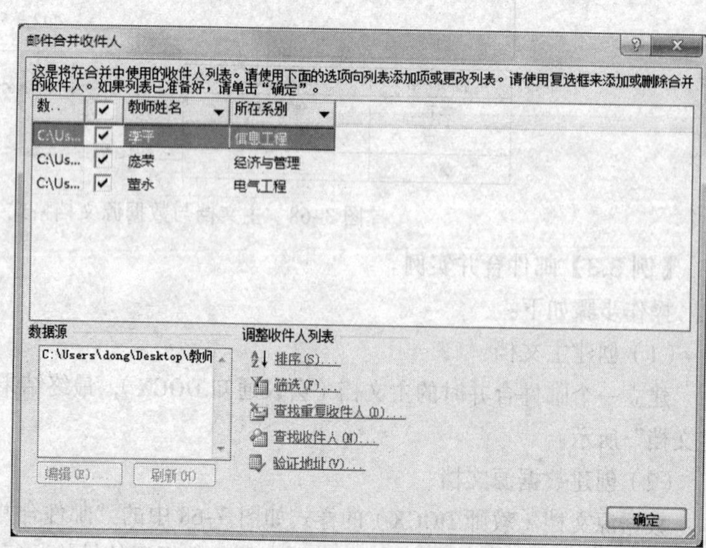

图 3-73 “邮件合并收件人”对话框

⑥ 此时“邮件合并”任务窗格如图 3-74 所示，在该任务窗格中插入“地址域”、“数据库域”等，从而继续撰写信函。将插入点定位在主文档的“系”前，选择“其他项目”，弹出“插入合并域”对话框，如图 3-75 所示，选择“插入”为“数据库域”，选择“域”为“所在系别”，单击“插入”按钮，完成一个数据库域的插入。同理，插入“教师姓名”数据库域，效果如图 3-76 所示。

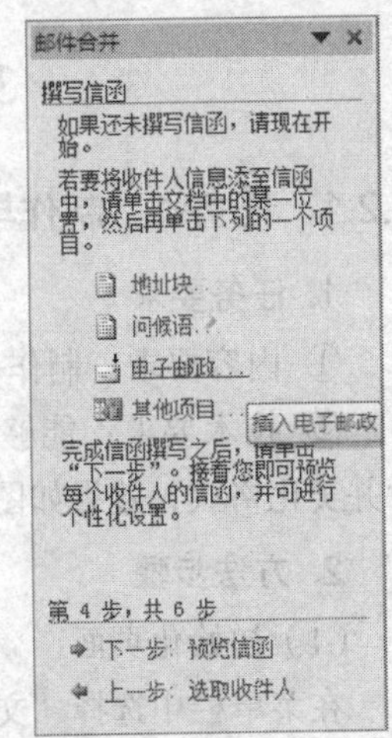

图 3-74 “邮件合并”任务窗格（4）

（4）预览及完成合并

① 如果不再撰写信函，则单击“下一步：预览信函”链接，单击 » 即可逐个预览每个收件人的信函，并可以进行个性设置，任务窗格如图 3-77 所示。

② 信函预览完毕后，单击“下一步：完成合并”链接，进入图 3-78 所示的邮件合并任务窗格。

③ 单击“编辑个人信函”，弹出图 3-79 所示“合并到新文档”对话框，选中“全部”单选按钮，单击“确定”按钮。到此一个邮件合并信函操作完毕。

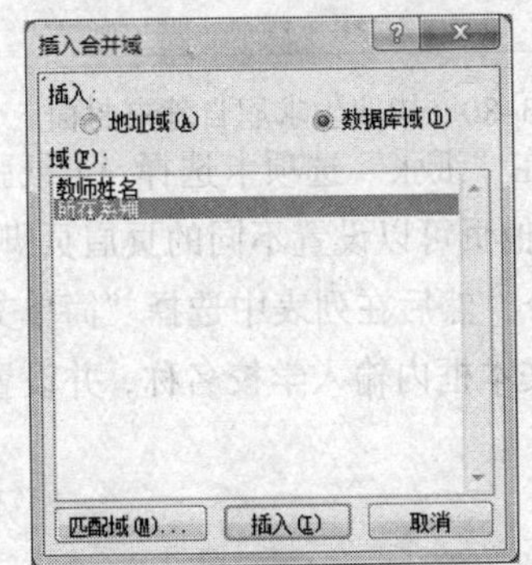

图 3-75 “邮件合并收件人”对话框

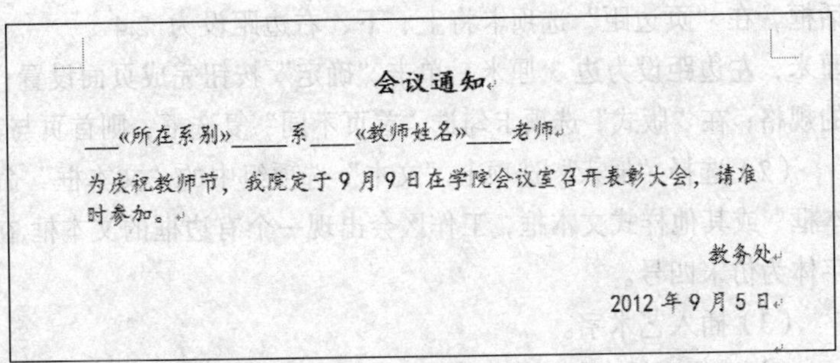

会议通知

___«所在系别»___系___«教师姓名»___老师：

为庆祝教师节，我院定于 9 月 9 日在学院会议室召开表彰大会，请准时参加。

教务处

2012 年 9 月 5 日

图 3-76 插入“数据库域”后效果

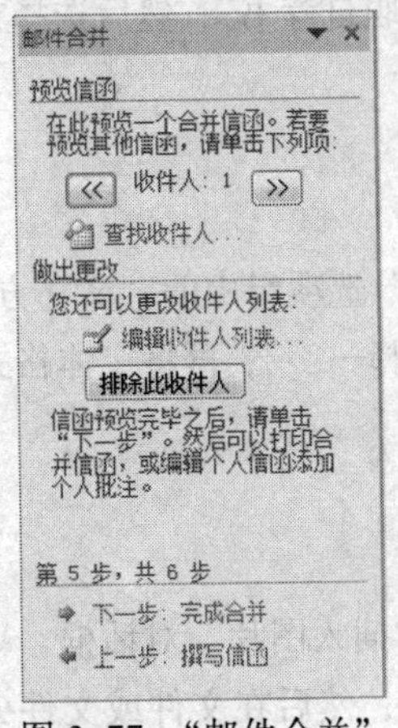

图 3-77 “邮件合并”任务窗格（5）

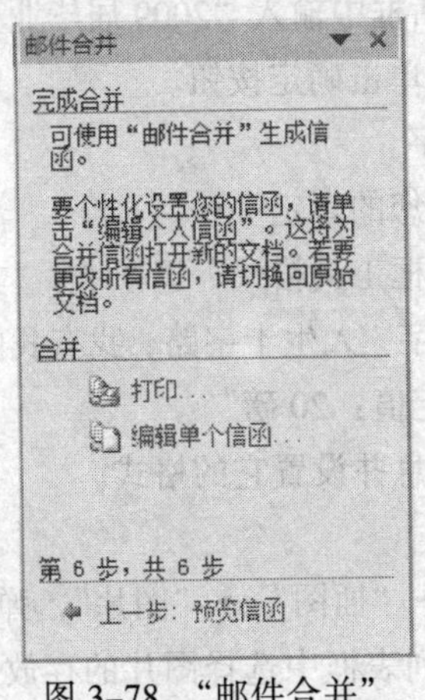

图 3-78 “邮件合并”任务窗格（6）

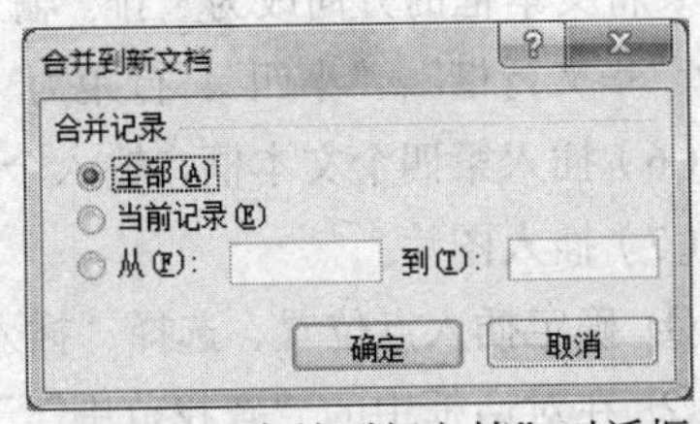

图 3-79 “合并到新文档”对话框

3.2 项目 制作毕业生求职自荐书

3.2.1 任务 1 制作毕业生求职自荐书的封面

1. 任务要求

① 内容要求：制作一个毕业生求职自荐书封面。

② 技术要求：能够熟练插入文本框、艺术字、图片并美化格式，效果如图 3-80 所示。

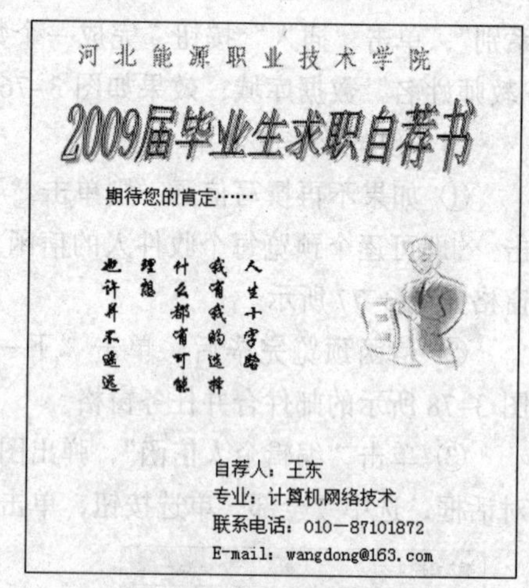

图 3-80 毕业生求职自荐书封面

2. 方法步骤

（1）初始化页面

在菜单栏中选择“文件”→“新建”命令，在展开的“可用模板”列表中选择“空白文档”类型，单击“创建”按钮，则创建了一空白的新文档。选择“页面布局”选项卡中的“页面设置”选项组，或单击“页面设置”选项组右下角的“对话框启动器”，弹出“页面设置”对话框，在“页边距”选项卡将上、下、右边距设为 2.4 厘米，左边距设为边 3 厘米。单击“确定”按钮完成页面设置；在“纸张”选项卡选择 A4 纸张的规格；在“版式”选项卡勾选“首页不同”复选框，则首页与其他页可以设置不同的页眉页脚。

（2）选择“插入”选项卡“文本”选项组中的“文本框”命令，然后在列表中选择“简单文本框”或其他样式文本框，工作区会出现一个有边框的文本框,在文本框内输入学校名称，并设置字体为仿宋四号。

（3）插入艺术字。

① 选择“插入”→“文本”→“艺术字”，在列表中的“艺术字库”对话框中选中一种样式。

② 在弹出的“编辑艺术字文字”对话框中输入“2009 届毕业生求职自荐书”，然后选择艺术字的字体为“宋体”，字号为“36”，最后单击确定按钮。

③ 在“艺术字”工具栏中编辑艺术字。

（4）插入第二个文本框，输入“期待您的肯定……”。

（5）插入第三个本本框，选择“文本框工具格式”选项卡 “文本”选项组中的“文字方向”命令，将文本框的方向改为竖排。输入文字“人生十字路，我有我的选择……”，再将字体格式设置为“华文行楷”、“小四”，行距为“固定值：20 磅”。

（6）插入第四个文本框，输入个人信息并设置它的格式。

（7）插入图片。

① 确定插入点位置，选择“插入”→“插图”→“图片”，弹出“插入图片”对话框。

② 在对话框中的“查找范围”下拉列表框中选择图片的存放位置，然后在文件或文件夹显示列表中选择要插入的图片，单击“插入”按钮，图片将被插到文档中。

③ 对图片的位置、大小进行调整。

至此，自荐书的封面就制作好了。

◎提示

把每个文本框的“填充颜色”设置为“无填充颜色”；“线条颜色”设置为“无线条颜色”。方法为：选择“文本框工具格式”选项卡 “文本框样式”选项组，可以设置文本框的颜色填充、轮廓线型、粗细、颜色和文本框形状等样式。

3.2.2 任务 2 制作毕业生求职个人简历

1. 任务要求

① 内容要求：制作一个个人简历的表格

② 技术要求：能够熟练插入表格、行、列，设置美化表格格式，效果如图 3-81 所示。

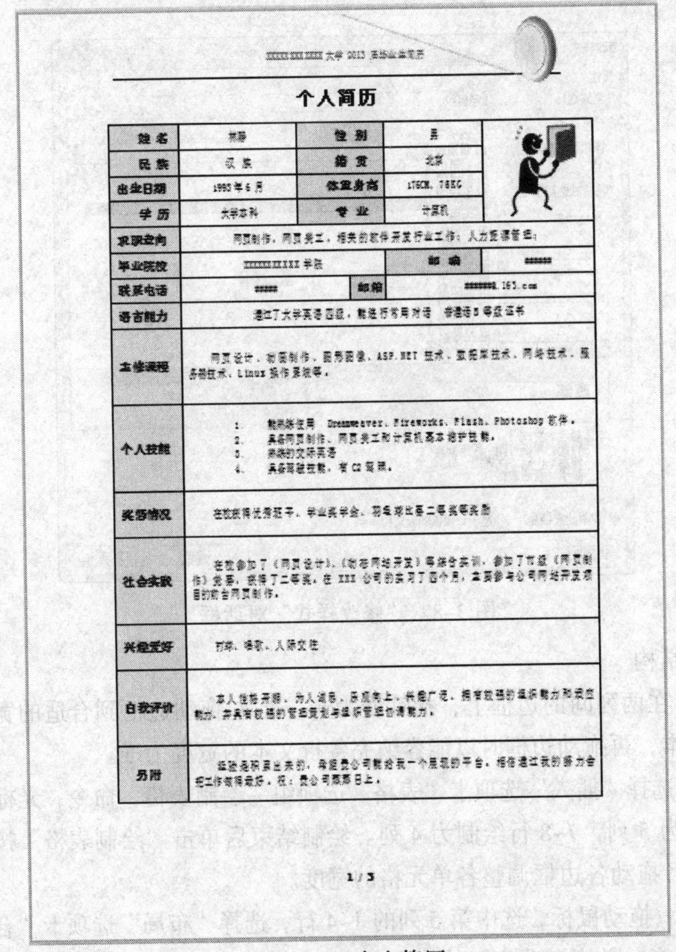

XXXXX XXX XXXX 大学 2013 届毕业生简历

个人简历

姓名	[illegible]	性别	男	
民族	汉族	籍贯	北京	
出生日期	1993 年 6 月	体重身高	176CM，78KG	
学历	大学本科	专业	计算机	
求职意向	网页制作，网页美工，相关的软件开发行业工作；人力资源管理；			
毕业院校	XXXXXXXXXX 学院	邮编	######	
联系电话	#####	邮箱	######@163.com	
语言能力	通过了大学英语四级，能进行常用对话 普通话 B 等级证书			
主修课程	网页设计、动画制作、图形图像、ASP.NET 技术、数据库技术、网络技术、服务器技术、Linux 操作系统等。			
个人技能	1. 能熟练使用 Dreamweaver、Fireworks、Flash、Photoshop 软件。 2. 具备网页制作、网页美工和计算机基本维护技能。 3. 熟练的文秘英语 4. 具备驾驶技能，有 C1 驾照。			
奖励情况	在校获得优秀班干、学业奖学金、羽毛球比赛二等奖等奖励			
社会实践	在校参加了《网页设计》、《动态网站开发》等综合实训，参加了市级《网页制作》竞赛，获得了二等奖，在 XXX 公司的实习了四个月，主要参与公司网站开发项目的前台网页制作。			
兴趣爱好	打球、唱歌、人际交往			
自我评价	本人性格开朗，为人诚恳，乐观向上，兴趣广泛，拥有较强的组织能力和适应能力，并具有较强的管理策划与组织管理协调能力。			
另附	经验是积累出来的，希望贵公司能给我一个展现的平台，相信通过我的努力会把工作做得最好，祝：贵公司蒸蒸日上。			

1 / 3

图 3-81 个人简历

2. 方法步骤

（1）为表格添加标题

输入标题内容“个人简历”，选中标题，然后选择“开始”选项卡“字体”选项组，单击右下角的“对话框启动器” ，弹出“字体”对话框，在“字体”选项卡设置标题的字体为宋体、小二、加粗、加下画线，在“高级”选项卡字符间距加宽 1 磅。选中标题，选择 “开始”选项卡

“段落”选项组，单击右下角的“对话框启动器”，弹出“段落”对话框，在“缩进和间距”选项卡设置“常规”选项组的“对齐方式”为“居中”，“间距”选项组的“段后”为“0.5 行”；选择“换行和分页”选项卡，勾选“段前分页”复选框，这样就能保证个人简历部分与上一个封面部分始终在不同页面。

（2）插入表格

选择“插入”选项卡“表格”选项组中的“插入表格”命令，弹出“插入表格”对话框。在“列数”文本框中输入 7，在“行数”文本框中输入 5，单击“确定”按钮。在插入点插入一个 15 行 2 列的表格，然后选择“表格工具设计”选项卡“表格样式”选项组，打开列表选择“修改表格样式”命令，弹出图 3-82 所示对话框，单击“确定”按钮，此时表格以所选择的样式插入到页面中。

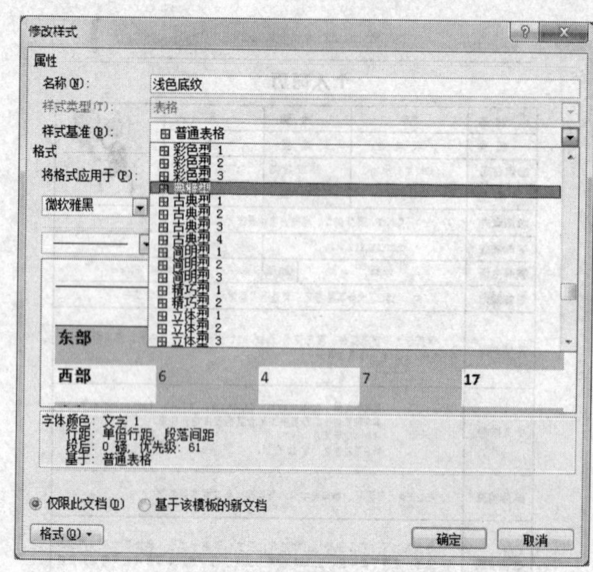

图 3-82 “修改样式”对话框

（3）修改表格结构

① 将指针停留在两列间的边框上，指针变为 ⇹，向左拖动边框到合适的宽度。我们可以先在第一列中输入文本，再拖动边框时以能容纳完各行文本的宽度为准。

② 绘制表格：选择“插入”选项卡“表格”选项组“绘制表格”命令，光标变为 ✎ 图标，将表格的 1~5 行绘制为 5 列，7~8 行绘制为 4 列。绘制结束后单击“绘制表格”按钮取消绘制表格状态。参照第 1 步，拖动各边框调整各单元格的宽度。

③ 合并单元格：拖动鼠标，选中第 5 列的 1~4 行，选择“布局”选项卡“合并”选项组中的“合并单元格”命令，单击“确定”按钮完成。

④ 单击表格左上角的标记⊞，选定整个表格。选择“布局”选项卡“表”选项组中的“属性”，弹出“表格属性”对话框，单击“行”选项卡，勾选指定高度，设置第 1~8 行的行高为 0.8 厘米，行高值是“最小值”，单击“确定”按钮完成设置。其他行按照前面的方法，通过拖动边框改变行高。

（4）输入表格内容，修饰表格

① 输入表格内容，单击表格左上角的标记⊞，选定整个表格。并利用“字体对话框”设置字

体宋体小四号字。

② 移动指针到表格第 1 列的顶端，指针变为↓，单击选定整列。右击，选择快捷菜单中的“边框和底纹”命令，设置底纹为浅蓝色；选择快捷菜单中的“单元格对齐方式”“中部居中”样式。同理依据效果图设置其他单元格的底纹，1~8 行对齐方式为“中部居中”，9~14 行对齐方式为“中部左对齐”对齐方式。

（5）插入图片

按照任务 1 中的方法将照片作为图片插入。

3.2.3　任务 3　制作毕业生求职自荐书

1. 任务要求

① 内容要求：制作毕业生求职自荐书。

② 技术要求：学会插入页眉页脚，并设置首页的页眉页脚不同，能够利用制表符对齐文本，效果如图 3-83 所示。

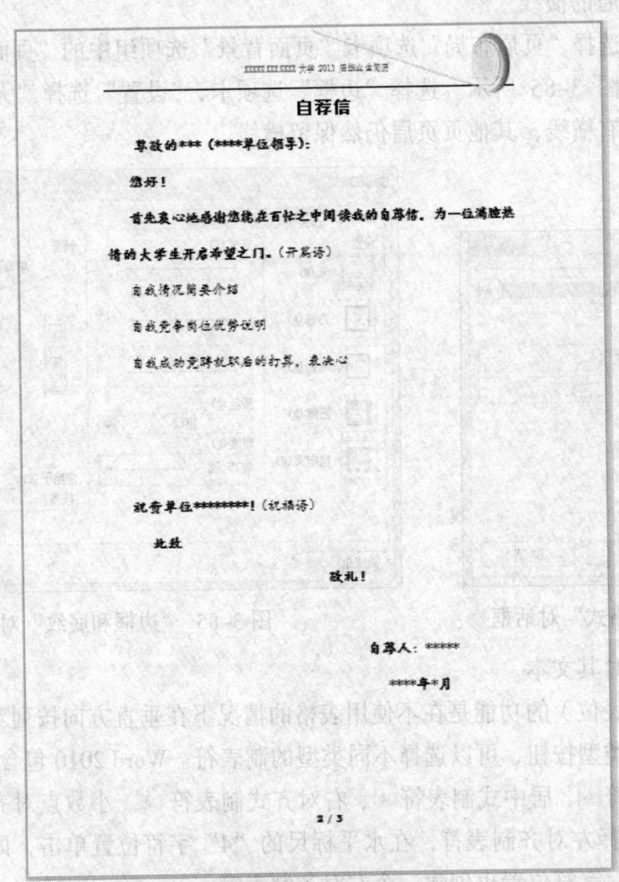

自荐信

尊敬的***（****单位领导）：

您好！

首先衷心地感谢您能在百忙之中阅读我的自荐信，为一位满腔热情的大学生开启希望之门。（开篇语）

自我情况简要介绍

自我竞争岗位优势说明

自我成功竞聘就职后的打算，表决心

祝贵单位********！（祝福语）

此致

敬礼！

自荐人：*****

****年*月

2 / 3

图 3-83　自荐信

2. 方法步骤

（1）输入文档内容

输入标题内容，并按照上一个任务中，标题的段落格式设置，将此部分也在新的一个页面开始。输入正文内容，回车分隔段落，然后选择各个段落，在段落对话框中设置“特殊格式”为“首行缩进”。

（2）插入“页眉”

选择“插入”选项卡“页眉和页脚”选项组中的“页眉”，在展开的“内置”列表中选择“空白”页眉样式，则进入页眉和页脚编辑状态，插入点位于“页眉”文本框内，输入“页眉”内容为“××××学院毕业生简历”。插入页眉之后，工作界面出现“页眉和页脚工具设计”选项卡，选择“位置”选项组“页眉顶端距离”为“1.4 厘米”，“页脚底端距离”为“1.4 厘米”。

（3）插入“页脚”

选择“插入”选项卡“页眉和页脚”选项组中的“页码”，列表中选择“页面底端”→“X/Y 加粗显示数字 1”样式，在“页眉和页脚工具设计”选项卡“页眉和页脚”选项组选择“页码”→“设置页码格式”，弹出“页码格式”对话框，选择“起始页码”单选按钮，并设置为“0”，此时首页没有页码，从第二页起每一页都有页码/总页数，如图 3-84 所示。

（4）除去首页页眉的横线

选中首页页眉，选择“页眉布局”选项卡“页面背景”选项组中的“页面边框”，弹出“边框和底纹”对话框，如图 3-85 所示。选择“边框”选项卡，“设置”选择“无”，单击“确定”按钮，此时首页页眉没有横线，其他页页眉仍然保留横线。

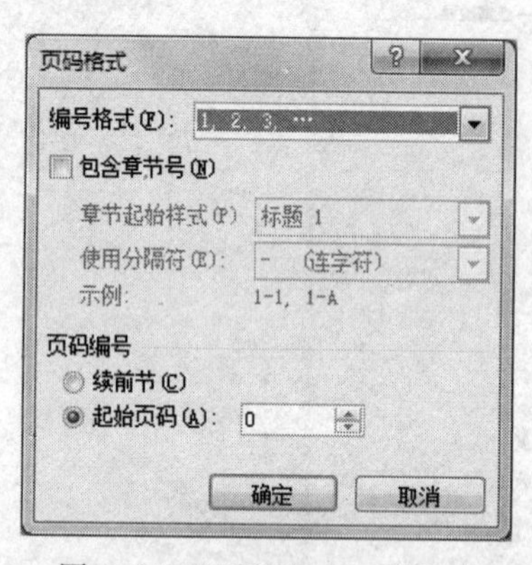

图 3-84 “页码格式”对话框

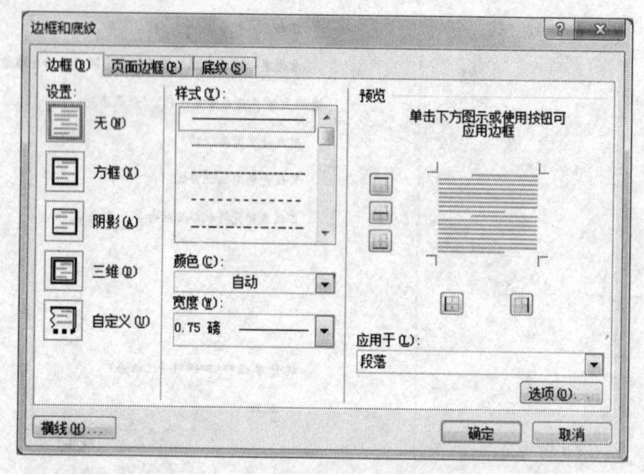

图 3-85 “边框和底纹”对话框

（5）使用制表符对其文本

制表符（也叫制表位）的功能是在不使用表格的情况下在垂直方向按列对齐文本。单击水平标尺最左端的制表符类型按钮，可以选择不同类型的制表符。Word 2010 包含 5 种不同的制表符，分别是左对齐式制表符、居中式制表符、右对齐式制表符、小数点对齐式制表符、竖线对齐式制表符。选择左对齐制表符，在水平标尺的“4”字符位置单击，即可创建当前类型的制表符，同理在“22”字符位置也创建一个左对齐制表符。

光标定位在自荐信的祝福语段落下一行，按键盘中的【Tab】键，光标会跳到第一个制表符 L 处，输入“此致”，再将光标定位在下一行，按【Tab】键令光标跳至第二个制表符，输入“敬礼!”。

最后输入自荐人与时间，设置段落对其方式为“右对齐”，或也用制表符的方式实现文本对齐。

3.3.4　任务 4　制作毕业生成绩单

1. 任务要求

① 内容要求：制作毕业生在校成绩单。

② 技术要求：掌握表格的制作、格式设置、表格数据计算,效果如图 3-86 所示。

XXXXX XXX XXXX 大学 2013 届毕业生简历

成绩单

序号	课程/环节	类别	学分	成绩
1	英语（1）	基础课	2	74
2	高等数学（1）	基础课	1	67
3	毛、邓、三理论	基础课	2	77
4	计算机基础	基础课	1	80
5	英语（2）	基础课	2	70
6	高等数学（2）	基础课	1	72
7	网页制作	专业课	4	67
8	图形图像处理	专业课	4	74
9	动画制作	专业课	4	78
10	JAVA 编程	专业课	5	61
11	数据库技术	专业课	5	61
12	ASP.NET 技术	专业课	6	71
13	网络技术	专业课	3	70
14	服务器技术	专业课	4	77
15	网站开发综合实训	专业课	3	71
16	网络程序设计综合项目	专业课	4	72
17	微机组装与维修	专业课	4	73
18	CAD 制图	拓展课	3	78
19	营销技术	拓展课	3	68
20	现代企业管理	拓展课	3	78
21	Linux 操作系统	拓展课	3	73
22	毕业设计	专业课	3	88
平均成绩				72.88

成绩审核　　　　教务处公章：

3 / 4

图 3-86　成绩单

2. 方法步骤

（1）添加标题，插入表格

输入标题内容“成绩单”，选中标题，按照前面的方法设置标题字体、段落并加宽字符间距。

选择“插入”选项卡“表格”选项组中的“插入表格”命令，弹出“插入表格”对话框。在“列数”文本框中输入 5，在“行数”文本框中输入 24，单击“确定”按钮。在插入点插入一个 15 行 2 列的表格。

（2）设置表格样式

选中整个表格，选择“表格工具设计”选项卡“表格样式”选项组，打开列表选择一种样式，单击“确定”按钮，此时表格以所选择的样式插入到页面中。

（3）修改表格结构

单击表格左上角的标记⊞，选定整个表格。选择“布局”选项卡“表”选项组中的“属性”，弹出“表格属性”对话框，单击“行”选项卡，勾选指定高度，设置第 1 ~ 8 行的行高为 0.8 厘米，行高值是“最小值”，单击“确定”按钮完成设置。参照任务 2 的方法，调整列宽。选中 1~23 行的 1~4 列单元格，选择“布局”选项卡“合并”选项组中的“合并单元格”命令，单击“确定”按钮完成。

（4）表格数据计算

将光标定位在第 24 行第 5 列单元格，选择“表格工具布局”选项卡“数据”选项组中的“公式”命令，弹出“公式”对话框，在“公式”文本框中删除 SUM(ABOVE)，只保留“=”，“粘贴函数”下拉列表框中选择“AVERAGE()”求平均函数，输入函数括号中的输入“ABOVE”，如图 3-87 所示。

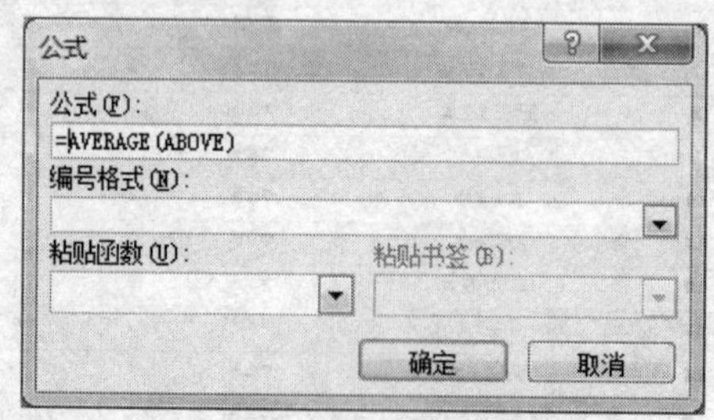

图 3-87 “公式”对话框

上机操作练习题

1. Word 操作题 1

题目准备（可在教师指导下完成）：启动 Word，完成下面所给文档“GDP 与 GNP 的区别”的输入，保存文件名为 w1.docx。

GDP 与 GNP 的区别

GDP（Gross Domestic Product，国内生产总值）是指一个国家或地区范围内反映所有常住单位生产（包括三大产业）活动成果的指标。在价值形态上它等于国民经济各部门生产的增加值之和。

GNP（Gross National Product，国民生产总值）是指一个国家或地区范围内的所有常住单位，在一定时期内实际收到的原始收入（指劳动者报酬、生产税净额、固定资产折旧和营业盈余等）总和价值。本国常住者通过在国外投资或到国外工作所获得的收入，应计入本国国民生产总值；非本国国民在本国领土范围内的投资或工作所获得的收入，则不应计入本国的国民生产总值中去。

因此，国民生产总值等于国内生产总值加上从国外获得的劳动报酬、投资收益（包括红利、股息和利息等）的净额。即：国民生产总值 = 国内生产总值 + 国外净要素收入。国民生产总值是“收入”的概念。

2005 年世界 GDP 前 10 名排行榜

国家	GDP（亿美元）	人均 GDP(美元)	人均 GDP 名次
中国	22286.62	1740	128

巴西	7940.98	3460	97
西班牙	11236.91	25360	33
意大利	17230.44	30010	26
加拿大	1115.192	32600	20
德国	27819.00	34580	19
法国	21101.85	34810	18
英国	21925.53	37600	12
日本	45059.12	38980	11
美国	124550.68	43740	7

题目内容（学生独立完成）：对输入文档进行编辑、排版及相应操作。

（1）将标题段（“GDP 与 CNP 的区别”）文字设置为三号红色阳文黑体，字符间距加宽 6 磅、并添加黄色底纹。

（2）将正文各段落（“GDP……的概念。”）中的西文文字设置为五号 Arial 字体（中文文字字体不变）；设置正文名段落左、右各缩进 1 字符，首行缩进 2 字符。

（3）在页面底端（页脚）居中位置插入页码，并设置起始页码为“Ⅲ”。

（4）将文中后 11 行文字转换为一个 11 行 4 列的表格；设置表格居中，表格第一列列宽为 2 厘米、其余各列列宽为 3 厘米、行高为 0.6 厘米，表格中所有文字中部居中。

（5）设置表格外框线为 0.5 磅蓝色双窄线、内框线为 0.5 磅蓝色单实线；按“人均 GDP（美元）”列（依据“数字”类型）升序排列表格内容。

2．Word 操作题 2

题目准备（可在教师指导下完成）：按所给格式输入“学科基础必修课评定成绩”文档，保存文件名为 w2.docx。

学科基础必修课评定成绩

学科基础必修课	培养目标	社会需要	实践能力	创新能力
管理学原理	86.45	89.03	82.58	77.41
程序设计语言	84.51	74.83	75.48	72.25
数据结构	70.32	60.64	56.12	57.41
数据库系统	83.87	83.22	80.64	76.77
计算机网络	81.93	81.93	75.48	72.66

数据结构课程的评定成绩很低，深入考查一下它各个指标的相应得分可以提供给我们一些思路：是否符合专业培养目标 70.32 分，是否适应社会需要 60.64 分，是否注重发展实践能力 56.12 分，是否注重发展创新能力 57.41 分，也就是学生普遍对该课程满足社会需要持怀疑态度，并且不认为该课程在发展实践能力和发展创新能力方面起到促进作用。

在对“您认为为了配合本专业的专业特色和培养目标，应该增设哪些学科基础必修课？相应原因是什么？”的回答中，结果总结如下：

本专业颁发管理学学士学位，因而应在学科基础必修课加入管理类课程；

贸易金融等是电子商务的基础，是应用过程的基本内容，因而应加入此类课程；

应加入网页设计制作及其工具方面的课程，因为这是专业需求和社会需求；

现有公共基础必修课程太过概念化，不宜发挥老是与学生的才华，应加入 JAVA、ASP 等实用课程。

题目内容（学生独立完成）

（1）将文档中第二行至第七行字体大小设置为小五，并转换为一 6 行 5 列的表格，表格居中，表格第一列列宽为 3 厘米，其余列列宽为 2 厘米。

（2）在表格的右侧增加一列，列标题为“平均得分”，计算第一行的平均分；设置表格所有框线为 1.5 磅蓝色双窄线。

（3）将表标题段（“学科基础必修课评定成绩”）文字设置为三号隶书、红色、空心、加粗、居中并添加蓝色底纹。

（4）为正文倒数第一至第四段设置项目符号“●”。

（5）设置表格后的第一段（“数据结构课程……起到促进作用。”）为悬挂缩进 1 字符、行距为 1.3 倍，首字下沉 2 行；在页面底端（页脚）居中位置插入页码（首页显示页码）。

3. Word 操作题 3

题目准备（可在教师指导下完成）：按所给格式输入表 3-2 所示文档，保存文件名为 w3.docx。

表 3-2 专业方向必修课评定成绩

专业方向必修课	符合专业培养目标得分	适应社会需要得分	注重发展实践能力得分	注重发展创新能力得分	评定成绩
电子商务	84.51	85.16	72.90	76.12	
网络营销	90.96	89.03	77.41	83.22	
供应链管理与 ERP	92.25	91.61	84.51	85.16	
网上支付与电子银行	83.87	87.09	73.33	76.12	
电子商务系统建设与管理	72.90	70.32	70.32	70.32	

注：由于 2008 级还未开课，大部分学生都选择不确定，因而该课程的评定成绩有特殊性。

专业方向必修课的评定结果比较令人满意，这说明学院目前在这一部分的课程设置比较合理。在对“您认为为了配合本专业的专业特色和培养目标，应该增设哪些专业方向必修课？相应原因是什么？”的回答中，结果总结如下：

建议将 Java、NT Server、XML 这些重要课程加入专业方向必修课；

财务管理与本专业联系密切，且具有实用性，应将其加入；

建议开设更多物流管理相关课程。

题目内容（学生独立完成）：对输入文档及表格进行编辑、排版及相应操作。

（1）将标题段（“专业方向必修课评定成绩”）文字设置为楷体_GB2312 四号红色字，绿色边框、黑色底纹、居中。

（2）为表格第六行第一列的“电子商务系统建设与管理”加脚注（页面底端），脚注内容为表格下方的第一行（“注：由于 2003 级还未开课，大部分学生都选择不确定，因而该课程和评定的成绩有特殊性。”）。计算“评定成绩”列内容（求均值），删除表格下方的第一行文字。

（3）设置表格居中，表格第一列列宽为 3 厘米、第二至第六列为 2.3 厘米，行高为 0.8 厘米，表格中所有文字中部居中。

（4）页面设置为每 41 字符，每页 40 行。页面上下边距各 2.5 厘米，左右边距各为 3.5 厘米。

（5）将正文倒数第一至第三行设置项目符号“◆”；为表格下方的段落（“专业方向必修课……课程设置比较合理。”）加红色、阴影边框，边框宽度 3 磅。

第 4 章　电子表格软件 Excel 2010

Excel 2010 是 Office 2010 的一个组件，是一个性能优越的电子表格软件，以表格和图表的形式组织和管理数据。Excel 广泛应用于财务、统计、数据分析领域，为日常数据处理带来很大的方便。

本章主要介绍 Excel 2010 的基本概念、基本操作、图表操作和数据管理功能。

4.1　基础知识与操作要点

4.1.1　Excel 2010 的基本知识

1．启动和退出 Excel 2010

启动 Excel 2010 和启动 Word 2010 一样，有很多种方法。常用的有以下几种：

① 在 Windows“开始”菜单中选择“所有程序”→“ Microsoft Office”→“ Microsoft Office Excel 2010”命令，启动 Excel 2010。

② 在桌面上双击 Excel 2010 快捷方式图标，可启动 Excel 2010。

③ 双击已有 Excel 工作簿启动 Excel 2010。

完成 Excel 操作后，可以关闭或退出 Excel 2010 。退出 Excel 2010 有以下几种方法:

① 在菜单栏中选择“文件”→“退出”命令。

② 单击 Excel 窗口右上角的“关闭”按钮。

③ 双击 Excel 窗口左上角的“控制菜单”按钮。

在退出 Excel 时，如果文件没有保存，会出现提示对话框，如图 4-1 所示。

图 4-1　提示框

2．Excel 2010 用户界面

启动 Excel 2010 后，用户界面如图 4-2 所示。

① 标题栏：显示当前工作簿的名称，同时提供与窗口相关的控制按钮，如右端的“最小化”按钮、“最大化/还原”按钮和“关闭”按钮。

② 名称框：主要用于定义或显示当前单元格的名称与地址。

③ 工具栏：在工具栏中，集中了用于修饰单元格格式的一组常用命令按钮，包括文本格式、对齐方式、框线及背景等。

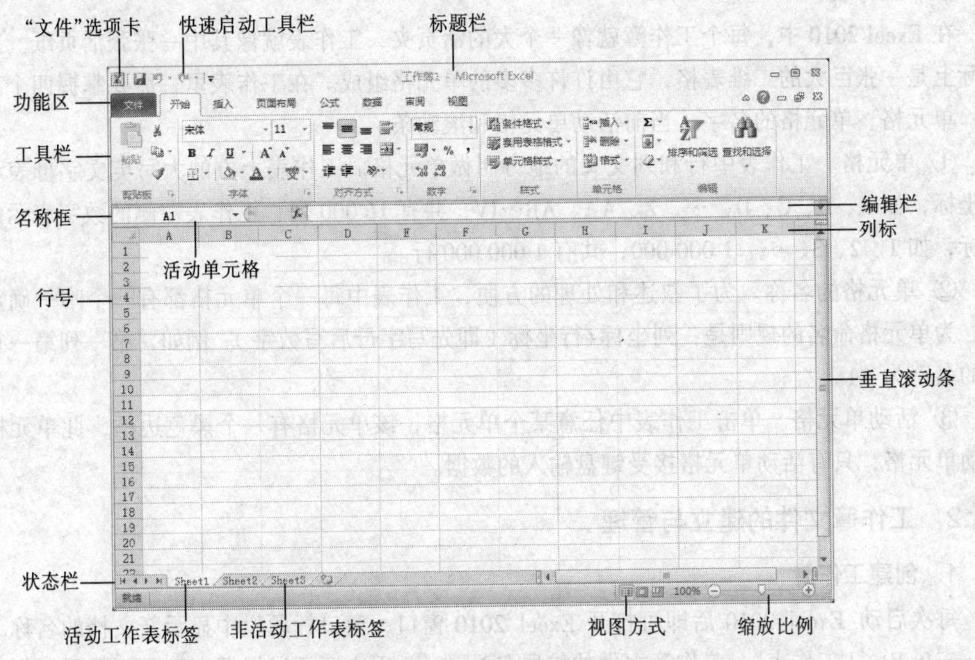

图 4–2　Excel 2010 窗口

④ 编辑栏：工具栏下面是编辑栏如图 4–3 所示，它有 3 部分组成：

a. 最左边是引用区，显示活动单元格的地址。

b. 中间是确认区，当用户在右端进行编辑时，将变成 ✕ ✓ fx，✓ 按钮为确认按钮，✕ 按钮为取消按钮，fx 为插入函数按钮。通常编辑完毕单击 ✓ 按钮（或按【Enter】键）就可确认编辑内容。

c. 右边是公式区，用来输入或修改数据。

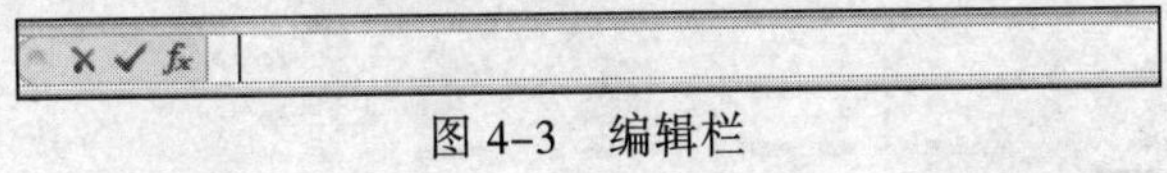

图 4–3　编辑栏

⑤ 列标：用于显示列数的字母，单击列标可以选择整列。

⑥ 行号：用于显示行号的数字，单击行号可以选择整行。

⑦ 工作表标签：默认为 Sheet1 ~ Sheet3，用于显示工作表的名称，通过工作表标签可以将多个工作表组织在同一个表格文件，即工作簿中。利用标签，可以切换显示工作表。

⑧ 状态栏：位于窗口底部，用于显示表格处理过程中的状态信息。

⑨ 视图方式：主要用来切换工作表的视图模式，包括普通、页面布局与分页 3 种模式。

3. Excel 2010 的基本概念

（1）工作簿

工作簿是 Excel 用来处理和存储数据的文件，其扩展名为.xlsx。一个工作簿最多可以由 255 个工作表（Sheet）组成。在默认状态下，每个工作簿里有 3 张工作表，分别用 Sheet1、Sheet2、Sheet3 来表示。如有需要，工作表还可以再增加。当工作表的个数超过 4 个时，可使用工作表标签滚动按钮进行查找。

（2）工作表

在 Excel 2010 中，每个工作簿就像一个大的活页夹，工作表就像其中一张张活页纸。工作表实际上是一张巨大的二维表格，它由许许多多的单元格组成。在工作表里，需要掌握四个基本概念：单元格、单元格的名字、当前活动单元格和滚动条。

① 单元格。工作表中行和列交叉的地方叫做单元格。工作表上方的大写英文字母表示的是列坐标，如 A、B、C、D、…、Z、AA、AB…IV，共有 16 000 列；工作表左侧的数字表示的是行坐标，如 1、2、3、…、1 000 000，共有 1 000 000 行。

② 单元格的名称。为了叙述和处理的方便，工作表中每一个单元格都有一个唯一确定的名称。为单元格命名的规则是：列坐标+行坐标（即先写字母后写数字）。例如，第一列第一行单元格的名字为 A1。

③ 活动单元格。单击工作表中任意某个单元格，该单元格有一个黑色边框，此单元格称为活动单元格，只有活动单元格接受键盘输入的数据。

4.1.2 工作簿文件的建立与管理

1. 创建工作簿

每次启动 Excel 2010 后即可打开 Excel 2010 窗口，窗口标题栏中显示新文档的名称“新建 Microsoft Excel 工作表”。工作簿文件的扩展名是.xlsx。用户还可以根据自己实际需要，创建新的工作簿。

创建新工作簿的方法为：在左侧“可用模板”列表框内选中“空白工作簿”，在右侧“空白工作簿”列表框中单击“创建”按钮，如图 4-4 所示，将创建一个新的空白工作簿。在新创建的工作簿中，总是将 Sheet1 作为活动工作表。

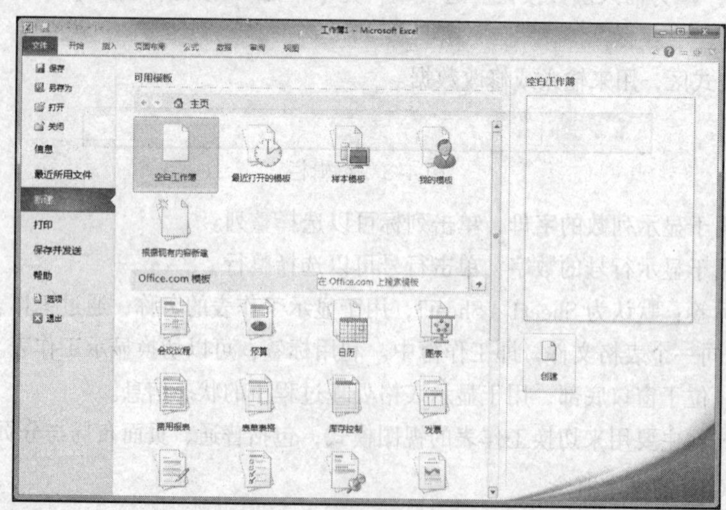

图 4-4 新建工作簿

2. 打开工作簿

启动 Excel 2010 后，可以打开一个已经建立的工作簿文件，Excel 2010 允许同时打开多个工作簿，后打开的工作簿位于最前面。允许打开的工作簿数量取决于计算机内存的大小。

（1）打开工作簿文件的操作

在功能区中选择“文件”选项卡中的“打开”命令，或单击“快速启动工具栏”中的“打开”按钮，如图 4-5 所示。

图 4-5　快速启动工具栏

（2）打开最近使用过的文件

在功能区中选择“文件”选项卡中的“最近使用文件”，Excel 2010 将最近使用过的文档都列在左侧窗格中，将最近使用过的文件夹位置都列在右侧窗格中。

（3）同时显示多个工作簿

方法为：依次打开多个工作簿；在功能区中选择“视图”选项卡中的“重排窗口”命令，弹出“重排窗口”对话框；选择排列方式（平铺、水平并排、垂直并排和层叠）；单击“确定”按钮。

3．工作簿文件的关闭和保存

（1）关闭工作簿

- 单击“文件”选项卡，在弹出的菜单中选择“关闭”命令。
- 如果不再使用 Excel 编辑任何工作簿，单击 Excel 2010 主窗口标题栏右侧的“关闭”按钮。
- 按【Alt+F4】组合键。
- 单击左上角的“Excel”图标，在弹出的菜单中选择“关闭”命令。

（2）保存工作簿

在“文件”选项卡中选择“保存”命令，或单击“快速访问”工具栏中的“保存”按钮即可保存工作簿。若当前工作簿是未命名的新工作簿文件，则弹出“另存为”对话框，并以 Book1.xls 显示文件名，更改文件名后，单击“保存”按钮。

若要用新的文件名保存当前工作簿文件，单击“文件”选项卡，在弹出的菜单中选择“另存为”命令。

要保存已经存在的工作簿，请单击快速启动工具栏上的“保存”按钮或者单击“文件”选项，在弹出的菜单中选择“保存”命令，Excel 不再出现“另存为”对话框，而是直接保存工作簿。

（3）退出系统

退出系统时，应先关闭所有打开的工作簿，然后选择“文件”选项卡中的“退出”命令。

4.1.3　管理工作表

1．选择多个工作表

要在工作簿的多个工作表中输入相同的数据，可以将这些工作表选定。用户可以利用下述方法之一来选定多个工作表：

- 要选定多个相邻工作表时，单击第一个工作表的标签，按住【Shift】键，再单击最后一个工作表标签。
- 要选定不相邻工作表时，单击第一个工作表的标签，按住【Ctrl】键，再分别单击要选定的工作表标签。
- 要选定工作簿中的所有工作表时，右击工作表标签，然后从弹出的快捷菜单中选择“选定全部工作表”命令。

2. 更改工作表数量

在工作簿中，用户可以通过插入与删除等方法来更改工作表数量。另外，用户还可以通过“Excel 选项”对话框更改默认的工作表数量。

（1）插入工作表

- 按钮插入：直接单击工作表标签右侧的“插入工作表”按钮即可。
- 命令插入：选择“开始”选项卡“单元格”选项组中的“插入”命令，在弹出的列表中选择“插入工作表”选项。
- 右击插入：右击活动的工作表标签，在弹出的快捷菜单中选择“插入”命令，在弹出的“插入”对话框中的“常用”选项卡中选择“工作表”选项即可，如图 4-6 所示。

（2）删除工作表

选择要删除的工作表，选择“开始”选项卡“单元格”选项组中的“删除”命令，在弹出的列表中选择“删除工作表”选项。

（3）更改工作表数量

选择“文件”选项卡中的“选项”命令，在弹出的“Excel 选项”对话框中选择“常规”选项卡，更改“新建工作簿时”选项组中的设置，如图 4-7 所示。

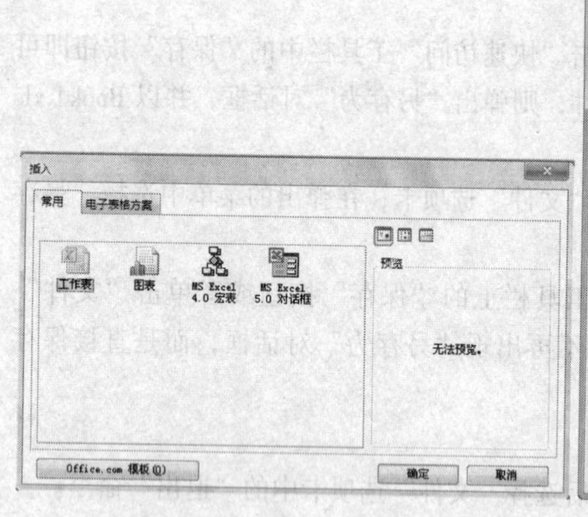

图 4-6　插入工作表

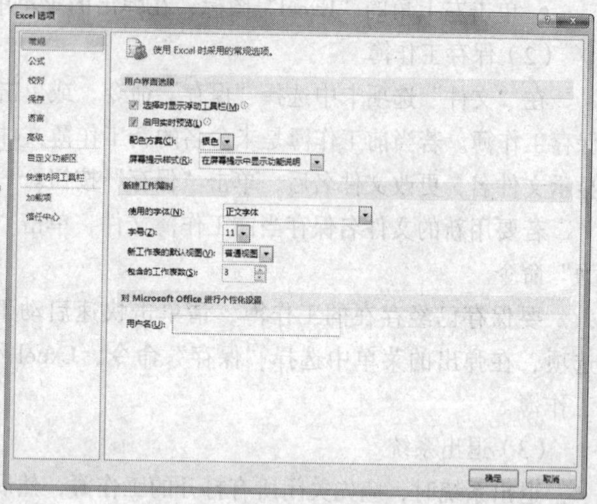

图 4-7　更改默认工作表数量

3. 隐藏与恢复工作表

（1）隐藏工作表

- 隐藏行：选择要隐藏的行所在的某个单元格，选择“开始”选项卡“单元格”选项组中的“格式”命令，在弹出的列表中选择“隐藏和取消隐藏”或“隐藏行”命令即可。
- 隐藏列：选择要隐藏的行所在的某个单元格，选择“开始”选项卡“单元格”选项组中的“格式”命令，在弹出的列表中选择“隐藏和取消隐藏”或“隐藏列”命令即可。
- 隐藏工作表：选择要隐藏的行所在的某个单元格，选择“开始”选项卡“单元格”选项组中的“格式”命令，在弹出的列表中选择“隐藏和取消隐藏”或“隐藏工作表”命令即可。

（2）恢复工作表

- 取消隐藏行：首先按【Ctrl+A】组合键选择整个工作表，然后选择“开始”选项卡“单元格”选项组中的“格式”命令，在弹出的列表中选择“隐藏和取消隐藏”或“取消隐藏行”命令即可。
- 取消隐藏列：首先按【Ctrl+A】组合键选择整个工作表，然后选择“开始”选项卡“单元格”选项组中的“格式”命令，在弹出的列表中选择“隐藏和取消隐藏”或“取消隐藏列”命令即可。
- 取消隐藏工作表：选择“开始”选项卡“单元格”选项组“格式”命令，在弹出的列表中选择“隐藏和取消隐藏”→“取消隐藏工作表”命令，在弹出的“取消隐藏”对话框中选择需要取消的工作表名称即可。

4．移动和复制工作表

利用工作表的移动和复制功能，可以实现两个工作簿或工作簿内工作表的移动和复制、

（1）在工作簿内移动或复制工作表

在同一个工作簿内移动工作表，即改变工作表的排列顺序。

① 拖动要移动的工作表标签。

② 当小三角头到达新位置后，释放鼠标左键，如图 4-8 所示。

拖动“二季度”标签　　　　“二季度”移到“三季度”之后

图 4-8　移动工作表

要在同一个工作簿内复制工作表，按住【Ctrl】键的同时拖动工作表标签。到达新位置时，先释放鼠标左键，再松开【Ctrl】键，即可复制工作表。

（2）在工作簿之间移动或复制工作表

如果要将一个工作表移动或复制到另一个工作簿中，可以按照下属步骤进行操作：

① 打开用于接收工作表的工作簿，切换到包含要移动或复制工作表的工作簿中。

② 右击要移动或复制的工作表标签，从弹出的快捷菜单中选择“移动或复制工作表”命令，出现图 4-9 所示的“移动或复制工作表”对话框。

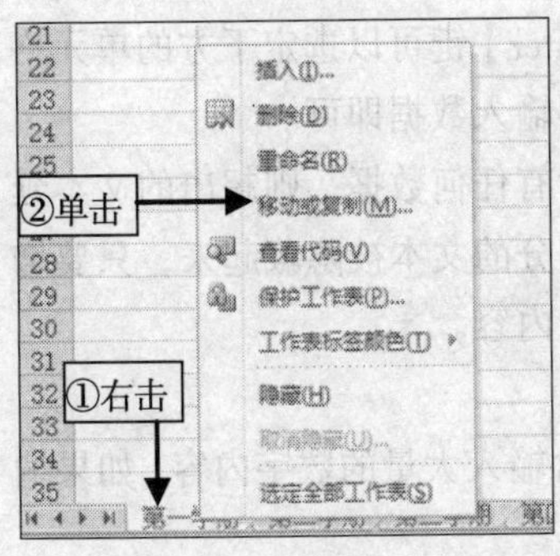

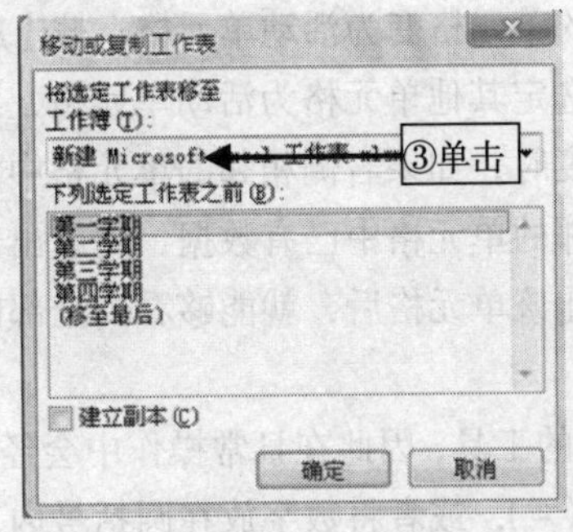

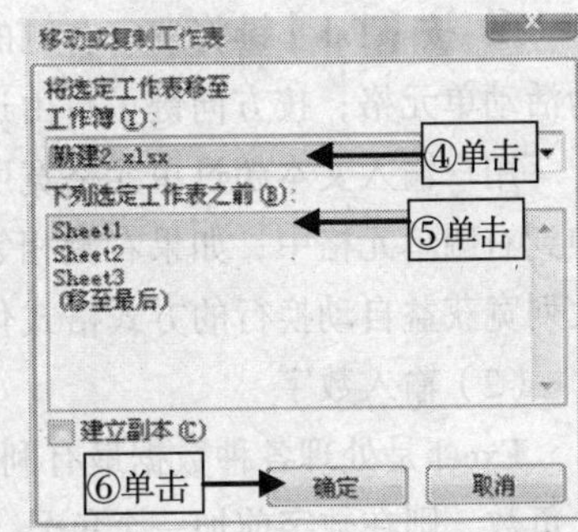

图 4-9　移动或复制工作表对话框

③ 在“工作簿”下拉列表框中选择用于接收工作表的工作簿名。如果选择“新工作簿”，则可以将选定的工作表移动或复制到新的工作簿中。

④ 在“下列选定工作表之前”列表框中，选择要移动或复制的工作表要放在选定工作簿中的哪个工作表之前。要复制工作表，请选中“建立副本”复选框，否则只是移动工作表。

5. 重命名工作表

对于一个新建的工作簿，默认的工作表名为 Sheet1、Sheet2、Sheet3 等，从这些工作表名称中不容易知道工作表存放的内容，使用起来很不方便，可以为工作表取一个有意义的名字。用户可以通过以下几种方法重命名工作表：

- 双击要重命名的工作表标签，输入工作表的新名称并按【Enter】键确认。
- 右击要重命名的工作表标签，在弹出的快捷菜单中选择“重命名”命令，然后输入工作表的新名称。

6. 冻结工作表标题

通常处理数据表格有很多行，当移动垂直滚动条查看表格下方数据时，表格上方的标题行将会不可见，这时每列数据的含义将变得不清晰。为此，可以通过冻结工作表标题来使其位置固定不变。具体操作步骤如下：

① 打开 Excel 工作表，单击标题下一行中的任意一个单元格，然后切换到功能区中的“视图”选项卡。在“窗口”选项组中单击“冻结窗口”按钮，从下拉菜单中选择“冻结拆分窗口”命令。

② 标题行的下边框将显示一个黑色的线条，在滚动垂直滚动条浏览表格下方数据时，标题行将固定不被移动，始终显示在数据上方。

要取消冻结，可以切换到功能区中的“视图”选项卡，单击“窗口”选项组中的“冻结窗格”按钮，从下拉菜单中选择“取消冻结窗口”命令。

4.1.4 工作表的格式化

1. 数据的输入

（1）输入文本

文本是 Excel 常用的一种数据类型，如表格的标题、行标题与列标题等。文本数据包括任何字母（包括中文字符）、数字和键盘符号组合。

输入文本的具体操作步骤如下：

① 选定单元格，输入数据。输入完毕后，按【Enter】键，或单击编辑栏上的【输入】按钮 ✓。

② 按【Tab】键将选定右侧的单元格变为活动单元格；按【Enter】键可以选定下方的单元格为活动单元格；按方向键了自由选定其他单元格为活动单元格，再输入数据即可。

用户输入文本超过单元格宽度时，如果右侧相邻的单元格中没有任何数据，则超出的文本延伸到右侧单元格中；如果右侧相邻的单元格中已有数据，则超出部分的文本被隐藏起来，只要增大列宽获益自动换行的方式格式化该单元格后，就能够看到全部的内容。

（2）输入数字

Excel 是处理各种数据最有利的工具，因此在日常操作中会经常输入大量的数字内容。如果输入负数，则在数字前加一个负号（-），或者将数字放在圆括号内。

在输入一个较长数字时，在单元格中显示为科学记数法（1.08E+09），表示该单元格的列宽太小不能显示整个数字。

当单元格的数字以科学记数法表示或者填满了“###”符号时，表示该列没有足够的宽度，只需调整列宽即可。

（3）输入日期和时间

在使用 Excel 进行各种报表的编辑和统计中，经常需要输入日期和时间。输入日期时，一般使用“/”或“-”分隔日期的年、月、日。年份通常用两位数来表示，如果输入时省略了年份，则 Excel 2010 会以当前的年份作为默认值。输入时间时，可以使用“:”将时、分、秒隔开。

例如，要输入 2011 年 10 月 8 日 7 点 28 分。具体操作步骤如下：

① 右击准备输入日期的单元格 A1，然后输入 2011/10/8，按【Tab】键将光标定位到 B1 单元格。此时单元格 A1 输入的内容变为 2011-10-8。

② 在单元格 B1 中输入 7:28，按【Enter】键确认输入。要在同一单元格中输入日期和时间，请在它们之间用空格分隔。

（4）输入特殊符号

实际应用中可能需要输入符号，如“℃”、“※”、“€”等，在 Excel 2010 中可以轻松输入这类符号。下面以输入“※”为例。介绍如何在单元格中输入符号的方法：

① 单击准备输入符号的单元格，切换到功能区中的“插入”选项卡，在“符号”选项组中单击“符号”按钮。

② 弹出“符号”对话框，切换到“符号”选项卡，然后选择要插入的符号，如“※”。

③ 单击“确定”按钮，即可在单元格中显示特殊符号，如图 4-10 所示。

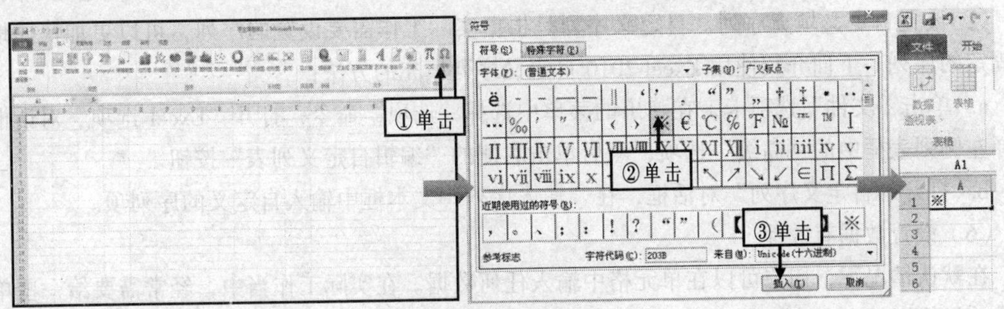

图 4-10　输入特殊符号

（5）快速输入工作表数据

在输入数据过程中，经常发现表格中有大量重复数据，可以将该数据复制到其他单元格。也可以使用自定义序列功能，提高数据的输入速度。

① 在多个单元格中快速输入相同的数据。用户可能遇到要重复输入相同的数据的情况。除了采用复制与粘贴之外，还有一种更快捷的方法。

- 在不相邻单元格中输入相同数据：

a. 按住【Ctrl】键，单击要输入的单元格。

b. 选定完毕后，在最后一个单元格中输入文字“合格”。

c. 按【Ctrl+Enter】组合键，即可在所有选定的单元格中出现相同的文字。

- 在相邻单元格中输入相同数据：

a. 单击起始单元格，输入数据。

b. 将鼠标指针移到单元格右下角，当光标形状变为小黑十字时，按住鼠标左键向下拖动到末尾单元格，释放鼠标左键即时可在单元格区域中输入相同数据。

② 快速输入序列数据。在输入数据的过程中，经常要输入一系列日期、数字或文本，用户可以利用 Excel 2010 提供的序列填充功能来快速输入数据。具体的操作步骤如下：

a. 选定要填充的区域的第一个单元格并输入数据序列的初始值。如果数据序列的步长值不是 1，则选定区域中的下一个单元格并输入数据序列中的第二个数值，两个数值之间的差决定数据序列的步长值。

b. 将鼠标指针移到单元格区域右下角，当鼠标变为小黑十字时，按住鼠标左键在要填充序列的区域上拖动。

c. 释放鼠标左键时，Excel 将在这个区域完成填充工作。

③ 自动填充日期。填充日期可以选用不同的日期单位，例如工作日，则填充的日期将忽略周末或其他国家法定的节假日。

a. 在起始单元格中输入日期。

b. 选定包括起始单元格在内的区域。

c. 在“开始”选项卡中，单击“编辑”选项组中的“填充”按钮，从弹出的下拉菜单中选择“系列”命令。

d. 弹出“序列”对话框，选择“日期”单选按钮，再选中填充单位为“工作日”，设置步长值为 1。

e. 单击“确定”按钮，返回工作表中，此时在选择的区域可以看到所填充的日期忽略了周末。

④ 设置自定义填充序列。自定义序列是根据实际工作需要设置的序列，可以更加快捷地填充固定的序列。下面介绍使用 Excel 2010 自定义序列填充的方法：

a. 单击“文件”选项卡，在弹出的菜单中选择“选项”命令，打开“Excel 选项”对话框。选择左侧列表框中的“高级”选项，然后单击右侧的“编辑自定义列表”按钮。

b. 打开“自定义序列”对话框，在“输入序列”文本框中输入自定义的序列项。

（6）设置数据有效性

在默认情况下，用户可以在单元格中输入任何数据。在实际工作当中，经常需要给一些单元格或单元格区域定义有效数据范围。下面设置单元格仅可输入 0～2 000 之间的数字为例指定数据有效性范围。具体步骤如下：

① 选定需要设置数据有效范围的单元格，切换到功能区中的“数据”选项卡，单击“数据工具”选项组中的“数据有效性”按钮的下三角按钮，在弹出的下拉菜单中选择“数据有效性”命令，打开“数据有效性”对话框，并切换到“设置”选项卡，如图 4-11 所示。

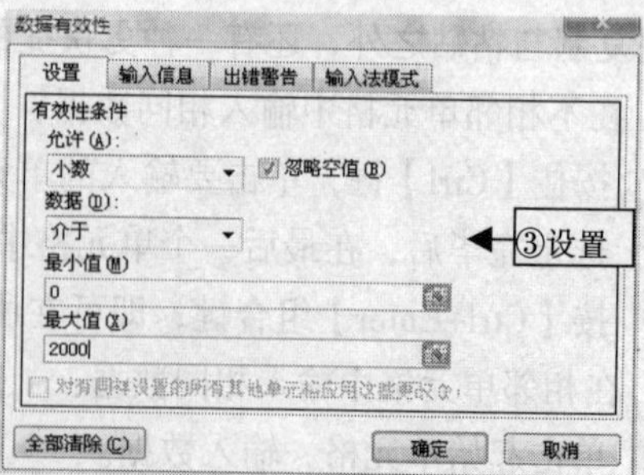

图 4-11 “设置”选项卡

② 在“允许”下拉列表框中选择允许输入的数据类型。如果仅允许输入数字，请选择“整数”或“小数”；如果仅允许输入日期或时间，选择“日期”或“时间”。

③ 在“数据”下拉列表框中选择所需的操作符，然后根据选定的操作符指定数据的上限或下限，单击“确定”按钮。

在设置了数据有效性的单元格中，如果输入超过 2 000 的数值时，就会弹出对话框提示“输入值非法”，如图 4-12 所示。

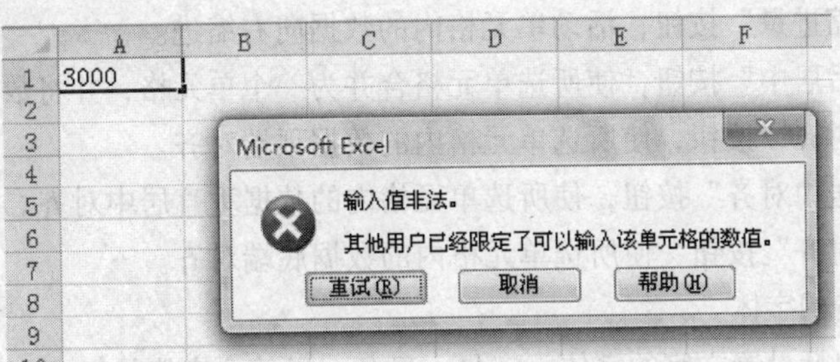

图 4-12　设置数据的有效范围

2. 单元格格式的设置

对工作表不同单元格数据，可以根据需要设置不同的格式，如设置单元格数字类型，文本的对齐方式和字体，单元格的边框和图案。

（1）设置单元格的数字格式

Excel 工作表中的单元格数据在默认情况下为常规格式。此外，Excel 2010 为用户提供了多种数字显示格式，如数值、货币、会计专用、日期等。在“开始”选项卡中选择“单元格”选项组，单击“格式”按钮，在下拉列表中选择“设置单元格格式”，在弹出的对话框中选择“数字”选项卡。表 4-1 是所有单元格数字格式

表 4-1　单元格数字格式

名　称	说　明
常规	这是输入数字时系统默认数字格式
数值	适用于一般数字，可设置“小数位数”、“适用千分位隔符”以及“负数”
货币	显示一般货币值并显示带有数字的默认货币符号
会计专用	与货币相似，但它会在一列中对齐货币符号和数字的小数点
日期	根据用户指定的类型和区域匹配，将日期和时间系列数值显示为日期值
时间	根据用户指定的类型和区域匹配，将日期和时间系列数值显示为时间值
百分比	以百分数的形式显示单元格数值，并可以设置小数位数
科学计数	数值以科学计数法表示，可以设置小数位数
文本	将单元格的内容视为文本，即使用户输入的内容是数字，也可以准确显示
特殊	提供特殊格式的选择，如邮政编码、电话号码
自定义	用户可以根据自己的需要自定义格式

（2）设置单元格的对齐方式

对齐方式是指单元格所显示的数据在单元格的相对位置。Excel 2010 允许为单元格数据设置的对齐方式包括：

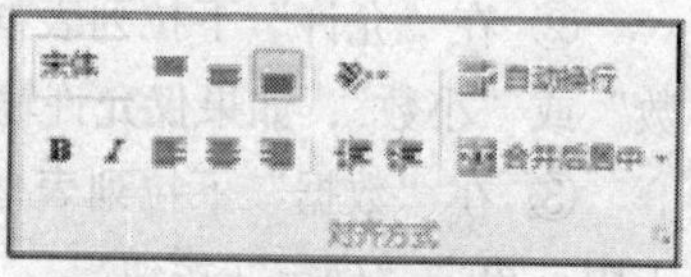

"开始"选项卡的"对齐方式"选项组中提供了几个设置水平对齐方式的按钮，如图 4–13 所示。

图 4–13　设置字体对齐方式

- 单击"左对齐"按钮，使所选单元格内的数据左对齐。
- 单击"居中对齐"按钮，使所选单元格内的数据居中对齐。
- 单击"右对齐"按钮，使所选单元格内的数据左对齐。
- 单击"减少缩进量"按钮，活动单元格内的数据向左缩进。
- 单击"增加缩进量"按钮，活动单元格内的数据向右缩进。
- 单击"合并后居中"按钮，使所选单元格合并为一个单元格，并将数据居中。
- 单击"顶端对齐"按钮，使所选单元格内的数据顶端对齐。
- 单击"垂直居中对齐"按钮，使所选单元格内的数据垂直居中对齐。
- 单击"底端对齐"按钮，使所选单元格内的数据底端对齐。

（3）设置单元格的字体

设置字体格式包括设置文字的字体、字号、颜色，以符合表格的标准。下面将介绍设置字体格式的具体操作方法：

- 选定要设置字体格式的单元格，切换到功能区中的"开始"选项卡，单击"字体"对话框启动器按钮，打开"设置单元格格式"对话框（见图 4–14）。

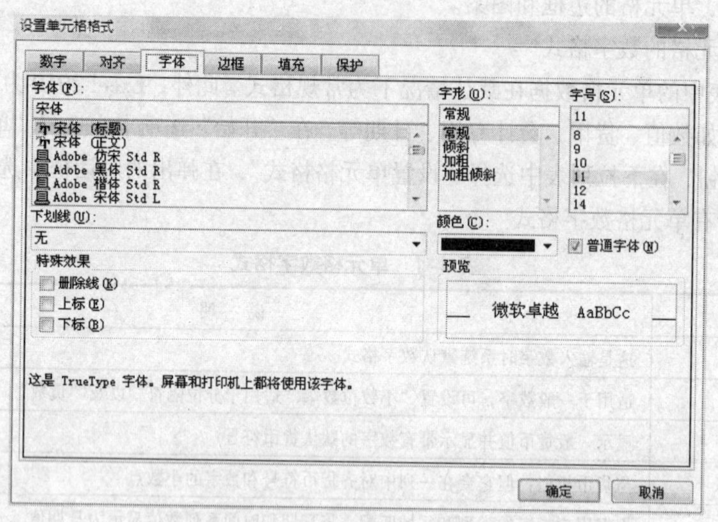

图 4–14 设置单元格字体选项卡

- 右击选定准备设置字体的单元格，在弹出的快捷菜单中选择"设置单元格格式"命令，在弹出的对话框中选择"字体"选项卡。
- 选定设置字体的单元格，切换功能区中的"开始"选项卡，在"字体"选项组中单击"字体"下拉列表框右侧的下三角按钮，选择所需的字体；单击"字号"下拉列表框右侧的下三角按钮即可设置字号。

（4）设置单元格的边框

为了打印有边框线的表格，可以为表格添加不同线性的边框。具体操作步骤如下：

① 选择要设置边框的单元格区域，切换到功能区中的"开始"选项卡，在"字体"选项组

中单击“边框”按钮 ⊞·，在弹出的菜单中选择相应的边框。

② 右击要设置边框的单元格区域，打开“设置单元格格式”对话框并切换到“边框”选项卡（见图 4-15）。在该选项卡中可以进行如下设置：

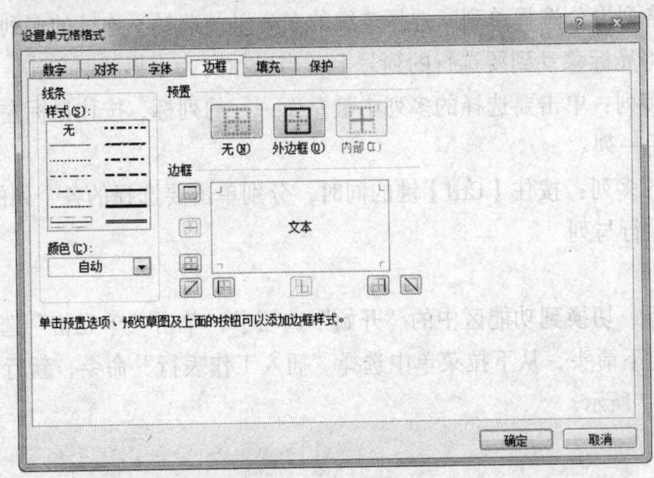

图 4-15 “边框”选项卡

- 样式：选择边框的线条样式，即线条形状。
- 颜色：下拉列表框，选择边框的颜色。
- 预置：单击“无”按钮将清除表格线；单击“外框线”按钮为表格添加外框线；单击“内部”按钮为表格添加内部边框。
- 边框：通过单击该选项组中的 8 个按钮可以自定义表格的边框位置。

（5）设置表格的填充效果

Excel 2010 默认单元格的颜色为白色，并且没有图案。为了使表格中的信息更加醒目，可以为单元格添加填充效果。如图 4-16 所示。

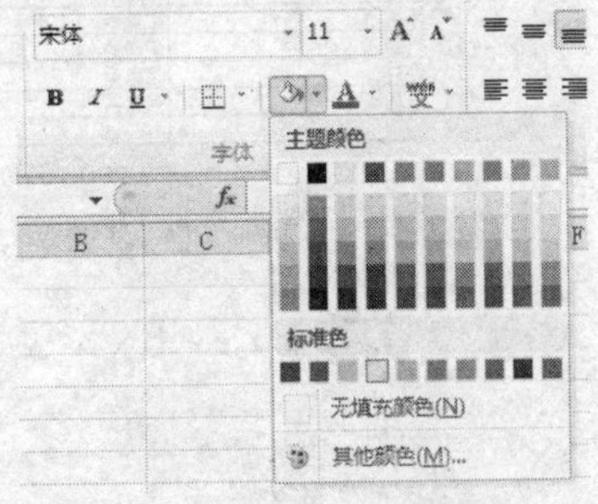

图 4-16 设置单元格填充选项卡

方法一：

① 选择要设置填充色的单元格区域。

② 切换到功能区中的“开始”选项卡，单击“字体”选项组中的“填充颜色”按钮右侧的下三角按钮，从下拉列表中选择所需的颜色。

方法二：

① 右击要设置填充色的单元格区域。

② 选择“设置单元格格式”中的“填充”选项组进行设置。

3. 工作表中行与列的操作

（1）选择表格中的行与列

选择表格中的行与列是对其进行操作的前提。选择表格行主要分为选择单行、选择连续的多行以及选择不连续的多行 3 种情况：

- 选择单行：将光标移动到要选行的行号上，当光标变为→形状时单击，即可选择该行。

- 选择连续的多行：单击要选择的多行中最上面一行的行号，按住鼠标左键并向下拖动至选择区域的最后一行。
- 选择不连续的多行：按住【Ctrl】键的同时，分别单击要选择的多个行的行号。

同样，选择表格列也分选择单列、选择连续的多列以及选择不连续的多列 3 种情况：

- 选择单列：将光标移动到要选行的列号上，当光标变为↓形状时单击，即可选择该列。
- 选择连续的多列：单击要选择的多列中最左面一行的列标，按住鼠标左键并向右拖动至选择区域的最后一列。
- 选择不连续的多列：按住【Ctrl】键的同时，分别单击要选择的各个列的列号。

（2）插入与删除行与列

插入行：

- 可以选择该行，切换到功能区中的"开始"选项卡，单击"单元格"选项组中的"插入"按钮右侧的向下箭头，从下拉菜单中选择"插入工作表行"命令，新行出现在选择行的上方，如图 4-17 所示。

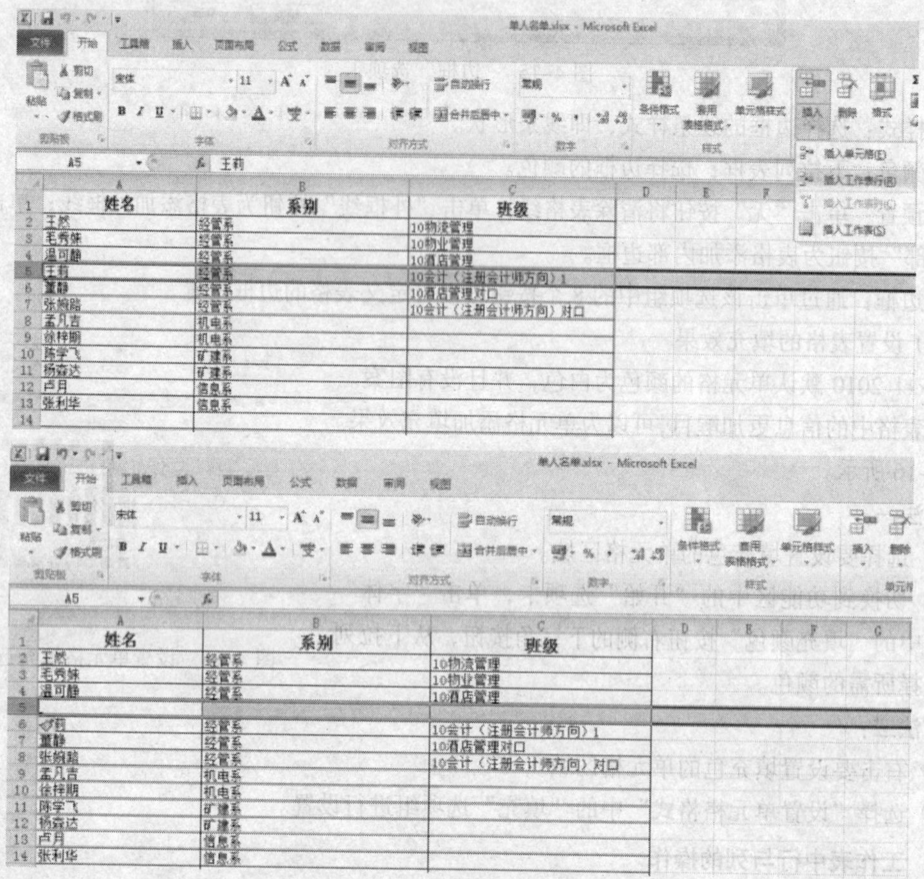

图 4-17　插入新行

- 右击要插入的行的行号，在弹出的快捷菜单中选择"插入"命令，将在右击行的上方插入一个新行。

插入列：

- 可以选择该列，切换到功能区中的“开始”选项卡，单击“单元格”选项组中的“插入”按钮右侧的向下箭头，从下拉菜单中选择“插入工作表列”命令，新列出现在选择列的左侧，如图 4-18 所示。

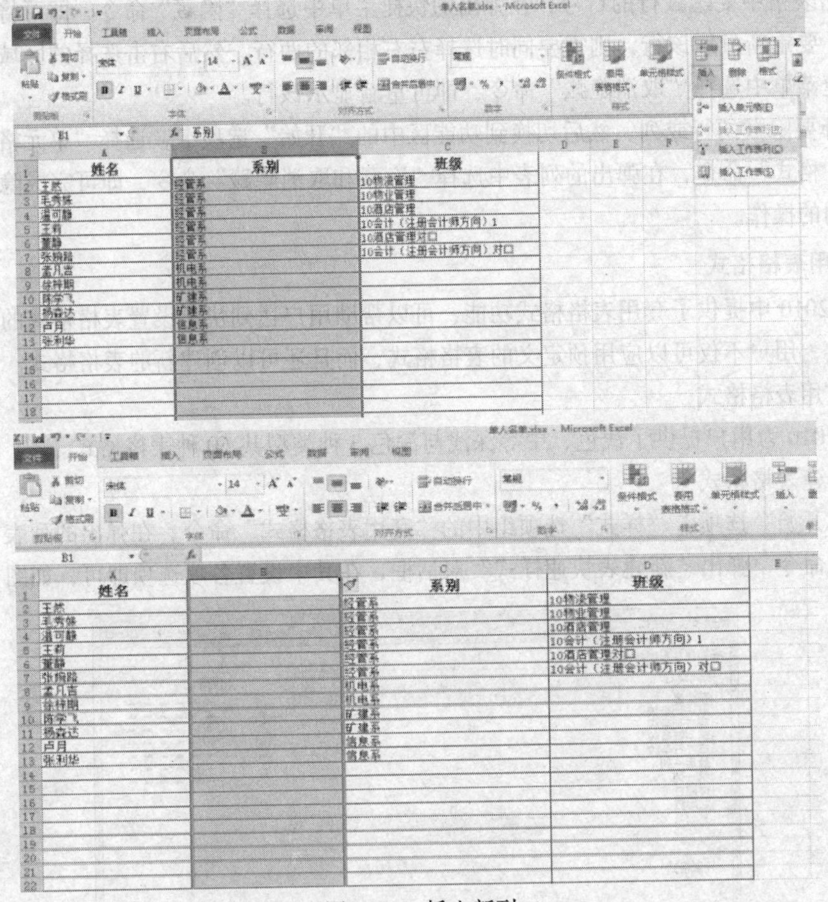

图 4-18　插入新列

- 右击要插入的行的列标，在弹出的快捷菜单中选择“插入”命令，将在右击行的左侧插入一个新列。

删除行或列时，它们将从工作表中消失，其他的单元格移到删除的位置，以填补留下的空隙。

删除行：

- 选择要删除的行，切换到功能区中执行“开始”选项卡“单元格”选项组中的“删除”命令，在弹出的列表中选择“删除工作表行”选项。
- 右击要删除行的行号，在弹出的快捷菜单中选择“删除”命令，将删除当前选择的行。

删除列：

- 选择要删除的列，切换到功能区中，选择“开始”选项卡“单元格”选项组中的“删除”命令，在弹出的列表中选择“删除工作表列”选项。
- 右击要删除行的列标，在弹出的快捷菜单中选择“删除”命令，将删除当前选择的列。

（3）隐藏与显示行与列

对于表格中某些敏感或机密数据，有时不希望让其他人看到，可以将这些数据所在行或列隐藏起来，待需要时再将其显示出来。方法有两种：

- 右击表格中要隐藏行的行号，在弹出的快捷菜单中选择“隐藏”命令，即可将该行隐藏起来；要重新显示该行，则需要同时选择左右相邻的两行，然后右击选择的区域，在弹出的快捷菜单中选择“取消隐藏”命令，即可重新显示该行。
- 选择要隐藏的行或列，然后切换到功能区中的“开始”选项卡，选择“单元格”选项组中的“格式”命令，在弹出的列表中选择“隐藏和取消隐藏”命令，即可完成隐藏或显示行和列的操作。

4. 套用表格格式

Excel 2010 中提供了套用表格格式功能，可以帮助用户达到快速设置表格格式的目的。套用表格格式时，用户不仅可以应用预定义的表格格式，而且还可以创建新的表格格式。

（1）应用表格格式

Excel 2010 为用户提供了浅色、中等深浅与深色 3 种类型共 60 种表格格式。

（2）新建表格格式

选择“开始”选项卡“样式”选项组中的“套用表格格式”命令，在弹出的列表中选择“新建表样式”命令，弹出“新建表快速样式”对话框，在其中设置各项选项即可，如图 4-19 所示。

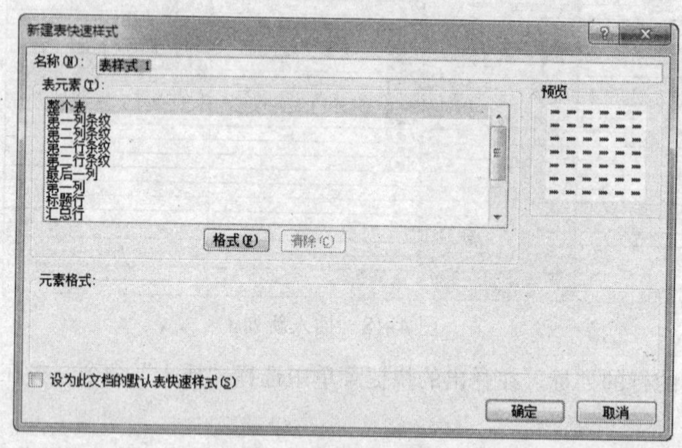

图 4-19 新建表格样式

该对话框主要包括以下选项：

- 名称：在该文本框中可以输入新表格样式的名称。
- 表元素：该列表包含了 13 种表格元素，用户根据表格内容选择相应的元素即可。
- 格式：选择表元素之后，单击该按钮，可以在弹出的“设置单元格格式”对话框中设置该元素格式。
- 清除：设置元素格式之后，单击该按钮可以清除所设置的元素格式。
- 设为此文档的默认表快速样式：选中该复选框，可以在当前工作簿中使用新表样式作为默认的表样式。但是，自定义的表样式指存储在当前工作簿中，不能用于其他工作簿。

5. 使用条件格式

为了更容易地查看表格中符合条件的数据。可以为表格数据设置条件格式。设置完成后，只要是符合条件的数据都将以特定的外观显示，既便于查找，也使表格更加美观。在 Excel 2010 中，可以使用提供的条件格式设置数值，也可以根据需要自定义条件规则和格式进行设置。

（1）设置默认条件格式

① 选择要设置条件格式的区域，然后切换到功能区的“开始”选项卡，在“样式”选项组中单击“条件格式”按钮，在弹出的菜单中选择设置条件的方式。

② 默认条件格式主要包括下列条件格式选项：

- 突出显示单元格规则。主要适用于查找单元格区域中的特定单元格，是基于比较运算符来设置这些特定单元格格式。该选项主要包括大于、小于、介于、等于、文本包含、发生日期与重复值 7 种规则。当用户选择某种规则时，系统会自动弹出相应的对话框，在该对话框中主要设置指定值的单元格背景色。例如，选择“介于”选项，如图 4-20 所示。
- 项目选取规则。是根据指定的截止值查找单元格区域中的最高值和最低值，或查找高于、低于平均值或标准偏差的值。该选项中主要包括最大的 10 项，最小的 10 项，值最大的 10%项，值最小的 10%项、高于平均值或低于平均值 6 种规则。当用户选择某种规则时，系统会自动弹出相应的对话框，在该对话框中主要设置指定值的单元格背景色。例如:选择“最大的 10 项”，如图 4-21 所示。

图 4-20 突出显示单元格规则

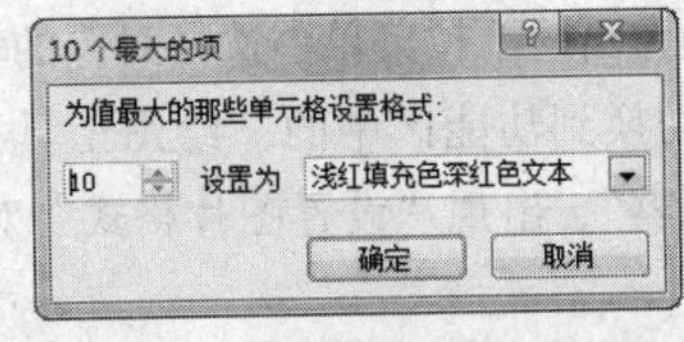

图 4-21 项目选取规则

- 数据条。数据条可以帮助用户查看某个单元格相对于其他单元格中的值，数据条的长度代表单元格中值的大小，值越大数据条就越长。该选项主要包括蓝色数据条、绿色数据条，红色数据条、橙色数据条、浅蓝色数据条与紫色数据条 6 种样式。
- 色阶。色阶作为一种直观的指示，可以帮助用户了解数据的分布与变化情况，可分为双色刻度与三色刻度。双色刻度是用两种颜色的渐变来帮助用户比较数据的高低。三色刻度是用三种颜色的渐变来帮助用户比较数据的高、中、低。
- 图标集。图标集可以对数据进行注释，并可以按照阀值将数据分为 3～5 个类别。每个图标代表一个的范围。例如，在三向箭头图标中，绿色的上箭头代表较高值，黄色的横向箭头代表中间值，红色的下箭头代表较低值。

（2）设置自定义条件格式

除了直接使用默认条件格式外，还可以根据对条件格式进行自定义设置。

① 选择要应用条件格式的单元格区域，切换到功能区中的“开始”选项卡，在“样式”选项组中单击“条件格式”按钮，在弹出的菜单中选择“新建规则”命令。

② 打开“新建格式规则”对话框，在列表框中选“仅对排名靠前或靠后的数值设置格式”选项，在下方的文本框中输入数值，然后单击“格式”按钮。

③ 打开“设置单元格格式”对话框，根据需要设置条件格式，然后单击“确定”按钮，返回“新建格式规则”对话框，可以预览设置效果。单击“确定”按钮，即可在工作表中以特定的格式显示。

6. 设置工作表标签颜色

Excel 2010 允许为工作表标签添加颜色，不但可以轻易区分各工作表，也可以使工作表更加美观。例如，为已经制作完成的工作表标签设置为蓝色；为尚未制作完成的工作表标签设置为红色。

为工作表标签添加颜色的具体步骤如下：

① 右击需要添加颜色的工作表标签，从弹出的快捷菜单中选择“工作表标签颜色”命令。

② 从其子菜单中选择所需的工作表标签的颜色。

7. 绘制自由图形

如果用户希望在工作表中插入形状各异的图形，则可以在工作表中绘制自由图形来实现，具体的操作步骤如下：

①在 Excel 2010 工作表中，切换到功能区中的“插入”选项卡，在“插图”选项组中单击“形状”按钮，在弹出的菜单中选择要绘制的图形，例如，单击“矩形”组中的“圆角矩形”按钮。

② 选择后光标变为“+”字形，拖动鼠标绘制一个刚好覆盖表格的圆角矩形。

③ 切换到功能区中的“绘图工具格式”选项卡，单击“形状样式”选项组中的“形状填充”按钮，从弹出的下拉菜单中选择对应的填充色，即可为图形填充效果。

④ 切换到功能区中的“绘图工具格式”选项卡，单击“形状样式”选项组右下角的“对话框启动器”，出现“设置图片格式”对话框。在“填充”选项组的“透明度”中设置透明度百分比。

8. 插入艺术字

虽然通过对字符进行格式化设置后，可以很大程度上改善视觉效果，但不能对这些字符文本随意改变位置或形状。而使用艺术字，则可以方便地调整它们的大小、位置和形状。艺术字是一个文字样式库，用户可以将艺术字添加到工作表中，以制作出装饰性效果。

在工作表中插入艺术字的具体步骤如下：

① 切换到功能区中的“插入”选项卡，在“文本”选项组中单击“艺术字”按钮，出现“艺术字”样式列表。

② 在样式列表中选择需要的样式，即可在文档中，插入示例艺术字，如图 4-22 所示。

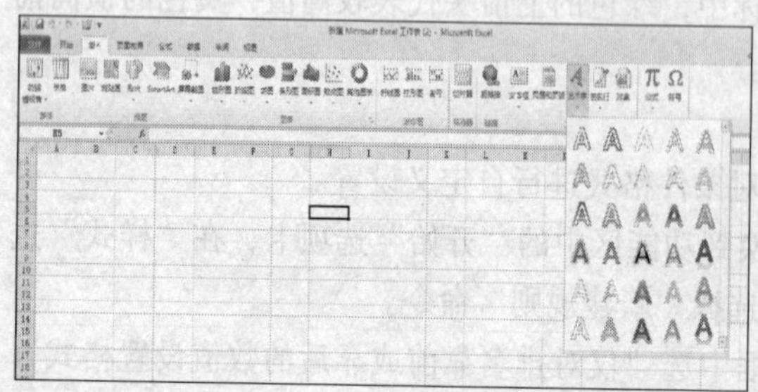

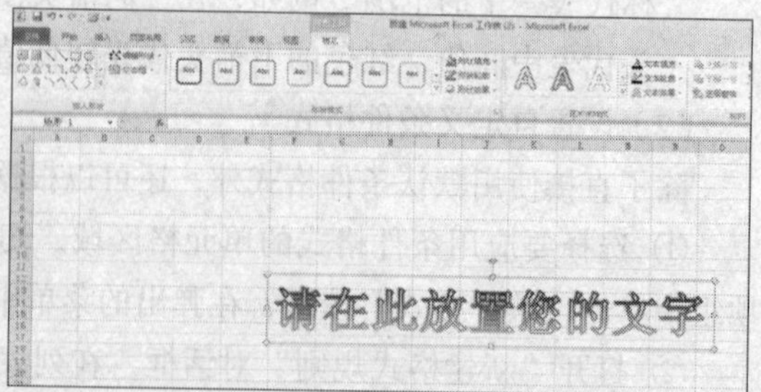

图 4-22 调整艺术字的大小与位置

③ 在“请在此键入您自己的内容”文本框中输入艺术字文本。拖动艺术字外框，可以调整艺术字的位置。

④ 要改变艺术字的样式，可以在选定艺术字后，切换到“格式”选项卡，单击“艺术字样式”选项组中的一种样式。

⑤ 要改变艺术字的文本填充效果，可以切换到“绘图工具格式”选项卡，单击“艺术字样式”选项组中的“文本填充”按钮，从弹出的下拉列表中选择一种填充效果。

⑥ 要改变艺术字的文本轮廓的样式，可以切换到“绘图工具格式”选项卡，单击“艺术字样式”选项组中的“文本轮廓”按钮，从弹出的下拉列表中选择文本轮廓的颜色、宽度和线型等。

⑦ 要设置文本效果，可以切换到“绘图工具格式”选项卡，单击“艺术字样式”选项组中的“文本效果”按钮，从弹出的下拉列表中选择文本的阴影效果，如阴影、发光、棱台与三维旋转等。

9．插入与设置文本框

要灵活控制文字在工作表中的位置，可以通过插入文本框来实现。插入与设置文本框的具体步骤如下：

① 切换到功能区中的“插入”选项卡，在“文本”选项组中单击“文本框”按钮，从弹出的列表中选择“横排文本框”类型。

② 在工作表中拖动鼠标绘制一个文本框。释放鼠标左键后，在文本框中输入文字。

③ 选择文本框中输入文字，切换到功能区中的“开始”选项卡，在“字体”选项组的“字体”和“字号”下拉列表中设置文字的字体和字号。如果需要调整文本框的位置，可以直接拖动文本框的边框移动到新位置。

④ 切换到功能区的“绘图工具格式”选项卡，在“形状样式”选项组中单击“形状填充”按钮，从弹出的下拉菜单中选择“无颜色填充”命令，去除文本框的边框。

⑤ 切换到功能区的“绘图工具格式”选项卡，在“形状样式”选项组中单击“形状轮廓”按钮，从弹出的下拉菜单中选择“无轮廓”命令，去除文本框的边框。

10．插入与设置图片

Excel 2010 提供了插入剪贴画的图片功能，可以将喜欢的图片应用到表格中，使表格更加美观。下面以插入剪贴画为例，具体操作步骤如下：

① 选择准备插入图片的起始位置，切换到功能区中的“插入”选项卡，单击“图片”按钮，打开路径对话框。

② 找到相应的图片路径，双击所需的图片，即可插入到工作表当中。

③ 单击要缩放的图片，使其四周出现 8 个控制点。如果要横向或纵向缩放图片，则将鼠标指针指向图片四边的任意一个控制点上；如果要沿对角线方向缩放图片，则将鼠标指针指向四角的任何一个控制点上。按住鼠标左键，沿缩放方向拖动鼠标，Excel 2010 会用虚线表示缩放大小。

④ 选定要复制的图片，切换到功能区中的“开始”选项卡，在“剪贴板”选项组中单击“复制”按钮。指定复制图片的目标位置，在“剪贴板”选项组中单击“粘贴”按钮。

⑤ 选定要设置图片的图像属性，切换到功能区中的“绘图工具格式”选项卡，在“调整”选项组中单击“重新着色”按钮，从弹出的下拉菜单中选择所需的图片颜色。

11. 插入与设置 SmartArt 图形

Excel 2010 中提供了专业水准的 SmartArt 图库，其中包括列表图、流程图、循环图等。用户可以在工作表中直接插入 SmartArt 图库中的图示，以便快速创建可视化图形示例，并且在插入 SmartArt 图示后可以根据需要对其外观及结构进行设置。插入与设置 SmartArt 图示的具体操作步骤如下：

① 在 Excel 2010 工作表中，切换到功能区中的“插入”选项卡，在“插图”选项组中单击 SmartArt 按钮，打开“选择 SmartArt 图形”对话框。在左侧列表框中选择 SmartArt 图示类别，然后在中间窗格中选择该类别的布局，将在右侧窗格中显示所选布局的说明信息，如图 4-23 所示。

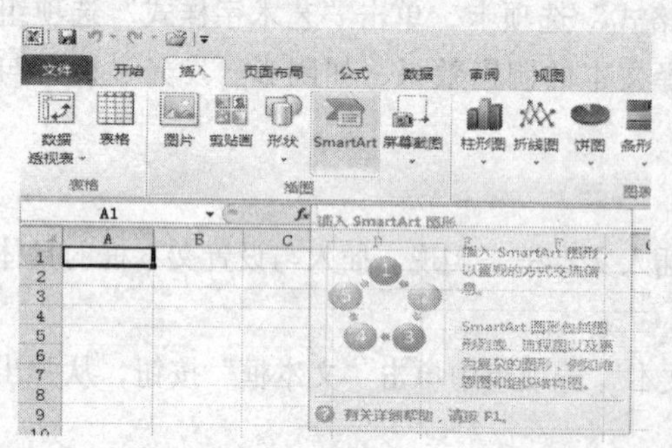

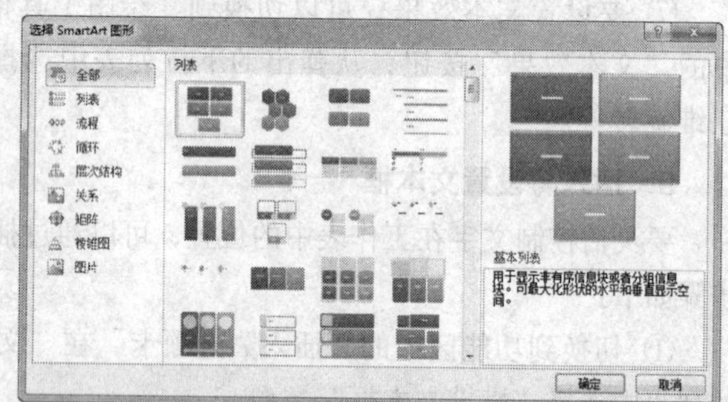

图 4-23 选择 SmartArt 图形对话框

② 单击“确定”按钮，将在工作表中插入所选的 SmartArt 图示。用户可以根据需要调整其结构。例如，单击图示第 2 行第 2 个图形，切换到功能区“SmartArt 工具设计”选项卡，在“创建图形”选项组中单击“添加形状”按钮，在弹出的菜单中选择“在后面添加形状”命令，即可在该图形的下方添加一个图形，如图 4-24 所示。

③ 在左侧文本窗格中的“文本”处输入文本，或者直接在图形中相应的文本框处输入文本，如图 4-25 所示。

④ 要改变 SmartArt 图示的布局结构，则可以单击 SmartArt 图示内的空白区域，将整个 SmartArt 图示选中，然后切换到功能区中的“SmartArt 工具设计”选项卡，在“布局”选项组中选择新的布局。

⑤ 要改变 SmartArt 图示的样式，切换到功能区中的“SmartArt 工具设计”选项卡，在“SmartArt 样式”选项组中选择一种样式。

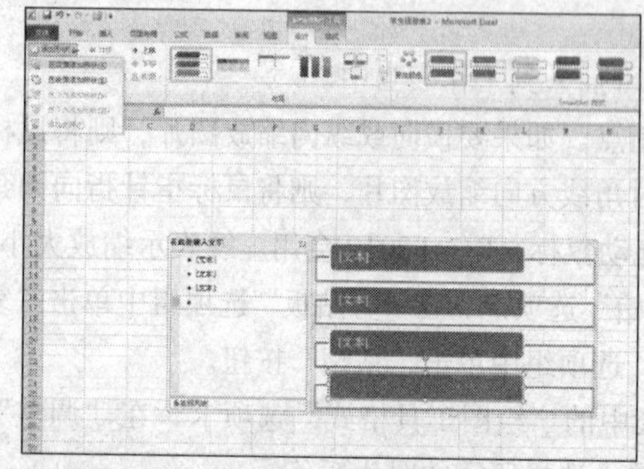

图 4-24 在 SmartArt 图示中添加形状

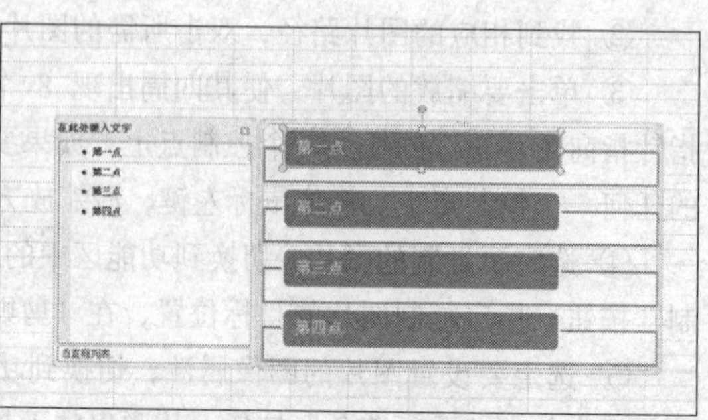

图 4-25 在图示中输入内容

4.1.5　公式和函数

Excel 2010 的数据计算是通过公式实现的，它既可以对工作表中的数据进行加、减、乘、除等运算，也可以对字符、日期型数据进行字符的处理和日期的运算。

Excel 2010 的单元格具有存储数学公式的能力，它可以根据公式或函数的变化，自动更新计算结果。

1. 公式

公式是一个等式，是一个包含了数据与运算符的数学方程式，它主要包含了各种运算符、常量、函数以及单元格引用等元素。利用公式可以对工作表中的数值进行加、减、乘、除等各种运算，再输入公式时必须以“=”开始，否则 Excel 2010 会按照数据进行处理。

1）公式中的运算符

运算符是进行数据计算的基础。Excel 2010 的运算符包括算术运算符、关系运算符、连接运算符和引用运算符。

（1）算术运算符

算术运算符可完成基本数学运算，包括 +（加）、-（减）、*（乘）、/（除）、%（百分比）、^（幂），运算结果为数值型，如表 4-2 所示。

表 4-2　算术运算符

算术运算符	功　能	示　例	算术运算符	功　能	示　例
+	加	10+5	/	除	10/5
-	减	10-5	%	百分号	5%
-	负数	-5	^	乘方	5^2
*	乘	10*5			

（2）关系（比较）运算符

关系（比较）运算符用于比较两个数值的大小，包括 =（等于）、>（大于）、<（小于）、>=（大于等于）、<=（小于等于）、<>（不等于）。运算结果为两个逻辑值，TRUE 或 FALSE，如表 4-3 所示。

表 4-3　关系运算符

比较运算符	功　能	示　例	比较运算符	功　能	示　例
=	等于	A1=A2	<>	不等于	A1<>A2
<	小于	A1<A2	<=	小于等于	A1<=A2
>	大于	A1>A2	>=	大于等于	A1>=A2

（3）连接（文本）运算符

运算结果为连续的文本值。例如，B1=足球比赛，B2=赛程表，D1=B1&B2=足球比赛赛程表。

（4）引用运算符

① 冒号（:）：区域运算符，可对两个引用之间（包括这两个引用在内）的所有单元格进行引用。例如，A1:A4 ，表示由 A1、A2、A3、A4 四个单元格组成的区域。

② 逗号（,）：联合运算符，可将多个引用合并为一个引用。例如，SUM（A1，A2，A5），表

示对 A1、A2、A5 三个单元格中的数据求和。

③ 空格：交叉运算符，可产生对几个单元格区域所共有的那些单元格的引用。例如， B7:D7 C6:C8 表示这两个单元格区域的共有单元格为 C7。

2）运算符的优先级

当公式中同时用到多个运算符时，就应该了解运算符的运算顺序。例如，公式“=8+12*3”应先做乘法运算，再做加法运算。Excel 2010 将按照表 4-4 的优先级进行运算。

表 4-4 运算符的优先级

运 算 符	说 明	优 先 级
（和）	括号，可以改变运算的优先级	1
–	符号，使正数变为负数	2
%	百分号，将数字变为百分数	3
^	乘幂，一个数自乘一次	4
*和/	乘法和除法	5
+和–	加法和减法	6
&	文本运算符	7
=，>,<,>=,<=,<>	比较运算符	8

3）公式的创建

公式是利用单元格的引用地址对存放在其中的数值进行计算的等式。

（1）输入公式

双击单元格，将光标放置于单元格中。首先在单元格中输入“=”号，然后在“=”号后面输入公式的其他元素，按【Enter】键即可。

（2）显示公式

在单元格中输入公式，将自动显示计算结果。

4）编辑公式

在输入公式之后，用户可以像编辑单元格中的数据一样编辑公式。

（1）修改公式

选择含有公式的单元格，在“编辑栏”中直接修改即可。另外，也可以双击含有公式的单元格，使单元格处于可编辑的状态，此时公式会直接显示在单元格中，直接对其进行修改即可。

（2）复制公式

当用户在多个单元格中使用相同公式时，可以通过复制公式的方法实现快速输入。复制公式主要包括下列几种方法：

- 自动填充：选择需要复制公式的单元格，移动光标至该单元格右下角的填充柄上，当光标变成十字形状时，拖动鼠标即可。
- 利用剪贴板：选择需要复制公式的单元格，选择“开始”选项卡“剪贴板”选项组中的“复制”命令，然后选择目标单元格，选择“开始”选项卡“粘贴”选项组中的“公式”命令即可。

• 使用快捷键：选择需要复制公式的单元格，按【Ctrl+C】组合键复制公式，选择目标单元格后按【Ctrl+V】组合键粘贴公式即可。

5）单元格的引用

在公式中可以引用本工作簿（或其他工作簿）中任何单元格区域的数据。此时，在公式中输入的是单元格区域地址。引用后，公式的运算值将随着被引用单元格数据的更改而变化。

Excel 2010 提供 4 种不同的引用类型：A1 和 R1C1 引用、相对引用、绝对引用和混合引用。

① A1 和 R1C1 引用：默认情况下，Excel 使用 A1 引用类型，即字母表示列，数字表示行。例如：F4 表示引用了第 F 列与第 4 行交叉处的单元格。

Excel 2010 还经常用到 R1C1 的引用样式。在 R1C1 样式中，R 后面的数字为行号，C 后面的数字为列号，通过指定的行列来引用单元格。如果要切换到 R1C1 样式，可以选择“文件”选项卡，在弹出的菜单中选择“选项”命令，打开“Excel 选项”对话框，选择左侧窗格的“公式”，然后选中右侧窗格内的“R1C1 引用样式”复选框。

② 相对引用：在公式的复制或自动填充时，该地址相对目的单元格发生变化，相对引用地址由列号、行号表示，例如 E8。

③ 绝对引用：该地址不随复制或填充目的单元格的变化而变化。绝对引用地址的表示方法是在行号和列号之前都加上一个“$”符号，例如$E$8。

④ 混合引用：如果单元格地址的一部分为绝对引用地址，另一部分为相对引用地址，例如 $F4 或 F$4，这类地址称为“混合引用地址”。如果“$”符号在行号前，表示该行位置是“绝对不变”的，而列位置会随目的位置的变化而变化。反之，如果“$”符号在列号前，表示该列位置是“绝对不变”的，而行位置会随目的位置的变化而变化。

◎注意

如果要从 Excel 2010 工作簿的其他工作表中（非当前工作表）引用单元格，其引用方法为“工作表标签!单元格引用”。例如：设当前工作表为 Sheet1，要引用 Sheet3 工作表中的 D3 单元格，其方法是 Sheet3!D3。

2．函数

函数是 Excel 2010 内部已经定义的公式，对指定单元格区域的值执行运算。例如，求单元格区域 A1:F1 中数值之和，可以输入函数=SUM(A1:F1)，而不必输入公式=A1+B1+C1+D1+El+F1。Excel 2010 提供的函数包括数学与三角函数、日期与时间、财务、统计、查找与引用、数据库、文本、逻辑、信息等，为数据运算和分析带来极大的方便。有关函数的具体用法参见附录 B。

1）函数的语法

函数的基本格式为：

```
函数名(参数1,参数2,…)
```

① 函数名代表了该函数的功能，例如常用的 SUM()实现数值相加功能；MAX()计算最大值；MIN()计算最小值；AVERAGE()计算平均数。

② 不同类型的函数要求不同类型的参数，可以是数值、文本、单元格地址等。

在建立函数公式时，注意以下语法规定：

• 公式必须以“=”开头，例如，=SUM(Al:A10)。

- 函数的参数用圆括号“()”括起来。其中，左括号必须紧跟在函数名后，否则出现错误信息。个别函数(如PI等)虽然没有参数，也必须在函数名之后加上空括号。例如，=A2* PI()。
- 函数的参数多于一个时，要用“,”号分隔。参数可以是数值、有数值的单元格或单元格区域，也可以是一个表达式。例如，=SUM(SIN(A3* PI()),2*COS(A5*PI()),B6:B6,D6)。
- 文本函数的参数可以是文本，这时，该文本要用英文的双引号括起来。例如，=TEXT(NOW(), " 年度核算 ")。
- 函数的参数可以是已定义的单元格名或单元格区域名。例如，若将单元格区域 E2:E20 命名为 Total，则公式=SUM(Total)是计算单元格区域 E2:E20 中数值之和。
- 函数中可以使用数组参数，数组可以由数值、文本和逻辑值组成。
- 可以混合使用区域名、单元格引用和数值作为函数的参数。

2）函数的使用

使用函数时可以直接在公式编辑栏或单元格中输入，也可以使用 Excel 2010 提供的粘贴函数功能。

（1）直接输入函数

双击要输入函数的单元格，输入一个等号“=”，输入函数名（如 SUM）和左括号，选定引用单元格并输入右括号，按【Enter】键得出函数计算结果。

（2）使用粘贴函数

操作步骤如下：

（1）计算“合计”行的内容（利用“自动求和”按钮实现）

① 选定 B13 为活动单元格，单击“公式”选项卡“函数库”选项组中的“自动求和”按钮，查看一下给出的求和范围是否正确，按【Enter】键即可。

② 再一次选定单元格 B13，拖动单元格右下角的填充柄到要进行同样计算的单元格区域（本例单元格区域为 B13:D13）。

（2）计算“总销量”列的内容（利用“粘贴函数”实现）

① 选定 E3 为活动单元格，单击“公式”选项卡“函数库”选项组中的“插入函数 fx”按钮，弹出“插入函数”对话框。

② 在“选择函数”列表框中双击 SUM 函数，弹出“函数参数”对话框。

③ 在“函数参数”对话框中显示了函数的功能、参数、各参数的说明和函数的计算结果。查看无误后，单击“确定”按钮。

④ 再一次选定单元格 E3，拖动单元格右下角的填充柄到要进行同样计算的单元格区域（本例单元格区域为 E3:E12）。

3. 常用函数简介

（1）求和函数 SUM

SUM 函数是 Excel 2010 中最常使用的函数之一。

功能：计算某一单元格区域中所有数字之和。

函数格式为：

```
SUM(number1,number2,…)
```

参数说明：number1, number2, ...为 1 ~ 30 个需要求和的数值（包括逻辑值及文本表达式）、区域或引用。

实例：如果 A1=1、A2=2、A3=3，则公式“=SUM(A1：A3)”返回 6。

（2）求平均值函数 AVERAGE

功能：计算所有参数的算术平均值。

函数格式为：AVERAGE(number1,number2,...)

参数说明：number1, number2, ... 为需要计算平均值的 1～30 个参数。

实例：如果 A1:A5 区域中的数值分别为 100、70、92、47 和 82，则公式“=AVERAGE(A1:A5)”返回 78.2。

（3）计数函数 COUNT

功能：计算单元格区域中数字项的个数。

函数格式为：COUNT(value1,value2,...)

参数说明：Value1, value2,…是包含或引用各种类型数据的参数（1～30 个），其中只有数字类型的数据才能被统计。

实例：如果 A1=90、A2=人数、A3=""、A4=54、A5=36，则公式“=COUNT(A1:A5)”返回 3。

（4）求最大值函数 MAX

功能：返回数据集中的最大数值。

函数格式为：MAX(number1,number2,...)

参数说明：number1, number2,…是需要从中找出最大数值的 1～30 个数值。

实例：如果 A1=71、A2=83、A3=76、A4=49、A5=92、A6=88、A7=96，则公式“=MAX(A1:A7)”返回 96。

（5）求最小值函数 MIN

功能：返回给定参数表中的最小值。

函数格式为：MAX(number1,number2,...)

参数说明：number1, number2, ...是要从中找出最小值的 1～30 个数值。

实例：如果 A1=71、A2=83、A3=76、A4=49、A5=92、A6=88、A7=96，则公式“=MIN(A1:A7)”返回 49。

（6）排名次函数 RANK

功能：返回一个数值在一组数值中的排位（如果数据清单已排过序，则数值的排位就是它当前的位置）。

函数格式为：RANK(number,ref,order)

参数说明：number 为需要计算其排位的一个数字；ref 为包含一组数字的数组或引用（其中的非数值型参数将被忽略）；order 为一数字，指明排位的方式。如果 order 为 0 或省略，则降序排列数据清单；如果 order 不为零，升序排列数据清单。

◎注意

函数 RANK 对重复数值的排位相同。但重复数的存在将影响后续数值的排位。如在一列整数中，若整数 60 出现两次，其排位为 5，则 61 的排位为 7（没有排位为 6 的数值）。

（7）条件函数 IF

功能：执行逻辑判断，它可以根据逻辑表达式的真假，返回不同的结果，从而执行数值或公式的条件检测任务。

函数格式为：`IF(logical_test,value_if_true,value_if_false)`

参数说明：logical_test 计算结果为 TRUE 或 FALSE 的任何数值或表达式；value_if_true 是 logical_test 为 TRUE 时函数的返回值；value_if_false 是 logical_test 为 FALSE 时函数的返回值。

实例：公式“=IF(C2>=85，"A")”，若逻辑判断表达式 C2>=85 成立，则 D2 单元格被赋值“A”。

（8）逻辑求与函数

功能：所有参数的逻辑值为真时返回 TRUE（真）；只要有一个参数的逻辑值为假，则返回 FALSE（假）。

函数格式为：`AND(logical1,logical2, ...)`

参数说明：Logical1, logical2, ... 为待检验的 1 ~ 30 个逻辑表达式，它们的结论或为 TRUE（真）或为 FALSE（假）。

实例：如果 A1=2，A=6，那么公式“=AND(A1,A2)”返回 TRUE。

（9）逻辑求或函数

功能：所有参数中的任意一个逻辑值为真时即返回 TRUE（真）。

函数格式为：`OR(logical1,logical2, ...)`

参数说明：Logical1, logical2, ...为需要进行检验的 1 ~ 30 个逻辑表达式，其结论分别为 TRUE 或 FALSE。

实例：如果 A1=6，A2=8，则公式“=OR(A1+A2>A2， A1=A2)”返回 TRUE；而公式“=OR(A1>A2，A1=A2)”返回 FALSE。

【例 4.1】 在销售业绩提成表中按“总销量”递减次序的排名（利用 RANK 函数）；如 A 产品和 B 产品的销量都大于 8 000 的则在备注栏内给出信息“有奖金”，否则给出信息“无奖金”（利用 IF 函数实现），如图 4-26 所示。

操作步骤如下：

① 按“总销量”递减次序的排名：

a. 选定 F3 为活动单元格，单击“文件”选项卡“函数库”选项组中的“插入函数 fx ”按钮，弹出“插入函数”对话框。

b. 在“或选择类别”下拉列表框中选择“全部”，在“选择函数”列表框中双击 RANK 函数，弹出“函数参数”对话框，如图 4-27 所示。

c. 在参数“Number”文本框中输入 E3，在参数“Ref”文本框中输入$E$3:$E$12（绝对引用），在参数“Order”文本框中输入 0，单击“确定”按钮。

d. 再一次选定单元格 F3，拖动单元格右下角的填充柄到要进行同样计算的单元格区域（本例单元格区域为 F3:F12）。

	A	B	C	D	E	F	G
1	销售业绩提成表						
2	姓名	A产品	B产品	C产品	总销量	排名	备注
3	王小丽	11822	2214	11203	25239		
4	陈江	7704	7300	7880	22884		
5	杜丽	9200	7113	5544	21857		
6	张强	6700	8600	13440	28740		
7	谭小龙	8799	9000	7143	24942		
8	聂国玉	7100	8400	12395	27895		
9	柳明	7000	7800	9383	24183		
10	康丽华	12200	6700	17580	36480		
11	蒋伟长	6344	5000	11269	22613		
12	郑刚	5500	7200	9086	21786		
13	合计	82369	69327	104923			
14							

图 4-26　常用函数的使用示例

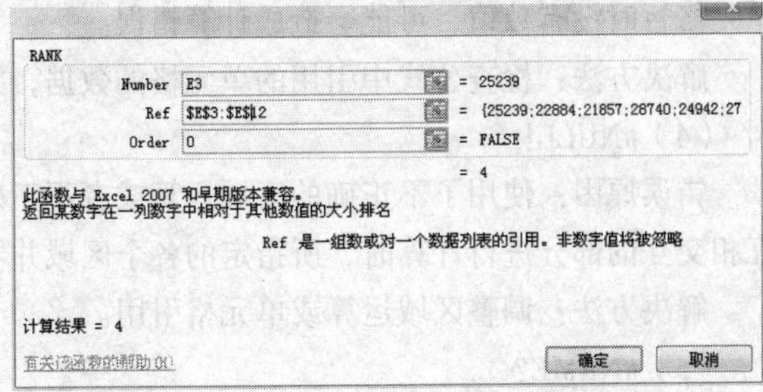

图 4-27　RANK“函数参数”对话框

② 设置备注栏的信息。

a. 选定 G3 为活动单元格，单击编辑栏中的“插入函数 *fx*”按钮，弹出“插入函数”对话框。

b. 在“或选择类别”下拉列表框中选择“常用函数”，在“选择函数”列表框中双击 IF 函数，弹出“函数参数”对话框，如图 4-28 所示。

c. 在 参数“logical_test”文本框中输入 and(B3>8000,C3>8000)，在参数“value_if_true”文本框中输入”有奖金”，在参数“value_if_false”文本框中输入”无奖金”，单击“确定”按钮。

d. 再一次选定单元格 G3，拖动单元格右下角的填充柄到要进行同样计算的单元格区域（本例单元格区域为 G3:G12）。

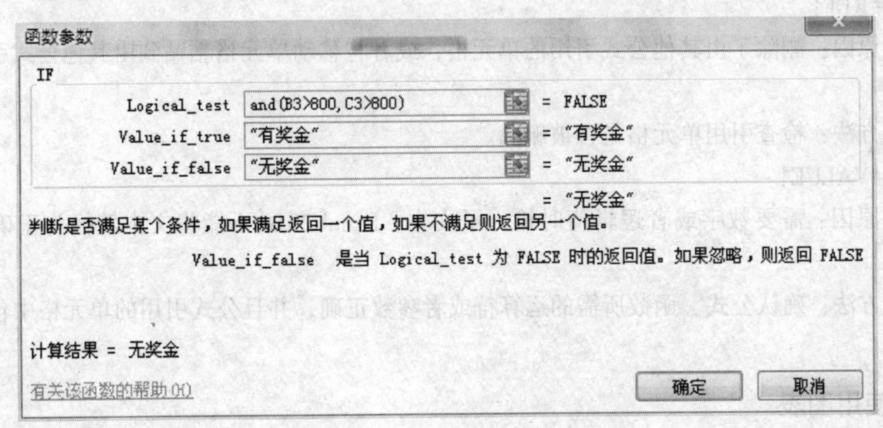

图 4-28　IF“函数参数”对话框

4. 公式中的错误信息

（1）####

错误原因：输入到单元格中的数值太长或公式产生的结果太长，单元格容纳不下。

解决方法：适当增加列的宽度。

（2）#DIV/0!

错误原因：在公式中，除数使用了指向空白单元格或者包含零值的单元格引用。

解决方法：修改单元格引用，或者在用作除数的单元格中输入不为零的值。

（3）#N/A

错误原因：在函数和公式中没有可用的数值可以引用。当公式中引用某个单元格时，如果该单元格暂时没有数值，可能会造成计算错误。

解决方法：检查公式中引用的单元格的数据，并正确输入。

（4）#NULL!

错误原因：使用了不正确的区域运算或者不正确的单元格引用。当公式中指定的数字区域间互相交互的部分进行计算时，所指定的各个区域并不相交。

解决方法：调整区域运算或单元格引用。

（5）#NAME?

错误原因：删除了公式中使用名称或者使用了不存在的名称以及拼写错误。当在公式中输入错误单元格或尚未命名过的区域名称。例如，本来要输入"=SUM（A2:A3）"，结果输入了"=SUM（A2A3）"，系统将A2A3当做一个已命名的区域名称，可是并未对该区域命名，系统并不认识A2A3名称，因此会出现错误信息。

解决方法：确认使用的名称确实存在。如果还没有定义所需的名称，请添加相应的名称。如果存在拼写错误，请修改拼写错误。

（6）#NUM!

错误原因：在需要数字参数的函数中使用了不能接收的参数或公式产生的数字太大或者太小，Excel 2010不能表示。

解决方法：检查数字是否超出限定区域，函数内的参数是否正确。

（7）#REF!

错误原因：删除了由其他公式引用的单元格，或者将移动单元格粘贴到由其他公式引用的单元格中。

解决方法：检查引用单元格是否被删除。

（8）#VALUE!

错误原因：需要数字或者逻辑值时输入了文本，Excel 2010不能将文本转换为正确的数据类型。

解决方法：确认公式、函数所需的运算符或者参数正确，并且公式引用的单元格中包含有效的数值。

4.1.6 使用图表

为了使数据更加直观，可以将数据以图表的形式展示出来，因为利用图表可以很容易发现数据间的对比或联系。

1. 认识图表

Excel 2010为用户提供了11种标准图表类型，如表4-5所示。

表4-5 标准图表类型

类型	功　能	子类型
柱形图	为Excel 2010默认的图表类型，以长条显示数据的点，适用于比较或显示数据之间的差异	二维柱状图、三维柱状图、圆柱图、圆锥图、棱锥图
折线图	可以将同一系列的数据在图标中表示成点并用直线连接起来，适用于显示某段时间内数据的变化及变化趋势	折线图、带数据标记的折线图、三维折线图

续表

类型	功　能	子类型
条形图	类似于柱形图，主要强调各个数据项之间的差别情况，适用于比较或显示各项的大小与各项总和比例的数值	二维条形图、三维条形图、三维折线图
饼图	可以将一个圆面划分为若干个扇形面，每个扇面代表一项数据值，适用于显示各项的大小与各项总和比例的数值	二维饼图、三维饼图
XY 散点图	用于比较几个数据系列中的数值，或将两组数值显示为 XY 坐标系中的一个系列	仅带数据标记的散点图、带平滑线和数据标记的散点图等
面积图	将每一系列数据用直线连接起来，并将每条线以下的区域用不同的颜色填充。面积图强调数量随时间的变化的程度，还可以引起人们对总值趋势的注意	面积图、堆积面积图、百分比面积图
圆环图	与饼图类似，圆环图也是用来显示部分与整体的关系，但圆环图可以含有多个数据类型，它的每一环代表一个数据系列	圆环图、分离型圆环图
雷达图	由中心向四周辐射处多条数值坐标轴，每个分类都拥有自己的数值坐标轴，并有折线将同一系列中的值连接起来	雷达图、带数据标记的雷达图
曲面图	类似于拓扑图形，常用于寻找两组数据之间的最佳组合	三维曲面图、曲面图、曲面图（俯视框架图）
气泡图	是一种特殊类型的 XY 散点图，其中气泡的大小可以表示数据组中的数据的值，泡越大，数据值就越大	气泡图、三维气泡图

2. 创建图表

在 Excel 2010 中，用户可以通过“图表”选项组与“插入图表”对话框两种方法，根据表格数据类型建立相应的类型的图表。

（1）利用“图表”选项组

选择需要创建图表的单元格区域，执行“插入”选项卡“图表”选项组中的命令，在下拉列表中选择相应的图表样式即可，如图 4-29 所示。

（2）利用“插入图表”对话框

选择需要创建图表的单元格区域，在功能区中的“插入”选项卡中选择“图表对话框启动器”，在弹出的对话框中选择相应的图表类型（见图 4-30）。

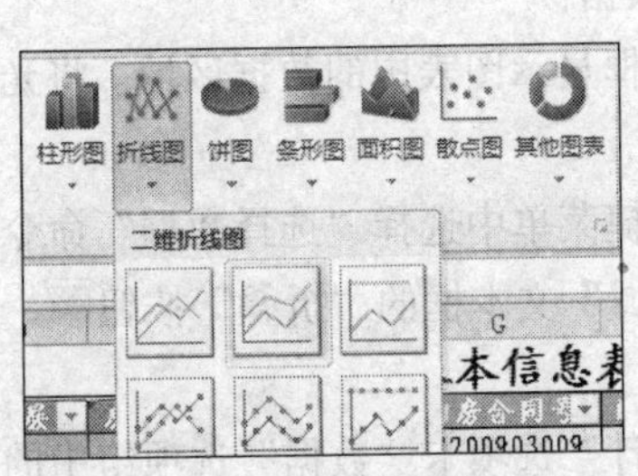

图 4-29　建立图表

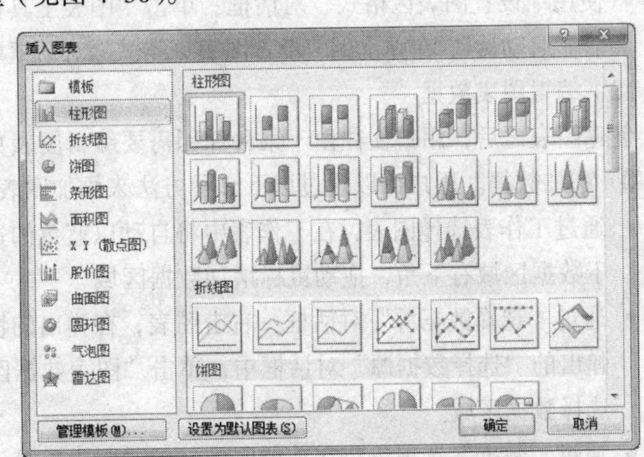

图 4-30　“插入图表”对话框

该对话框中，除了包括各种图表类型与子类型之外，还包括管理模板与设置为默认图表两种选项，其具体功能如下所述：

- 管理模板：单击该按钮，可在弹出的对话框中对 Microsoft 提供的模板进行管理。
- 设置为默认图标：可将选择的图标样式设置为默认图标。

3. 编辑图表

（1）调整图表

① 调整位置。默认情况下，Excel 2010 中的图表为嵌入式图表，用户不仅可以在同一个工作簿中调整图表放置的工作表位置，而且还可以将图表放置在单独的工作表中。选择“图表工具设计”选项卡“位置”选项组中的“移动图表”命令，在弹出的“移动图表”对话框中选择图表放置位置即可，如图 4–31 所示。

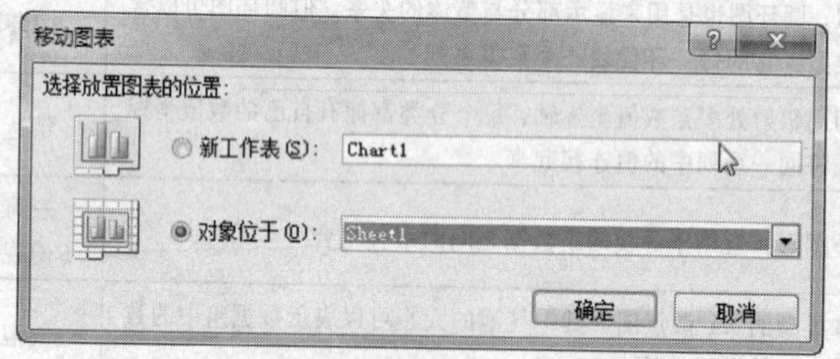

图 4–31 “移动图表”对话框

该对话框中的两种位置意义如下：

- 新工作表：将图表单独放置于新工作表中，从而创建一个图表工作表。
- 对象位于：将图表插入到当前工作簿中的任意工作表中。

用户还可以右击图表，在弹出的快捷菜单中选择“移动图表”命令，在弹出的“移动图表”对话框中设置图标位置。

② 调整图表大小。调整图表大小主要包括以下 2 种方法：

- 使用“图表工具格式”选项卡“大小”选项组选择图表。选择“图表工具格式”选项卡“大小”选项组中的“形状高度”与“形状宽度”命令，在文本框中分别输入调整数值即可。
- 使用“设置图表区格式”对话框：单击“图表工具格式”选项卡“大小”选项组中的“对话框启动器”，在弹出的“设置图表区格式”对话框中设置“高度”与“宽度”选项值即可。

（2）编辑图表数据

创建图表之后，用户往往由于某种原因需要编辑图表数据、添加或删除图表数据。

① 添加数据。用户可以通过以下 3 种方法来添加图表数据：

- 通过工作表选择图表，在工作表中将自动以蓝色的边框显示图表中的数据区域。将光标置于数据区域右下角，拖动鼠标增加数据区域。
- 通过“选择数据源”对话框：右击图表，在弹出的快捷菜单中选择“选择数据”命令，在弹出的“选择数据源”对话框中，单击“图表数据区域”文本框的“折叠”按钮，重新选择数据区域。
- 通过“数据”选项组：在功能区中选择“图表工具设计”选项卡“数据”选项组中的“选择数据”命令，在弹出的“选择数据源”对话框中重新选择数据区域即可。

② 删除数据。用户可以通过下列 3 种方式来删除图表数据：

- 按键删除：选择表格中需要删除的数据区域，按【Delete】键。即可同时删除工作表与图表中的数据。另外，选择图表中需要删除的数据系列，按【Delete】键即可删除图表中的数据。
- “选择数据源”对话框删除：右击图表，在弹出的快捷菜单中选择“选择数据”命令，或选择“图表工具设计”选项卡“数据”选项组中的“选择数据”命令，均可打开“选择数据源”对话框。单击“选择数据源”对话框中的“折叠”按钮，缩小数据区域范围即可。
- 鼠标删除：选择图表，则工作表中的数据将自动被选中，将鼠标置于被选定数据的右下角，向上拖动，就可减少数据区域的范围及删除图表中的数据。

（3）编辑图表文字

编辑文字是更改图表中的标题文字，另外还可以切换水平轴与图例元素中的显示文字。

① 更改标题文字。选择标题文字，将光标定位于标题文字中，按【Delete】键删除原有标题文本，输入替换文本即可。另外，用户还可以右击标题，在弹出的快捷菜单中选择“编辑文字”命令，按【Delete】键删除原有文本，输入替换文本即可。

② 切换水平轴与图例文字。选择图表，在功能区中选择“图表工具设计”选项卡中的“数据”选项组，单击“切换行/列”按钮，即可将水平轴与图例进行切换。

4. 设置图表类型与格式

1）设置图表类型

- 通过“图表”选项组选择图表，选择“插入”选项卡“图表”选项组中的各项图表类型命令即可。
- 通过“类型”选项组选择图表，选择“图表工具设计”选项卡“类型”选项组中的“更改图表类型”命令，在弹出的“更改图表类型”对话框中选择相应的图表类型即可。
- 通过快捷菜单选择图表，右击，在弹出的快捷菜单中选择“更改图表类型”命令，在弹出的“更改图表类型”对话框中选择相应的图表类型即可。

2）设置图表格式

（1）设置图表区格式

右击图表区域、在弹出的快捷菜单中选择“设置图表区格式”命令，在弹出的“设置图表区格式”对话框中设置各项选项即可，如图 4-32 所示。

该对话框主要包括 6 种选项卡，每种选项卡中又包括多种选项。每种选项卡的具体内容与说明如下：

① 填充：

- “无色填充”不设置填充效果。
- “纯色填充”的“颜色”选项中设置一种填充颜色；“透明度”选项中设置填充颜色透明状态。
- “渐变填充”的“预设颜色”选项中设置渐变颜色，共包含 24 种渐变颜色；“类型”中设置颜色的渐变类型，包括线性、射线、矩形与路径；“方向”中设置颜色的渐变方向，共有

8 种方向；“角度”中设置渐变颜色的角度，其值介于 1°~360°；“渐变光圈”中可以设置渐变光圈的结束位置、颜色与透明度。

- “图片或纹理填充”中“纹理”用来设置纹理类型，一共 25 种纹理样式；“插入自”可以插入来自文件、剪贴板与剪贴画中的图片；“将图片平铺为纹理”用来表示纹理的显示类型，选择该选项则显示“平铺选项”，禁用该选项则显示“伸展选项”；“伸展选项”主要用来设置纹理的偏移量；“平铺选项”主要用来设置纹理的偏移量、对齐方式与镜像类型。“透明度”用来设置纹理填充的透明状态（见图 4-33）。

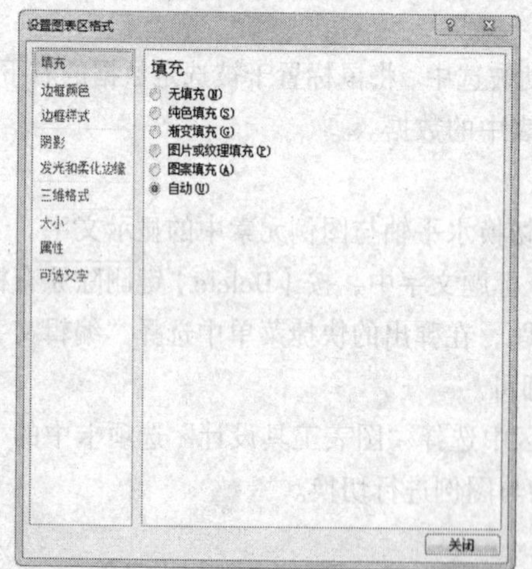

图 4-32 “设置图表区格式”对话框

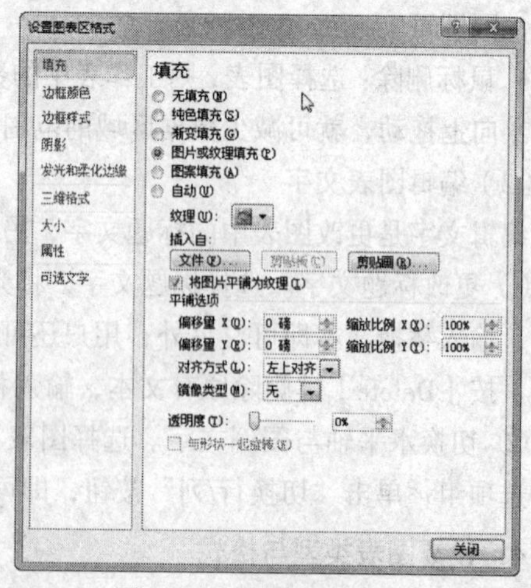

图 4-33 “填充”选项卡

② 边框颜色：该选项卡主要包括“无线条”、“实线”与“自动”3 种选项。

③ 边框样式：该选项卡中主要设置图表的边框样式，具体选项如下所述。

- 宽度：在微调框中输入数值，可以设置线条边框的宽度。
- 复合类型：用来设置符合线条的类型，包括单线、双线、由粗到细等 5 中类型。
- 短划线类型：用来设置短划线线条的类型，包括方点、圆点与短划线 8 种类型。
- 线端类型：用来设置短划线的线端类型，包括正方形、圆形与平面 3 种类型。
- 连接类型：用来设置线条的连接类型，包括圆形、棱台与斜接 3 种类型。
- 圆角：选中该复选框，线条将以圆角显示，否则以直角显示。

（2）设置标题格式

选择图表，右击标题，在弹出的快捷菜单中选择“设置图表标题格式”命令，或选择“图表工具布局”选项卡“标签”选项组中的“图表标题格式”命令，在弹出的列表中选择“其他标题选项”，弹出“设置图表格式”对话框，在其中设置标题格式。

该对话框中的“对齐方式”选项卡“文字版式”选项组中的各项选项如下所述：

- 垂直对齐方式：用来设置文字的对齐方式，包括顶端对齐、中部对齐、底端对齐、顶端居中、中部居中与底端居中 6 种方式。
- 文字方向：用来设置文字的排列方向，包括竖排、横排、所有文字旋转 90°、所有文字旋转 270° 与堆积 5 种方向。
- 自定义角度：用来自定义文字的旋转角度，其值介于-90°~90°之间。

(3) 设置坐标轴格式

由于图表坐标轴分为水平坐标轴和垂直坐标轴，所以每种坐标轴中具有不同的格式设置。

① 垂直坐标轴。右击垂直坐标轴，在弹出的快捷菜单中选择“设置坐标轴格式”命令，在弹出的“设置坐标轴格式”对话框中设置坐标轴各选项即可，表 4-6 所示为坐标轴选项卡中的各个选项的说明。

表 4-6　坐标轴选项卡中的各个选项说明

选　项	子选项	说明
刻度线间隔		设置刻度线之间的间隔
标签间隔	自动	使用默认的标签间隔设置
	制定间隔单位	制定标签间隔单位，其值 1～999 999 999 整数之间
逆序类别		选中该复选框，坐标轴中的标签顺序将按逆序进行排列
标签与坐标轴的距离		设置标签与坐标轴之间的距离，其值介于 1～1 000 整数之间
坐标轴类型	根据数据自动选择	选中该单选按钮将根据数据类型设置坐标轴类型
	文本坐标轴	选中该单选按钮表示使用文本类型坐标轴
	日期坐标轴	选中该单选按钮表示使用日期类型的坐标轴
主要刻度线类型		设置次刻度线为外部、内部或交叉类型
次要刻度线类型		设置坐标轴标签为无、高、底或轴旁的状态
纵坐标轴交叉	自动	设置图标中数据系列与纵坐标轴之间的距离为默认值
	分类编号	自定义数据系列与纵坐标轴之间的距离
	日期和坐标轴	设置数据系列与纵坐标轴之间的距离为最大显示

② 水平坐标轴。右击水平坐标轴，在弹出的菜单中选择“设置坐标轴格式”命令，在弹出的“设置坐标轴格式”对话框中进行设置。

- 最小值：将坐标轴标签的最小值设置为固定值或自动值。
- 最大值：将坐标轴标签的最大值设置为固定值或自动值。
- 主要刻度线：将坐标轴标签的主要刻度值设置为固定值或自动值。
- 次要刻度线：将坐标轴标签的次要刻度值设置为固定值或自动值。
- 对数刻度：执行该选项，可以将坐标轴标签中的值按对数类型进行显示。
- 显示单位：执行该选项，可以在坐标轴上显示单位类型。
- 基底交叉点：可以将基底交叉点类型设置为自动、指定坐标轴值和最大坐标值 3 种类型。

(4) 设置数据系列格式

选择数据系列，在“设置数据系列格式”对话框中选择“系列选项”选项卡，在列表中拖动滑块设置系列间距与分类间距值即可。

(5) 设置图例格式

选择图例，在“设置图例格式”对话框中选择“图例选项”即可，该对话框主要用于设置图例与图例的显示方式：

- 图例位置：主要设置图例的显示位置是相对于绘图区来定的。
- 显示图例：禁用该选项时，图例会在绘图区中显示，即于绘图区重叠。

5．设置图表布局与样式

图表布局直接影响到图表的整体效果，用户可根据工作习惯设置图表的布局。例如，添加图表坐标轴、数据系列、添加趋势线等元素。另外，用户还可以通过更改图表样式，达到美化图标的目的。

1）设置图表布局

（1）使用预定义图表布局

Excel 2010 为用户提供了多种预定义布局，用户可以通过功能区中的“图表工具设计”选项卡中的“图表布局”命令，在下拉列表中选择相应的布局即可。

（2）手动设置图表布局

当预定义布局无法满足用户需要时，可以手动调整图表中各元素的位置。手动调整即是在“布局”选项卡中设置各元素为显示或隐藏状态。

- 设置图表标题：在功能区中选择“布局”选项卡中的“标签”选项组，单击“图表标题”按钮，在下拉列表中选择相应的选项即可。
- 设置坐标轴：在功能区中选择“布局”选项卡中的“坐标轴”选项组，单击“坐标轴”按钮，在下拉列表中选择相应的选项即可。
- 设置网格线：在功能区中选择“布局”选项卡中的“坐标轴”选项组，单击“网格线”按钮，在下拉列表中选择相应的选项即可。
- 设置数据标签在功能区中选择“布局”选项卡中的“标签”选项组，单击“数据标签”按钮，在下拉列表中选择相应的选项即可。

（3）添加趋势线与误差线

为了达到预测数据的功能，用户需要在图表中添加趋势线与误差线。其中，趋势线主要用来显示各系列中数据的发展趋势。而误差线主要用来显示图表中每个数据点或数据标记的潜在误差值，每个数据点可以显示一个误差线。

① 添加趋势线：选择数据系列，在功能区中的“布局”选项卡中选择“分析”选项组，单击“趋势线”按钮，在下拉列表中选择相应的趋势线类型即可。

各类趋势线类型的说明如下：

- 线性趋势线为选择的数据系列添加线性趋势线。
- 指数趋势线为选择的数据系列添加指数趋势线。
- 线性预测趋势线为选择的数据系列添加两个周期预测的线性趋势线。
- 双周期移动平均为选择的数据系列添加双周期移动平均趋势线。

② 添加误差线。只需选择图表，在功能区中的“布局”选项卡中选择“分析”选项组，单击“误差线”按钮，选择相应的误差线类型即可。

其各类型的误差线类型如下：

- 标准误差线显示使用标准误差的所选图表的误差线。
- 百分比误差线显示包含 5%值的所选图表的误差线。
- 标准偏差误差线显示包含一个标准偏差的所选图表的误差线。

2）设置图表样式

Excel 2010 为用户提供了 48 种预定义样式，用户可将相应的样式快速应用到图表中。首先选择图表，然后在功能区中选择“设计”选项卡中的“图表样式”命令，在下拉列表中选择相应的样式即可。

4.1.7 分析数据

Excel 2010 最实用、最强大的功能不是函数与公式功能，也不是图表功能，而是分析数据的功能。利用排序、分类汇总、数据透视表等简单分析功能，可以帮助用户快速整理与分析表格中的数据，及时发现与掌握数据的发展规律与变化趋势。另外，用户还可以利用单变量求解、规划求解等高级分析功能来预测数据的发展趋势，从而为用户调整管理与销售决策提供可靠的数据依据。

1. 排序与筛选数据

Excel 2010 具有强大的排序与筛选功能，排序是将工作表中的数据按照一定的规律进行显示，而筛选则只在工作表中显示符合一个或多个条件的数据。通过排序与筛选，可以直观地显示工作表中的有效数据。

1）排序数据

在 Excel 2010 中，用户可以使用默认的排序命令，对文本、数字、时间、日期等数据进行排序。另外，用户也可以根据排序需要对数据进行自定义排序。

（1）简单排序

简单排序是运用“排序和筛选”选项组中的“升序”与“降序”命令，对数据进行升序与降序排列。

① 升序。升序是对单元格区域中的数据按照从小到大的顺序排列，其最小值置于列的顶端。在工作表中选择需要进行排序的单元格区域，选择“数据”选项卡“排序和筛选”选项组中的“升序”命令即可，如图 4-34 所示即为升序排序。

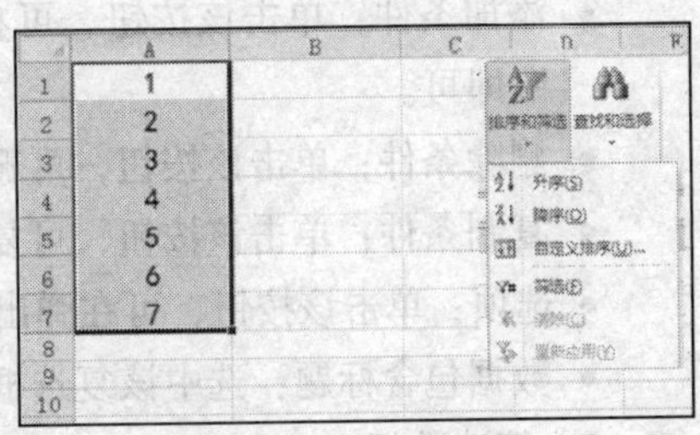

图 4-34　升序排序

Excel 2010 中具有默认的排序顺序，在按照升序排序数据时将使用下列排序次序：

- 文本按汉字拼音的首写字母进行排列。当第一个汉字相同时，则按第二个汉字拼音的首写字母排列。
- 数据：从最小的负数到最大的正数进行排序。
- 日期：从最早的日期到最晚的日期进行排序。
- 逻辑：在逻辑值中，FALSE 排在 TRUE 之前。
- 错误：所有错误值的优先级相同。
- 空白单元格：无论是按升序还是按降序排序，空白单元格总是放在最后。

② 降序：降序是对单元格区域中的数据按照从大到小的顺序排列，其最大值置于列的顶端。选择单元格区域，选择“数据”选项卡“排序和筛选”选项组中的“降序”命令即可。

③ 排序提醒：在对数据进行排序时，如果用户只选择数据区域中的部分数据，执行“升序”或“降序”命令时，Excel 2010 会弹出“排序提醒”对话框。在该对话框中，用户可以通过选项来决定排序的数据区域。

（2）自定义排序

用户可以根据工作需求进行自定义排序，选择数据区域，执行“数据”选项卡“排序和筛选”选项组中的“排序”命令，在弹出的“排序”对话框中设置排序关键字，如图 4–35 所示。

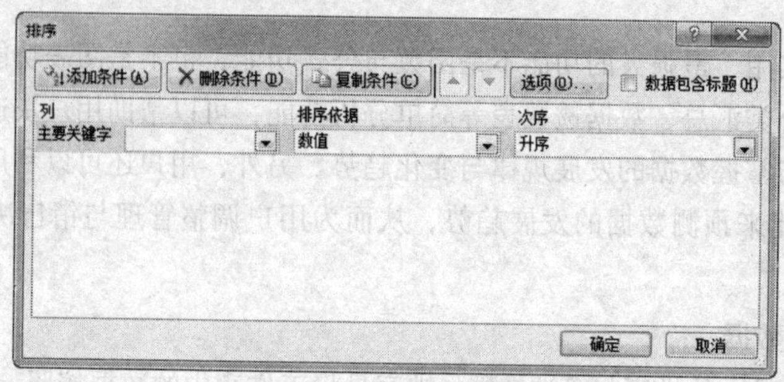

图 4–35 “排序”对话框

该对话框主要包括下列选项：

- 列：用来设置主要关键字与次要关键字的名称，即选择同一个工作区域中的多个数据名称。
- 排序依据：用来设置数据名称的排序类型，包括数值、单元格颜色、字体颜色与单元格图标。
- 次序：用来设置数据的排序方法，包括升序、降序与自定义序列。
- 添加条件：单击该按钮，可在主要关键字下方添加次要关键字条件，选择排序依据与顺序即可。
- 删除条件：单击该按钮，可删除选中的排序条件。
- 复制条件：单击该按钮，可复制当前的关键字条件。
- 选项：单击该按钮，可在弹出的“排序选项”对话框中设置排序方法与排序方向。
- 数据包含标题：选中该复选框，即可包含或取消数据区域中的列标题。

2）筛选数据

筛选数据是从无序且庞大的数据清单中找出符合指定条件的数据，并删除无用的数据，从而帮助用户快速、准确地查找与显示有用数据。在 Excel 2010 中，用户可以使用自动筛选或高级筛选功能来处理数据表中复杂的数据。

（1）自动筛选

自动筛选是一种简单快速的条件筛选，使用自动筛选可以按列表值、按格式或者按条件进行筛选，选择“数据”选项卡“排序和筛选”选项组中的“筛选”命令，即可在所选单元格中显示“筛选”按钮，用户可以单击该按钮，在下拉列表中选择“筛选”选项。

- 筛选文本：在列标题行中单击包含字母或文本（数据名称或数据类型）字段的下三角按钮，在“文本筛选”列表中禁用或启用某项数据名称即可。
- 筛选数字：筛选数字与筛选文本的方法基本相同，单击包含数据字段的下三角按钮，在“数字筛选”列表中禁用或启用某项数据名称即可。
- 筛选日期或时间：单击包含日期或者时间字段的下三角按钮，在“日期筛选”或“时间筛选”列表中禁用或启用某项数据名称即可。

（2）自定义自动筛选

另外，用户还可以在文本字段下拉列表中启用“文本筛选”级联菜单中的 7 种文本筛选条件。

当用户执行“文本筛选”级联菜单中的命令时，系统会自动弹出“自定义自动筛选方式”对话框。

在该对话框中最多可以设置两个筛选条件，用户可以自定义等于、不等于、大于、小于等 12 种筛选条件。设置条件的方式主要包括下列两种方式。

- 与：同时需要满足两个条件。
- 或：需要满足两个条件中的一个条件。

同时，用户还可以通过下列两种通配符实现模糊查找。

- ?（问号）：任何单字符。
- *（星号）：任何数量字。

2. 分类汇总数据

用户可以运用 Excel 2010 中的分类汇总功能，对数据进行统计汇总工作。分类汇总功能其实即是 Excel 2010 根据数据自动创建公式，并利用自带的求和、平均值等函数实现分类汇总计算，并将结果显示出来。通过分类汇总功能，可以帮助用户快速而有效地分析各类数据。

（1）创建分类汇总

在创建分类汇总之前，需要对数据进行排序，以便将数据中关键字相同的数据集中在一起。选择数据区域中的任意单元格，选择“数据”选项卡“分级显示”选项组中的“分类汇总”命令，在弹出的“分类汇总”对话框中设置各项选项即可，如图 4–36 所示。

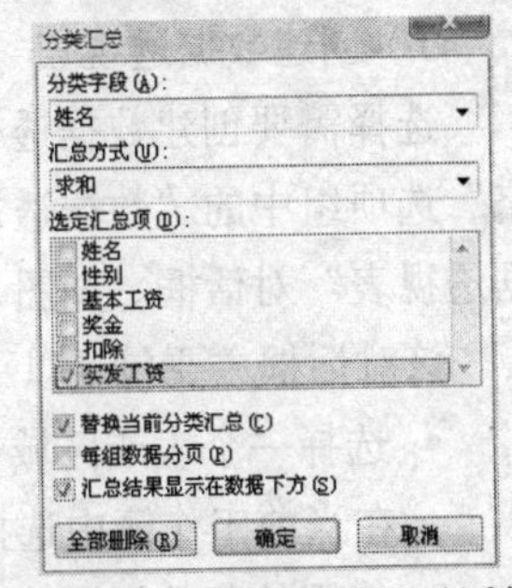

图 4–36 “分类汇总”对话框

该对话框主要包括下列几种选项：

- 分类字段：用来设置分类汇总的字段依据，包含数据区域中的所有字段。
- 汇总方式：用来设置汇总函数，包含求和、平均值、最大值等 11 种函数。
- 选项汇总项：设置汇总数据列。
- 替换当前分类汇总：表示在进行多次汇总操作时，选中该复选框可以清除前一次汇总结果，按本次分类要求进行汇总。
- 每组数据分页：选中该复选框，表示在打印工作表时，将每一类分别打印。
- 汇总结果显示在数据下方：选中该复选框，可以将分类汇总结果显示在本类最后一行（系统默认是放在本类的第一行）。

（2）嵌套分类汇总

嵌套汇总是对某项指标汇总，然后将汇总后的数据再汇总，以便作进一步细化。首先将数据区域进行排序，选择“数据”选项卡“分级显示”选项组中的“分类汇总”命令，在弹出的“分类汇总”对话框中设置各项选项，单击“确定”按钮即可。

然后再次执行“分类汇总”命令，在弹出的“分类汇总”对话框中取消上次分类汇总的“选定汇总项”选项组中的选项，重新设置“分类字段”、“汇总方式”与“选定汇总项”选项，并取消选中“替换当前分类汇总”选项，单击“确定”按钮即可。

（3）创建行列分级

在 Excel 2010 中，用户还可以以行或列为单位，创建行与列分级显示。首先需要选择需要进行行分级显示的单元格区域，如选择单元格区域 A3:A21。然后选择“数据”选项卡“分级显示”选项组中的“创建组”命令，在下拉列表中选择“创建组”选项，在弹出的“创建组”对话框中，选中“行”单选按钮即可。

列分级显示与行分级显示的操作方法相同，选择需要进行列分级显示的单元格区域，在“创建组”对话框中选中“列”单选按钮即可。

（4）操作分类数据

在显示分类汇总结果的同时，分类汇总表的左侧会自动显示分级显示按钮，使用分级显示按钮可以显示或隐藏分类数据。

利用这些分级显示按钮可控制数据的显示。例如，单击“3 级级别”按钮，则只显示区域平均值与汇总值；单击“2 级级别”按钮，则只显示区域汇总值。

3. 使用数据透视表

数据透视表是一种具有创造性与交互性的报表。使用数据透视表，可以汇总、分析、浏览与提供汇总数据。而数据透视表强大的功能主要体现在可以使杂乱无章、数据庞大的数据表快速有序地显示出来，是 Excel 2010 用户不可缺少的数据分析工具。

1）创建数据透视表

选择需要创建数据透视表的数据区域，该数据区域要包含列标题。选择“插入”选项卡“表格”选项组中的“数据透视表”命令，在下拉列表中选择“数据透视表”选项即可弹出“创建数据透视表”对话框。如图 4–37 所示。

该对话框主要包括以下选项：

- 选择一个表或区域：选中该单选按钮，表示可以在当前工作簿中选择创建数据透视表的数据。
- 使用外部数据源：选中该单选按钮后单击“选择连接”按钮，在弹出的“现有链接”对话框中选择链接数据即可。
- 新工作表：选中该单选按钮，可以将创建的数据透视表显示在新的工作表中。

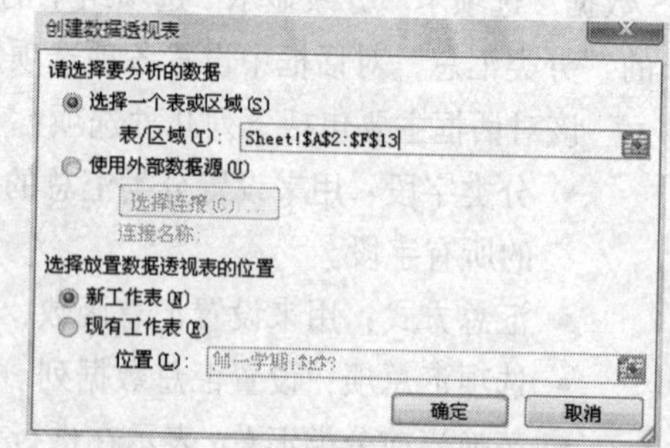

图 4–37 “创建数据透视表”对话框

- 现有工作表：选中该单选按钮，可以将创建的数据透视表显示在当前工作表所指定位置中。

在对话框中单击“确定”按钮，即可在工作表中插入数据透视表，并在窗口右侧自动弹出“数据透视表字段列表”任务窗格。用户在“选择要添加到报表的字段”列表框中选择需要添加的字段即可。

用户也可以在数据透视表中，像创建图表那样创建以图形形状显示数据的透视表透视图。选中数据透视表，选择“选项”选项卡“工具”选项组中的“数据透视图”命令，在弹出的“插入图表”对话框中选择需要插入的图表类型即可。

2）编辑数据透视表

创建数据透视表之后，为了适应分析数据的要求，需要编辑数据透视表。其编辑内容主要包括更改数据的计算类型、设置数据透视表样式、筛选数据等内容。

（1）更改计算类型

在“数据透视表字段列表”任务窗格中的“数值”列表框中，单击数值类型，选择“值字段设置”选项，在弹出的“值字段设置”对话框中的“计算类型”列表框中选择计算类型即可。

（2）设置数据透视表样式

Excel 2010 为用户提供了浅色、中等深色、深色 3 种类型共 85 种样式。选择数据透视表，选择“设计”选项卡“数据透视表样式”选项组中的“其他”命令，在下拉列表中选择一种样式即可，如图 10-19 所示。

（3）筛选数据

选择数据透视表，在“数据透视表字段列表”任务窗格中，将需要筛选数据的字段名称拖动到“报表筛选”列表框中。此时，在数据透视表上方将显示筛选列表。用户可单击“筛选”按钮，对数据进行筛选。

另外，用户还可以在“行标签”、“列标签”或“数值”列表框中单击需要筛选的字段名称后面的下三角按钮，在下拉列表中选择“移动到报表筛选”选项，将该值字段设置为可筛选的字段。

4.2　项目　小区物业信息管理情况分析

1. 项目背景

随着我国市场经济的快速发展、住房制度改革的深化、住宅建设的发展以及城市化速度的加快，专业化物业管理应运而生并迅速发展。物业管理几乎涵盖了人们工作生活的方方面面。可以说，物业管理成为衡量城市管理水平的重要标志。

2. 项目目的

通过对“业主”、“物业费”、“停车位”等基本物业情况的分析，对领导层掌握信息、加强管理、顺应市场经济的规律、提高管理水平和经济效益有这很大的好处。

3. 项目要求

（1）内容要求

对小区的“业主”、“物业费”、“停车位”等基本物业情况的分析，制作出一份图文并茂的业主情况分析表。

（2）技术要求

电子表格的制作，数据的各种方式录入，对应图形的表示，表格内数据的计算分析，数据的变化等。

4. 项目分析

根据上述项目要求，有必要创建业主基本信息表，进行物业信息管理情况分析

4.2.1　任务 1　业主基本信息表的创建

1. 项目效果

业主基本信息表如图 4-38 所示。

2. 任务要求

① 创建业主信息管理表。

② 创建“业主信息管理表”的基本框架。

③ 输入“业务编号”、“房号”、“楼宇名称”、楼层”信息。

业主基本信息表

物业编号	房号	楼宇名称	楼层	房屋类型	业主姓名	购房合同号	配备设施	房屋状态	建筑面积	使用面积	公用面积	备注
KY1001	A-101	A栋	1	商用	黄梯云	KY200903009	三通	入住	136.8	116.3	20.5	
KY1002	A-102	A栋	1	商用	易慧蓉	KY200903003	三通	入住	136.8	116.3	20.5	
KY1003	A-103	A栋	1	商用	齐瑞萍	KY200903011	两通	入住	136.8	116.3	20.5	
KY1004	A-104	A栋	1	商用	徐国栋	KY200903006	三通	入住	136.8	116.3	20.5	
KY1005	A-201	A栋	2	住宅	鲁波	KY200903013	五通	入住	97.8	85.3	12.5	
KY1006	A-202	A栋	2	住宅	马国成	KY200903014	五通	空房	97.8	85.3	12.5	
KY1007	A-203	A栋	2	住宅	胡德辉	KY200903002	四通	入住	88.5	78	10.5	
KY1008	A-204	A栋	2	商用	皮童菲	KY200903016	三通	入住	104.7	93.5	11.2	
KY1009	A-301	A栋	3	住宅	周宏生	KY200903007	四通	入住	132.6	119.4	13.2	
KY1010	A-302	A栋	3	住宅	张杨	KY200903012	五通	入住	132.6	119.4	13.2	
KY1011	A-303	A栋	3	住宅	孙海滨	KY200903019	五通	空房	88.5	78	10.5	
KY1012	A-304	A栋	3	住宅	程里	KY200903001	四通	入住	104.7	93.5	11.2	
KY1013	A-401	A栋	4	住宅	刘克军	KY200903004	五通	入住	132.6	119.4	13.2	
KY1014	A-402	A栋	4	商用	李光波	KY200903008	三通	入住	132.6	119.4	13.2	
KY1015	A-403	A栋	4	住宅	邓科	KY200903005	五通	入住	88.5	78	10.5	
KY1016	A-404	A栋	4	住宅	刘新华	KY200903024	五通	入住	104.7	93.5	11.2	
KY1017	B-101	B栋	1	商用	冠杰	KY200903018	三通	入住	136.8	116.3	20.5	
KY1018	B-102	B栋	1	商用	冯元扬	KY200903021	三通	入住	136.8	116.3	20.5	
KY1019	B-103	B栋	1	商用	陶圆培	KY200903010	两通	入住	136.8	116.3	20.5	
KY1020	B-104	B栋	1	商用	吴天明	KY200903028	四通	入住	136.8	116.3	20.5	
KY1021	B-201	B栋	2	住宅	莱园路	KY200903015	五通	入住	97.8	85.3	12.5	
KY1022	B-202	B栋	2	商用	陶婷	KY200903030	三通	入住	97.8	85.3	12.5	
KY1023	B-203	B栋	2	住宅	慕容博	KY200903017	五通	入住	88.5	78	10.5	
KY1024	B-204	B栋	2	住宅	聂小倩	KY200903020	四通	空房	104.7	93.5	11.2	
KY1025	B-301	B栋	3	住宅	何登科	KY200903023	五通	入住	132.6	119.4	13.2	
KY1026	B-302	B栋	3	住宅	蔡强	KY200903025	四通	入住	132.6	119.4	13.2	
KY1027	B-303	B栋	3	商用	王亚彬	KY200903022	三通	入住	88.5	78	10.5	
KY1028	B-304	B栋	3	住宅	李博瑞	KY200903029	四通	入住	104.7	93.5	11.2	
KY1029	B-401	B栋	4	商用	唐文凤	KY200903031	三通	入住	132.6	119.4	13.2	
KY1030	B-402	B栋	4	住宅	张珊	KY200903032	五通	入住	132.6	119.4	13.2	
KY1031	B-403	B栋	4	住宅	李林利	KY200903026	四通	空房	88.5	78	10.5	
KY1032	B-404	B栋	4	住宅	魏昕	KY200903027	五通	入住	104.7	93.5	11.2	

图 4-38　业主基本信息表

④ 输入“房屋类型”信息。

⑤ 输入其他业主信息。

⑥ 计算“公用面积”。

⑦ 格式化“业主基本信息表”。

3. 方法与步骤

（1）创建业主信息管理表

① 启动 Excel 2010，新建一个空白工作簿。

② 将创建的工作簿以“业主信息管理表”保存。

③ 将“业主信息管理表”中的 Sheet1 工作表重命名为“业主基本信息”。

（2）创建“业主信息管理表”的基本框架

① 在“业主基本信息”表中输入工作表标题。在 A1 单元格中输入“业主基本信息表”。

② 输入表格标题字段。在 A2:M2 单元格中分别输入表格各个字段的标题内容，如图 4-39 所示。

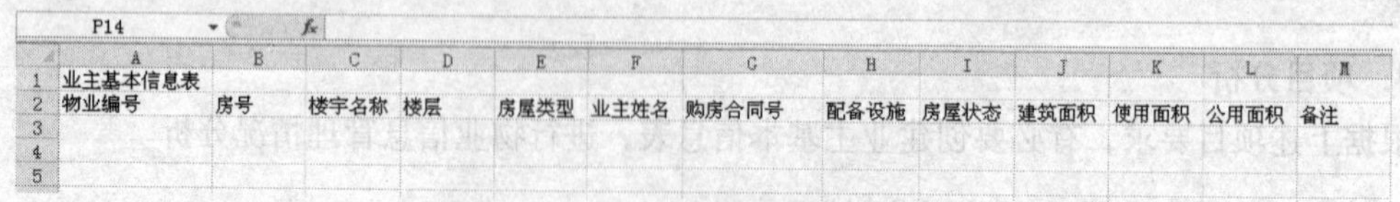

	A	B	C	D	E	F	G	H	I	J	K	L	M
1	业主基本信息表												
2	物业编号	房号	楼宇名称	楼层	房屋类型	业主姓名	购房合同号	配备设施	房屋状态	建筑面积	使用面积	公用面积	备注
3													
4													
5													

图 4-39　表格各个字段的标题内容

（3）输入“物业编号”、“房号”、“楼宇名称”、楼层”和“房屋类型”信息

① 选中 A3 单元格，输入物业编号“KY1001”。

② 用鼠标拖动其填充至 A34 单元格，输入“KY1001”～“KY1032”的物业编号。

③ 参照图和输入物业编号方法，输入房号和楼宇名称。

（4）输入“房屋类型”信息

对于“房屋类型”而言，它的分类一般是较固定的一组数据，为了提高输入效率，我们可以为

"房屋类型"定义一组序列值，这样，再输入的时候，可以直接从提供的序列值中去选取。

① 为"房屋类型"设置有效数据序列：

a. 选中 E3:E34 单元格区域。

b. 选择功能区中的"数据"选项卡，单击"数据工具"选项组中的"数据有效性"按钮，在下拉列表中选择"数据有效性"命令，打开"数据有效性"对话框。

c. 在"设置"选项卡中，单击"允许"右侧的下拉按钮，在弹出的下拉菜单中，选择"序列"选项，然后在下面"来源"框中输入"住宅，商用"，并选中"提供下拉箭头"选项，如图 4-40 所示。

② 输入"房屋类型"：

a. 选中 E3 单元格，其右侧将出现下拉按钮，单击下拉按钮，可出现图 4-41 所示的下拉列表，单击列表中的值可实现数据的输入。

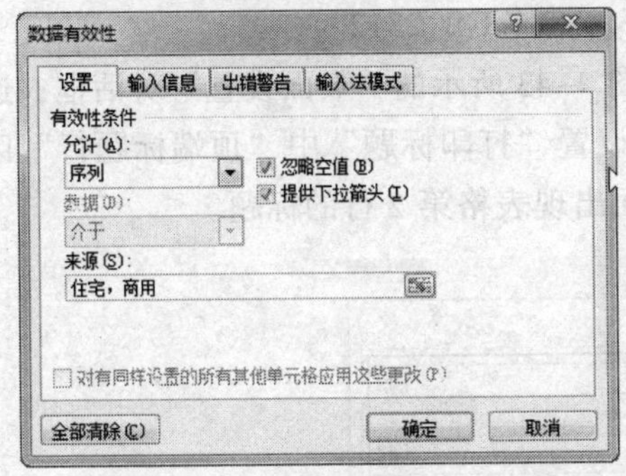

图 4-40 "数据有效性"对话框

	A	B	C	D	E	
1	业主基本信息表					
2	物业编号	房号	楼宇名称	楼层	房屋类型	业主
3	KY1001	A-101	A栋	1	住宅 商用	
4	KY1002	A-102	A栋	1		
5	KY1003	A-103	A栋	1		
6	KY1004	A-104	A栋	1		
7	KY1005	A-201	A栋	2		
8	KY1006	A-202	A栋	2		

图 4-41 实现数据的录入

b. 依次按图 4-38 所示输入"房屋类型"。

（5）输入其他业主信息

① 按照图 4-38 所示，录入"业主姓名"和"购房合同号"。

② 参照"房屋类型"的录入方式，用值列表的形式录入图 4-38 所示的"配套设施"的数据。

③ 按照图 4-38 所示，录入"房屋状态"、"建筑面积"和"使用面积"，数据录入完毕后如图 4-42 所示。

	A	B	C	D	E	F	G	H	I	J	K
1	业主基本信息表										
2	物业编号	房号	楼宇名称	楼层	房屋类型	业主姓名	购房合同号	配备设施	房屋状态	建筑面积	使用面积
3	KY1001	A-101	A栋	1	商用	黄梯云	KY200903009	三通	入住	136.8	116.3
4	KY1002	A-102	A栋	1	商用	易慧春	KY200903003	三通	入住	136.8	116.3
5	KY1003	A-103	A栋	1	商用	齐瑞萍	KY200903011	两通	入住	136.8	116.3
6	KY1004	A-104	A栋	1	商用	徐国栋	KY200903006	三通	入住	136.8	116.3
7	KY1005	A-201	A栋	2	住宅	鲁波	KY200903013	五通	入住	97.8	85.3
8	KY1006	A-202	A栋	2	住宅	马国成	KY200903014	五通	空房	97.8	85.3
9	KY1007	A-203	A栋	2	住宅	胡德辉	KY200903002	四通	入住	88.5	78
10	KY1008	A-204	A栋	2	商用	皮董菲	KY200903016	三通	入住	104.7	93.5
11	KY1009	A-301	A栋	3	住宅	周宏生	KY200903007	四通	入住	132.6	119.4
12	KY1010	A-302	A栋	3	住宅	张扬	KY200903012	五通	入住	132.6	119.4
13	KY1011	A-303	A栋	3	住宅	孙海滨	KY200903019	五通	空房	88.5	78
14	KY1012	A-304	A栋	3	住宅	程里	KY200903001	四通	入住	104.7	93.5
15	KY1013	A-401	A栋	4	住宅	刘克军	KY200903004	五通	入住	132.6	119.4
16	KY1014	A-402	A栋	4	商用	李光波	KY200903008	三通	入住	132.6	119.4
17	KY1015	A-403	A栋	4	住宅	邓科	KY200903005	五通	入住	88.5	78
18	KY1016	A-404	A栋	4	住宅	刘新华	KY200903024	五通	入住	104.7	93.5
19	KY1017	B-101	B栋	1	商用	冠杰	KY200903018	三通	入住	136.8	116.3
20	KY1018	B-102	B栋	1	商用	冯元扬	KY200903021	三通	入住	136.8	116.3
21	KY1019	B-103	B栋	1	商用	陶园培	KY200903010	两通	入住	136.8	116.3
22	KY1020	B-104	B栋	1	商用	吴天明	KY200903028	四通	入住	136.8	116.3
23	KY1021	B-201	B栋	2	住宅	荣国路	KY200903015	五通	入住	97.8	85.3
24	KY1022	B-202	B栋	2	商用	陶婷	KY200903030	三通	入住	97.8	85.3
25	KY1023	B-203	B栋	2	住宅	慕容博	KY200903017	五通	入住	88.5	78
26	KY1024	B-204	B栋	2	住宅	聂小倩	KY200903020	四通	空房	104.7	93.5
27	KY1025	B-301	B栋	3	住宅	何登科	KY200903023	五通	入住	132.6	119.4
28	KY1026	B-302	B栋	3	住宅	蔡强	KY200903025	四通	入住	132.6	119.4
29	KY1027	B-303	B栋	3	商用	王亚彬	KY200903022	三通	入住	88.5	78
30	KY1028	B-304	B栋	3	住宅	李博瑞	KY200903029	四通	入住	104.7	93.5
31	KY1029	B-401	B栋	4	商用	唐文凤	KY200903031	三通	入住	132.6	119.4
32	KY1030	B-402	B栋	4	住宅	张珊	KY200903032	五通	入住	132.6	119.4
33	KY1031	B-403	B栋	4	住宅	李林利	KY200903026	四通	空房	88.5	78
34	KY1032	B-404	B栋	4	住宅	魏昕	KY200903027	五通	入住	104.7	93.5

图 4-42 数据录入完毕

（6）计算“公用面积”

① 这里，公用面积=建筑面积-使用面积。

② 选中 L3 单元格，输入公式“=J3-K3”。

③ 按【Enter】键确认，计算出相应的公用面积。

④ 选中 L3 单元格，用鼠标拖动至 L34 单元格，将公式复制到 L4:L34 单元格区域中，可计算出所有的公用面积。

（7）格式化“业主基本信息表”

① 将表格标题“业主基本信息表”合并居中，字体设置为“楷体_GB2312”、“22 磅”、“加粗”。

② 选中 A2:M34 单元格区域，自动套用格式“表样式中等深浅 4”。在此基础上，为表格添加外粗内细的边框，并将该区域设置为居中对齐，楷体 GB_2312。

③ 页面设置：选择“页面布局”选项卡，打开图 4-43 所示的“页面设置”对话框；选择“方向”选项，将页面纸张方向设置为“横向”；设置“打印标题”中“顶端标题行”区域为“$2:$2”，如图 4-43 所示。这样，将在每页上面出现表格第 2 行的标题。

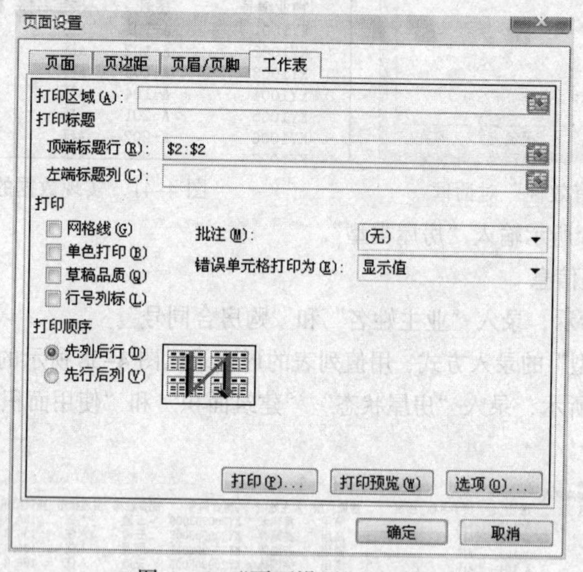

图 4-43 “页面设置”对话框

4.2.2 任务 2 制作物业费用管理表

小区物业费、管理费是管理的一个重要组成部分。小区物业费的收取是影响小区物业管理正常进行的一项重要因素。简化、规范物业费用的管理，有利于降低物业管理的成本，提高物业管理的效率和质量。

1. 项目效果

小区业主收费明细如图 4-44 所示。

小区业主收费明细表

物业编号	业主姓名	水				电				气				管理费		光纤费
		本月读数	上月读数	实用数	金额	本月读数	上月读数	实用数	金额	本月读数	上月读数	实用数	金额	面积	金额	
KY1001	黄梯云	85	60	25	53.75	223	174	49	25.97	69	47	22	38.5	136.8	205.2	14
KY1002	易慧蓉	92	60	32	68.8	132	85	47	24.91	57	43	14	24.5	136.8	205.2	14
KY1003	齐瑞萍	75	53	22	47.3	73	60	13	6.89	76	59	17	29.75	136.8	205.2	14
KY1004	徐国栋	67	56	11	23.65	183	135	48	25.44	55	35	20	35	136.8	205.2	14
KY1005	鲁波	59	38	21	45.15	139	89	50	26.5	71	54	17	29.75	97.8	117.4	14
KY1006	马国成	77	60	17	36.55	38	25	13	6.89	65	50	15	26.25	97.8	117.4	14
KY1007	胡德辉	102	76	26	55.9	231	198	33	17.49	67	46	21	36.75	88.5	106.2	14
KY1008	皮童菲	68	45	23	49.45	103	77	26	13.78	46	31	15	26.25	104.7	157.1	14
KY1009	周宏生	94	48	46	98.9	163	62	101	53.53	56	37	19	33.25	132.6	159.1	14
KY1010	张扬	64	51	13	27.95	53	5	48	25.44	63	40	23	40.25	132.6	159.1	14
KY1011	孙海滨	83	63	20	43	210	127	83	43.99	78	52	26	45.5	88.5	106.2	14
KY1012	程里	48	29	19	40.85	97	44	53	28.09	38	21	17	29.75	104.7	125.6	14
KY1013	刘克军	78	60	18	38.7	166	114	52	27.56	76	48	28	49	132.6	159.1	14
KY1014	李光波	92	73	19	40.85	79	32	47	24.91	18	11	7	12.25	132.6	198.9	14
KY1015	邓科	81	59	22	47.3	56	12	44	23.32	23	12	11	19.25	88.5	106.2	14
KY1016	刘新华	61	32	29	62.35	105	79	26	13.78	82	60	22	38.5	104.7	125.6	14
KY1017	冠杰	89	48	41	88.15	228	103	125	66.25	67	55	12	21	136.8	205.2	14
KY1018	冯元扬	104	77	27	58.05	134	70	64	33.92	70	48	22	38.5	136.8	205.2	14
KY1019	陶园培	112	81	31	66.65	197	129	68	36.04	33	20	13	22.75	136.8	205.2	14
KY1020	吴天明	63	43	20	43	101	56	45	23.85	55	29	26	45.5	136.8	205.2	14
KY1021	荣国路	85	61	24	51.6	227	136	91	48.23	65	42	23	40.25	97.8	117.4	14
KY1022	陶婷	65	39	26	55.9	168	102	66	34.98	15	6	9	15.75	97.8	146.7	14
KY1023	聂容博	91	68	23	49.45	124	91	33	17.49	31	13	18	31.5	88.5	106.2	14
KY1024	聂小倩	85	72	13	27.95	107	67	40	21.2	84	52	32	56	104.7	125.6	14
KY1025	何登科	115	86	29	62.35	161	103	58	30.74	87	65	22	38.5	132.6	159.1	14
KY1026	蔡强	63	41	22	47.3	95	65	30	15.9	43	30	13	22.75	132.6	159.1	14
KY1027	王亚彬	116	79	37	79.55	165	104	61	32.33	55	32	23	40.25	88.5	132.8	14
KY1028	李博瑞	87	59	28	60.2	227	162	65	34.45	67	46	21	36.75	104.7	125.6	14
KY1029	唐文凤	100	75	25	53.75	184	143	41	21.73	74	51	23	40.25	132.6	198.9	14
KY1030	张珊	62	43	19	40.85	204	159	45	23.85	75	58	17	29.75	132.6	159.1	14
KY1031	李林利	93	70	23	49.45	125	79	46	24.38	71	50	21	36.75	88.5	106.2	14
KY1032	魏昕	95	69	26	55.9	192	137	55	29.15	63	49	14	24.5	104.7	125.6	14

图 4-44　小区业主收费明细表

2．任务要求

① 创建工作簿，重命名工作表。

② 创建"物业费用明细表"的基本框架。

③ 输入"业主收费明细表"基础数据。

④ 统计"业主收费明细表"中的各项费用。

3．解决方案

（1）创建工作簿，重命名工作表

① 启动 Excel 2010，新建一个空白工作簿。

② 将创建的工作簿以"小区物业费用管理表"命名。

③ 将"小区物业费用管理表"工作簿中的 Sheet1 工作表重命名为"物业费用明细表"。

（2）创建"物业费用明细表"的基本框架

① 在"物业费用明细表"表中输入工作表标题。在 A1 单元格中输入"业主基本信息表"。

② 输入表格标题字段。参照图 4-45 所示，单元格中分别输入表格各个字段的标题内容。

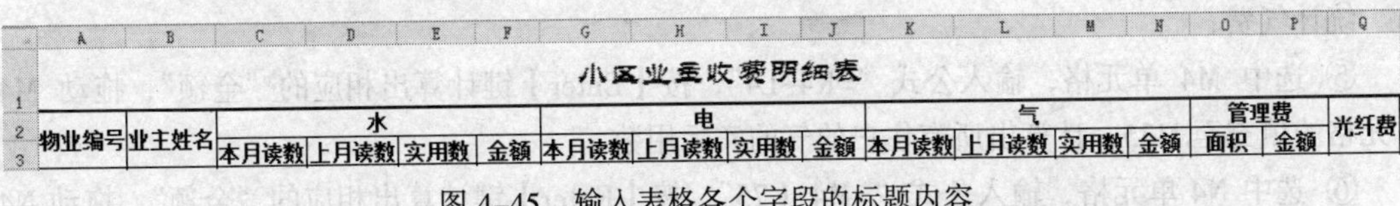

小区业主收费明细表

物业编号	业主姓名	水				电				气				管理费		光纤费
		本月读数	上月读数	实用数	金额	本月读数	上月读数	实用数	金额	本月读数	上月读数	实用数	金额	面积	金额	

图 4-45　输入表格各个字段的标题内容

（3）输入"业主收费明细表"基础数据

① 在 A4:A35 单元格区域中输入"物业编号"的数据 KY1001～KY1032。

② 输入"业主姓名"。

③ 打开"业主基本信息表"工作簿。

④ 选中"物业费用明细表"表中的 B4 单元格，插入函数"VLOOKUP"，参数设置如图 4-46 所示。

⑤ 单击"确定"按钮，得到"物业编号"对应的"业主姓名"。

⑥ 选中 B4 单元格，用鼠标拖动至 B35 单元格，将公式复制到 B5:B35 单元格区域中，可填充出所有的“业主姓名”。

⑦ 采用类似的方法，使用 VLOOKUP 函数，通过引用“业主基本信息”工作表中的建筑面积等数据。

⑧ 参照图 4-46 所示，输入“水”、“电”、“气”和“光纤费”的基础数据。

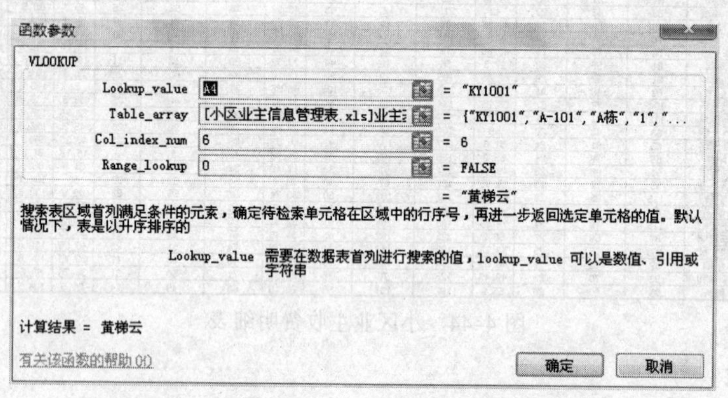

图 4-46　VLOOKUP“函数参数”对话框

（4）统计“业主收费明细表”中的各项费用

统计水费：

① 选中 E4 单元格，输入公式“=C4-D4”，按【Enter】键计算出相应的“金额”，拖动 E4 单元格，填充至 E35，计算出所有住户的水的实际用数。

② 选中 F4 单元格，输入公式“=E4*2.15”，按【Enter】键计算出相应的“金额”，拖动 F4 单元格，填充至 F35，计算出所有住户的水费。

统计电费：

③ 选中 I4 单元格，输入公式“=G4-H4”，按【Enter】键计算出相应的“金额”，拖动 I4 单元格，填充至 I35，计算出所有住户的电的实际用数。

④ 选中 J4 单元格，输入公式“=E4*0.54”，按【Enter】键计算出相应的“金额”，拖动 J4 单元格，填充至 J35，计算出所有住户的电费。

统计气费：

⑤ 选中 M4 单元格，输入公式“=K4-L4”，按【Enter】键计算出相应的“金额”，拖动 M4 单元格的填充至 M35，计算出所有住户的气的实际用数。

⑥ 选中 N4 单元格，输入公式“=M4*1.75”，按【Enter】键计算出相应的“金额”，拖动 N4 单元格，填充至 N35，计算出所有住户的气费。

统计管理费（管理费按照房屋的类型进行收取，普通住宅为 1.2 元/m^2，商用为 1.5 元/m^2）：

① 选中 P4 单元格。

② 输入公式=IF（VLOOKUP（A4，[业主基本信息表.xlsx]业主基本信息！$A$3:$E$34,5,0）=“住宅”，04*1.2，04*1.5），按【Enter】键计算出相应的“金额”，拖动 P4 单元格，填充至 P35，计算出所有用户的管理费。

4.2.3　任务 3　制作小区车位管理表

随着人们生活水平不断提高，拥有私家汽车的人数越来越多。因此，对小区停放车位的需求不断增加，车位管理也成为小区物业管理的一个重要组成部分。

1. 项目效果

2009 年度小区车位管理表如图 4-47 所示。

	A	B	C	D	E	F	G	H	I	J	K	L
1	2009年度小区车位管理表											
2	车位号	业主姓名	房号	车牌号	类别	租用日期	单价(月)	第1季度	第2季度	第3季度	第4季度	合计
3	A-001	易慧蓉	A-102	冀B KY035	租用	2008/10/15	¥300	¥900	¥900	¥900	¥900	¥3,600
4	A-002	徐国栋	A-104	冀B K3Y56	租用	2009/1/5	¥300	¥900	¥900	¥900	¥900	¥3,600
5	A-003	胡德辉	A-203	冀B 3845K	自备	2009/4/1	¥30	¥0	¥90	¥90	¥90	¥270
6	A-004	张扬	A-302	京A 087H2	租用	2008/12/3	¥300	¥900	¥900	¥900	¥900	¥3,600
7	A-005	邓科	A-403	京A M45KY	自备	2009/5/16	¥30	¥0	¥45	¥90	¥90	¥225
8	A-006	冠杰	B-101	冀B F35KY	自备	2009/1/18	¥30	¥75	¥90	¥90	¥90	¥345
9	A-007	陶园培	B-103	冀D K567Y	自备	2008/6/30	¥30	¥90	¥90	¥90	¥90	¥360
10	A-008	吴天明	B-104	冀B J901E	租用	2009/2/20	¥300	¥450	¥900	¥900	¥900	¥3,150
11	B-001	慕容博	B-203	京Q 987A3	租用	2009/7/5	¥300	¥0	¥0	¥900	¥900	¥1,800
12	B-002	聂小倩	B-204	津E 320Q1	自备	2008/11/17	¥30	¥90	¥90	¥90	¥90	¥360
13	B-003	王亚彬	B-303	冀B 68Y3H	租用	2009/1/26	¥300	¥750	¥900	¥900	¥900	¥3,450
14	B-004	李博瑞	B-304	津E 521W1	自备	2009/3/1	¥30	¥30	¥90	¥90	¥90	¥300
15	B-005	张珊	B-402	京L 1615L	自备	2008/5/3	¥30	¥90	¥90	¥90	¥90	¥360
16	B-006	李林利	B-403	冀B B756Y	自备	2007/10/12	¥30	¥90	¥90	¥90	¥90	¥360
17	C-001	魏昕	B-404	冀B K321Y	租用	2008/5/3	¥300	¥900	¥900	¥900	¥900	¥3,600
18	C-002	鲁波	A-201	京F JL821	自备	2009/6/1	¥30	¥0	¥30	¥90	¥90	¥210
19	C-003	孙海滨	A-303	冀B W906H	自备	2007/10/9	¥30	¥90	¥90	¥90	¥90	¥360
20	C-004	程里	A-304	冀B L301J	租用	2009/2/6	¥300	¥600	¥900	¥900	¥900	¥3,300
21	C-005	陶婷	B-202	冀B 1300K	租用	2008/4/8	¥300	¥900	¥900	¥900	¥900	¥3,600
22	C-006	蔡强	B-302	冀B C123D	自备	2007/6/15	¥30	¥90	¥90	¥90	¥90	¥360

图 4-47　2009 年度小区车位管理表

2. 任务要求

① 创建工作簿、重命名工作表。

② 复制工作表。

③ 创建“车位管理表”的基本框架。

④ 输入“小区车位管理表”基础数据。

⑤ 输入车位类别数据。

⑥ 输入“单价”数据。

⑦ 输入个季度车位费并计算“合计”金额。

⑧ 查看车牌号为“冀 B”的车辆数据信息。

⑨ 制作“小区不同类别车位数据透视图”。

⑩ 汇总统计各类车位的费用。

3. 解决方案

（1）创建工作簿、重命名工作表。

① 启动 Excel 2010，新建一个空白工作簿。

② 将创建的工作簿以“小区车位管理表”命名。

③ 将“小区车位管理表”工作簿中的 Sheet1 工作表重命名为“车位管理表”。

（2）复制工作表

① 打开“业主信息管理表”工作簿。

② 右击“业主基本信息”工作表，在弹出的快捷菜单中选择“移动或复制”命令，弹出“移动或复制工作表”对话框，从“工作簿”的下拉列表中选择“小区车位管理表”，在“下列选定工作表之前”中选择“车位管理表”工作表，再选中“建立副本”复选框。

③ 单击“确定”按钮，将选定的工作表“业主基本信息”工作表复制到“小区车位管理表”工作簿中。

（3）创建“车位管理表”的基本框架

① 在“车位管理表”中输入工作表标题“2009 年小区车位管理表”。

② 输入表格标题字段。按照图 4-48 所示制作“小区车位管理表”标题。

	A	B	C	D	E	F	G	H	I	J	K	L
1	2009年度小区车位管理表											
2	车位号	业主姓名	房号	车牌号	类别	租用日期	单价(月)	第1季度	第2季度	第3季度	第4季度	合计
3												

图 4-48　输入表格标题字数

（4）输入“小区车位管理表”基础数据

① 在 A3:A22 单元格区域中依次输入“车位号”的数据“A001”～“A008”、“B001”～“B006”及“C001”～“C006”

② 按图 4-47 所示，输入“业主姓名”、“车牌号”和“租用日期”数据，输入完毕后如图 4-49 所示。

	A	B	C	D	E	F	G	H	I	J	K	L
1	2009年度小区车位管理表											
2	车位号	业主姓名	房号	车牌号	类别	租用日期	单价(月)	第1季度	第2季度	第3季度	第4季度	合计
3	A-001	易慧蓉		冀B KY035		2008/10/15						
4	A-002	徐国栋		冀B K3Y56		2009/1/5						
5	A-003	胡德辉		冀B 3845K		2009/4/1						
6	A-004	张扬		京A 087H2		2008/12/3						
7	A-005	邓科		京A M45KY		2009/5/16						
8	A-006	冠杰		冀B F35KY		2009/1/18						
9	A-007	陶园培		冀D K567Y		2008/6/30						
10	A-008	吴天明		冀B J901E		2009/2/20						
11	B-001	慕容博		京Q 987A3		2009/7/5						
12	B-002	聂小倩		津E 320Q1		2008/11/17						
13	B-003	王亚彬		冀B 68Y3H		2009/1/26						
14	B-004	李博瑞		津E 521W1		2009/3/1						
15	B-005	张珊		京L 1615L		2008/5/3						
16	B-006	李林利		冀B B756Y		2007/10/12						
17	C-001	魏昕		冀B K321Y		2008/5/3						
18	C-002	鲁波		京F JL821		2009/6/1						
19	C-003	孙海滨		冀B W906H		2007/10/9						
20	C-004	程里		冀B L301J		2009/2/6						
21	C-005	陶婷		冀B 1300K		2008/4/8						
22	C-006	蔡强		冀B C123D		2007/6/15						

图 4-49　数据输入完毕

（5）输入车位类别数据

这里，车位类别分别为“租用”和“自备”两类。我们可以为“类别”数据提供值列表。及输入时直接从列表中进行选择。

为“类别”设置有效数据序列：

① 选中 E3:E22 单元格区域。

② 选择功能区中的“数据”选项卡“数据工具”选项组，单击“数据有效性”按钮，在弹出的列表中选择“数据有效性”选项，打开“数据有效性”对话框。

③ 在“设置”选项卡中，单击“允许”右侧的下拉按钮，在弹出的下拉菜单中，选择“序列”选项，然后在下面“来源”框中输入“租用，自备”，并选中“提供下拉箭头”选项，如图 4-50 所示。

④ 单击“确定”按钮，完成设置。

⑤ 单击列表中的值，输入图 4-47 所示的“类别”数据，输入完毕后如图 4-51 所示。

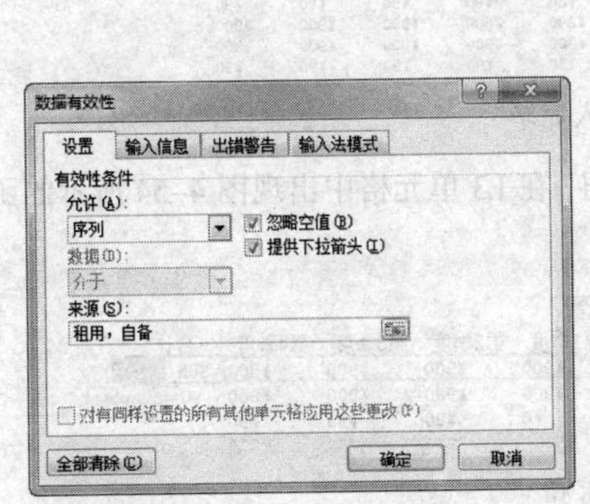

图 4-50　“数据有效性”对话框

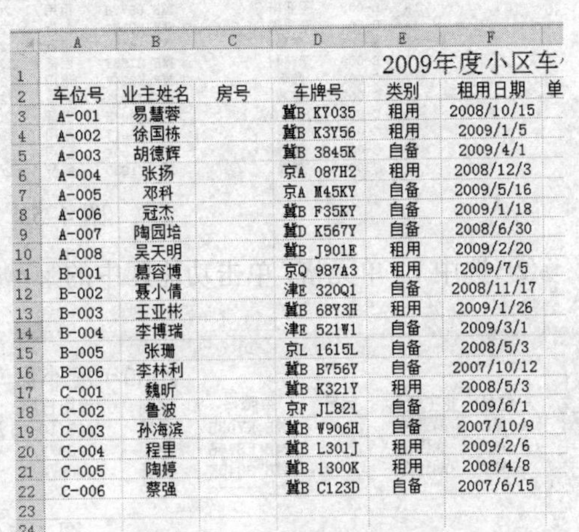

	A	B	C	D	E	F
1						2009年度小区车
2	车位号	业主姓名	房号	车牌号	类别	租用日期 单
3	A-001	易慧蓉		冀B KY035	租用	2008/10/15
4	A-002	徐国栋		冀B K3Y56	租用	2009/1/5
5	A-003	胡德辉		冀B 3845K	自备	2009/4/1
6	A-004	张扬		京A 087H2	租用	2008/12/3
7	A-005	邓科		京A M45KY	自备	2009/5/16
8	A-006	冠杰		冀B F35KY	自备	2009/1/18
9	A-007	陶园培		冀D K567Y	自备	2008/6/30
10	A-008	吴天明		冀B J901E	租用	2009/2/20
11	B-001	慕容博		京Q 987A3	租用	2009/7/5
12	B-002	聂小倩		津E 320Q1	自备	2008/11/17
13	B-003	王亚彬		冀B 68Y3H	租用	2009/1/26
14	B-004	李博瑞		津E 521W1	自备	2009/3/1
15	B-005	张珊		京L 1615L	自备	2008/5/3
16	B-006	李林利		冀B B756Y	自备	2007/10/12
17	C-001	魏昕		冀B K321Y	租用	2008/5/3
18	C-002	鲁波		京F JL821	自备	2009/6/1
19	C-003	孙海滨		冀B W906H	自备	2007/10/9
20	C-004	程里		冀B L301J	租用	2009/2/6
21	C-005	陶婷		冀B 1300K	租用	2008/4/8
22	C-006	蔡强		冀B C123D	自备	2007/6/15
23						

图 4-51　数据输入完毕

（6）输入“单价”数据

这里，“单价”可采用自动输入。设定车位类别为“租用”的，每月单价为 300 元，若为“自备”的，收取每月 30 元的管理费。

① 选中 G3 单元格，插入 IF 函数，函数值设置如图 4-52 所示。

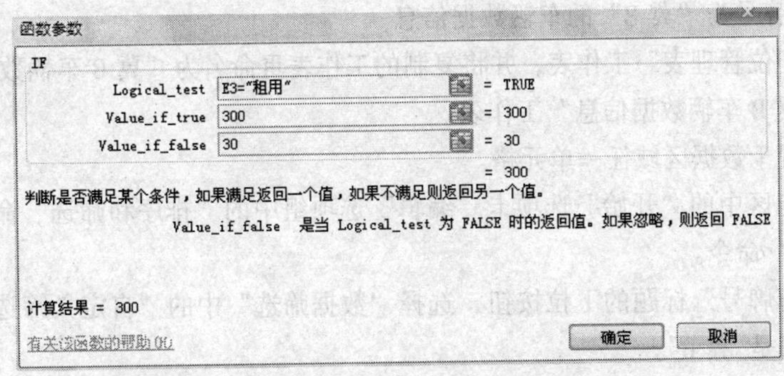

图 4-52　IF“函数参数”对话框

② 单击“确定”按钮，输入相应的单价。

③ 选中 G3 单元格，用鼠标拖动至 G22 单元格，将公式复制到 G4:G22 单元格区域中，可自动输入所有的“单价”。

（7）输入各季度车位费并计算“合计”金额

① 按照图 4-47 所示，在 G3:K22 单元格区域中输入个季度车位费，输入完毕后如图 4-53 所示。

	A	B	C	D	E	F	G	H	I	J	K	L
1	2009年度小区车位管理表											
2	车位号	业主姓名	房号	车牌号	类别	租用日期	单价(月)	第1季度	第2季度	第3季度	第4季度	合计
3	A-001	易慧蓉		冀B KY035	租用	2008/10/15	¥300	¥900	¥900	¥900	¥900	
4	A-002	徐国栋		冀B K3Y56	租用	2009/1/5	¥300	¥900	¥900	¥900	¥900	
5	A-003	胡德辉		冀B 3845K	自备	2009/4/1	¥30	¥0	¥90	¥90	¥90	
6	A-004	张扬		京A 087H2	租用	2008/12/3	¥300	¥900	¥900	¥900	¥900	
7	A-005	邓科		京A M45KY	自备	2009/5/16	¥30	¥0	¥45	¥90	¥90	
8	A-006	冠杰		冀B F35KY	自备	2009/1/18	¥30	¥75	¥90	¥90	¥90	
9	A-007	陶园培		冀D K567Y	自备	2008/6/30	¥30	¥90	¥90	¥90	¥90	
10	A-008	吴天明		冀B J901E	租用	2009/2/20	¥300	¥450	¥900	¥900	¥900	
11	B-001	葛容博		京Q 987A3	租用	2009/7/5	¥300	¥0	¥0	¥900	¥900	
12	B-002	聂小倩		津E 320Q1	自备	2008/11/17	¥30	¥90	¥90	¥90	¥90	
13	B-003	王亚彬		冀B 68Y3H	租用	2009/1/26	¥300	¥750	¥900	¥900	¥900	
14	B-004	李博瑞		津E 521W1	自备	2009/3/1	¥30	¥30	¥90	¥90	¥90	
15	B-005	张珊		京L 1615L	自备	2008/5/3	¥30	¥90	¥90	¥90	¥90	
16	B-006	李林利		冀B B756Y	自备	2007/10/12	¥30	¥90	¥90	¥90	¥90	
17	C-001	魏昕		冀B K321Y	租用	2008/5/3	¥300	¥900	¥900	¥900	¥900	
18	C-002	鲁波		京F JL821	自备	2009/6/1	¥30	¥0	¥30	¥90	¥90	
19	C-003	孙海滨		冀B W906H	自备	2007/10/9	¥30	¥90	¥90	¥90	¥90	
20	C-004	程里		冀B L301J	租用	2009/2/6	¥300	¥600	¥900	¥900	¥900	
21	C-005	陶婷		冀B 1300K	租用	2008/4/8	¥300	¥900	¥900	¥900	¥900	
22	C-006	蔡强		冀B C123D	自备	2007/6/15	¥30	¥90	¥90	¥90	¥90	

图 4-53　数据录入完毕

② 选中 L3 单元格，单击功能区中的 Σ 自动求和 按钮，在 L3 单元格中出现图 4-54 所示的函数。

	A	B	C	D	E	F	G	H	I	J	K	L	M	N
1	2009年度小区车位管理表													
2	车位号	业主姓名	房号	车牌号	类别	租用日期	单价(月)	第1季度	第2季度	第3季度	第4季度	合计		
3	A-001	易慧蓉		冀B KY035	租用	2008/10/15	¥300	¥900	¥900	¥900	¥900	=SUM(G3:K3)		
4	A-002	徐国栋		冀B K3Y56	租用	2009/1/5	¥300	¥900	¥900	¥900	¥900	SUM(number1, [number2], ...)		
5	A-003	胡德辉		冀B 3845K	自备	2009/4/1	¥30	¥0	¥90	¥90	¥90			

图 4-54　自动求和

③ 这里，函数引用的默认单元格区域为 G3:K3，显然包括了“单价”数据，需重新选择单元格区域 H3:K3

④ 按【Enter】键确认，可计算出相应的“合计”数据。

⑤ 选中 L3 单元格，用鼠标拖动其至 L22 单元格，将公式复制到 L4:L22 单元格区域中，可自动输入所有的“合计”。

（8）查看车牌号为“冀 B”的车辆数据信息

① 复制“车位管理表”工作表，并将复制的工作表重命名为“冀 B 车辆数据信息”。

② 选中“冀 B 车辆数据信息”工作表。

③ 将光标置于数据区域任一单元格。

④ 选择功能区中的“开始”选项卡“编辑”选项组中的“排序和筛选”命令，在其下拉列表中选择“筛选”命令。

⑤ 单击“车牌号”标题的下拉按钮，选择“数据筛选”中的“自定义筛选”方式，设置帅选条件为 “开头是 冀 B”。

⑥ 单击“确定”按钮，完成筛选。

（9）制作“小区不同类别车位数据透视图”

① 选中“车位管理表”工作表，将光标置于数据区域任一单元格。

② 选择功能区中的“插入”选项卡“表格”选项组中的“数据透视表”，打开“创建数据透视表”对话框，如图 4-55 所示。

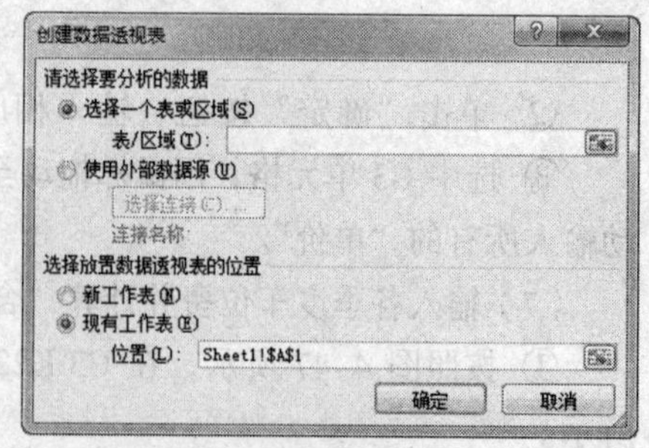

图 4-55　“创建数据透视表”对话框

③ 在“创建数据透视表”对话框中选择要分析的数

据区域输入“$A$2:$L$22”，放置数据透视表的位置为“新工作表”。

将“类别”字段拖动至“行标签”处，将“车牌号”字段作为计数项拖动至“数值”处，如图 4-56 所示。

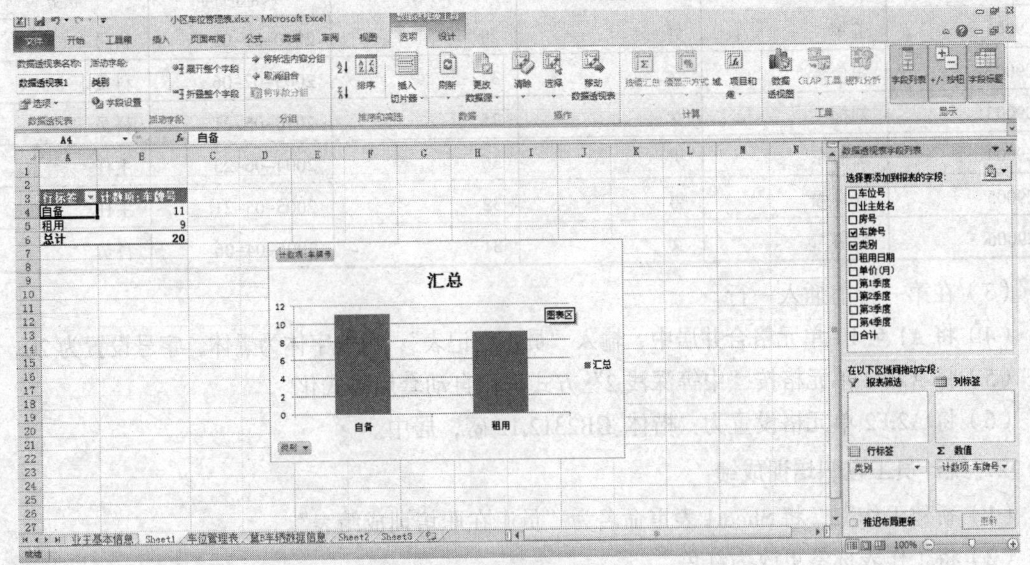

图 4-56　数据透视表

（10）汇总统计各类车位的费用

① 选中车位管理表中所有数据区域。

② 在功能区中选择“开始”选项卡中的“排序和筛选”按钮，在下拉列表中选择“自定义排序”命令。

③ 在主要关键字中选择“类别”，确定排序。

④ 选择全部数据区域，在功能区中单击“数据”选项卡“分级显示”选项组中的“分类汇总”按钮。

⑤ “分类汇总”字段中选择“类别”，“分类汇总项”中选择“第一季度”“第二季度”“第三季度”“第四季度”“合计”，“汇总方式”选择“求和”。

⑥ 单击“确定”按钮，完成分类汇总，结果如图 4-57 所示。

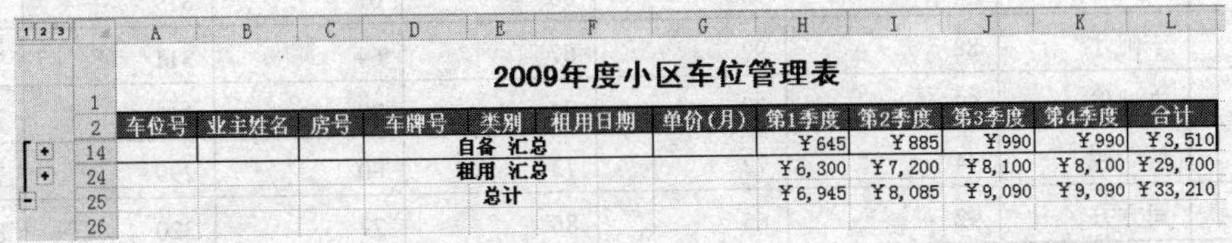

2009年度小区车位管理表

车位号	业主姓名	房号	车牌号	类别	租用日期	单价(月)	第1季度	第2季度	第3季度	第4季度	合计
				自备 汇总			￥645	￥885	￥990	￥990	￥3,510
				租用 汇总			￥6,300	￥7,200	￥8,100	￥8,100	￥29,700
				总计			￥6,945	￥8,085	￥9,090	￥9,090	￥33,210

图 4-57　完成分类汇总

上机操作练习题

1. 制作员工登记表

（1）在表 Sheet1 和 Sheet2 之间，插入一张 Sheet 工作表，将该表标签更名为“员工登记表”。

（2）将表 4-7 中的数据输入到“员工登记表”中。

表 4-7

工号	姓名	性别	年龄	入职时间	职务
C9001	王军	男	28	2010-01-02	科员
C9002	张俊芳	女	32	2005-02-06	科员
C9003	刘梅	女	25	2010-05-21	科员
C9004	王浩东	男	36	2004-06-23	主任
C9005	张自强	男	32	2005-05-21	主任
C9006	李倩	女	31	2005-04-06	科员

（3）在第一行前插入一行。

（4）将 A1 至 F1 单元格合并居中，输入“员工登记表”，设置字体为黑体，字号设置为 20。

（5）将 A2:F2 单元格按“中等深浅 2”方式进行自动套用格式化。

（6）将 A2:F2 单元格设置为：楷体_GB2312,12 磅，居中。

2．统计员工在职培训成绩

（1）新建工作簿，将 Sheet1 表重命名为“员工在职培训成绩表”。

（2）将工作表标签更改为红色。

（3）按照给出数据，构建表结构（见表 4-8）。

（4）按照样张，输入数据。

（5）利用 IF 函数，将员工成绩分为以下几个等级：大于等于 80 分的为优；大于等于 70 分的为良；大于等于 60 分的为及格；小于 60 的为不及格。

（6）利用 COUNTIF 函数统计各个等级的人数是多少。

表 4-8

员工编号	姓名	Excel 应用	商务英语	市场营销	广告学	总分	平均分
1001	冯秀娟	77	98	90	79	344	86
1002	张楠楠	81	89	72	80	322	80.5
1003	贾淑媛	62	72	75	77	286	71.5
1004	张　伟	90	74	88	67	319	79.75
1005	李阿才	88	92	67	64	311	77.75
1006	卞诚俊	67	70	94	79	310	77.5
1007	贾　锐	74	72	73	80	299	74.75
1008	司方方	92	65	86	77	320	80
1009	胡继红	65	68	79	67	279	69.75
1010	范玮	75	71	75	90	311	77.75
1011	袁晓坤	52	48	59	64	223	55.75
1012	王爱民	48	56	58	62	224	56
1013	李佳斌	57	51	64	60	232	58
1014	卞邺翔	85	73	93	87	338	84.5

续表

员工编号	姓名	Excel 应用	商务英语	市场营销	广告学	总分	平均分
1015	张敏敏	76	89	90	80	335	83.75
1016	吴　峻	80	92	72	77	321	80.25
1017	王　芳	64	90	75	79	308	77
1018	王洪宽	73	74	67	80	294	73.5

3. 统计分析员工工资表

（1）新建工作簿，将 Sheet1 表重命名为员工工资表。

（2）按照样张输入数据（见表 4-9）。

（3）将“员工工资表”按照工资进行降序排列。

（4）将“员工工资表”按照“部门”升序排序，按照“工资”降序排序。

（5）查看“员工工资表”中大于 5 000，小于 7 000 的员工信息，并将这些信息复制到 Sheet2 表当中。

（6）将“员工工资表”按照性别分类，查看男女员工的平均工资是多少。

表 4-9

职工姓名	性别	部门	职务	工龄/年	工资/元
刘丹	女	财务部	部门经理	3.00	3 600.00
刘东海	男	测试部	部门经理	9.00	6 500.00
王晓光	男	开发部	部门经理	10.00	7 800.00
张明亮	男	财务部	高级职员	12.00	6 500.00
李爱琳	女	测试部	高级职员	8.00	4 300.00
任立新	男	开发部	高级职员	7.00	5 200.00
刘庆民	男	开发部	高级职员	9.00	4 300.00
王苹	女	财务部	普通职员	10.00	7 000.00
王小冬	男	测试部	普通职员	2.00	3 600.00
陈芳	女	测试部	普通职员	6.00	5 000.00

第 5 章 文稿演示软件 PowerPoint 2010

信息发布在信息社会已变得越来越重要，如何将要交流传播的信息以生动、吸引人的方式表示出来，产生强烈的感染力，成为信息交流中的关键问题。微软公司的 PowerPoint 是一个优秀的可视化演示文稿制作工具，是微软的 Office 套装软件的组成部分之一。它将文字、图形、图像、声音及视频剪辑等多媒体元素融为一体，赋予演示对象更强的感染力，是目前最受欢迎的演示文稿制作软件之一。

本章主要介绍 PowerPoint 2010 的主要功能及其基本操作。

5.1 基础知识与操作要点

5.1.1 PowerPoint 2010 的基本操作

1. PowerPoint 2010 的启动和退出

安装 Office 2010 后，单击任务栏左侧的“开始”按钮，打开“开始”菜单，移动光标到“所有程序”选项上，单击“Microsoft Office”菜单，选择“Microsoft PowerPoint 2010”选项，即可启动 PowerPoint 2010。

用户也可以在桌面上建立 PowerPoint 2010 的快捷方式，通过单击快捷方式启动。

退出 PowerPoint 的方法与退出其他 Windows 应用程序一样，可以有以下几种：

- 单击标题栏右侧的关闭按钮。
- 双击标题栏左侧的控制图标。
- 在 PowerPoint 2010 选项卡中选择“文件”选项卡中的“退出”命令。
- 按【Alt+F4】组合键。

2. 建立演示文稿

PowerPoint 2010 启动后，屏幕上出现图 5-1 所示的工作窗口。

PowerPoint 2010 启动后，即可自动创建名为“演示文稿 1”的空白文档。

在 PowerPoint 2010 选项卡中选择“文件”选项卡中的“新建”命令，打开图 5-2 所示的“新建演示文稿”窗口。

在“新建演示文稿”窗口中可以创建以下几种演示文稿：

（1）创建空白演示文稿

在“新建演示文稿”窗口中选择“空白演示文稿”图标，单击右侧的“创建”按钮，即可创建一个空白演示文稿。用户也可以按【Ctrl+N】组合键，快速创建空白演示文稿。

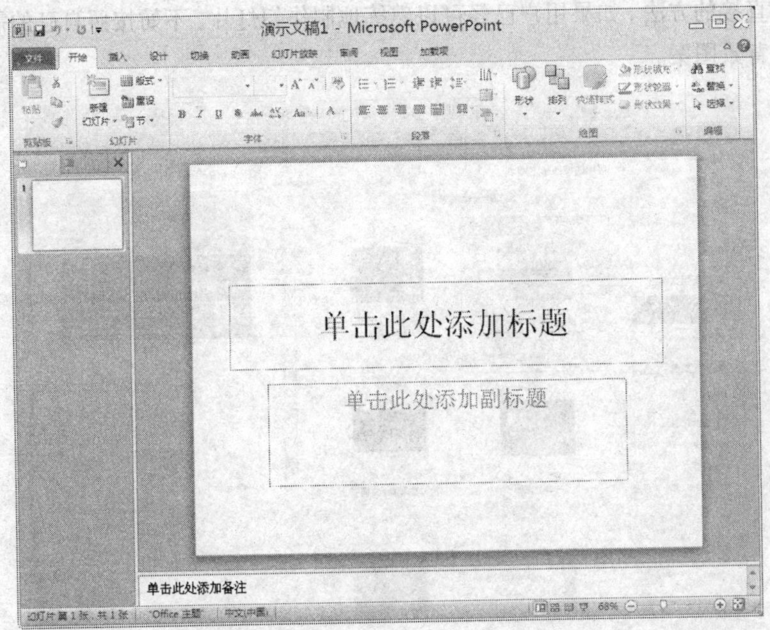

图 5-1　PowerPoint 2010 的工作窗口

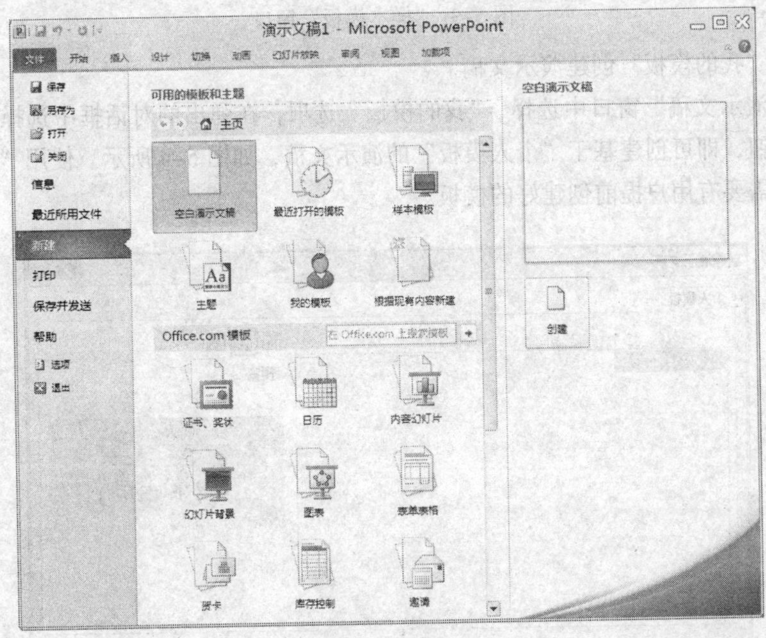

图 5-2　“新建演示文稿”窗口

（2）使用“样本模板”创建演示文稿

在“新建演示文稿”窗口中选择　“样本模板”选项，在“可用的模板和主题”列表中选择一种模板，单击右侧的“创建”按钮，即可创建基于“样本模板”的演示文稿，如图 5-3 所示。

模板一般提供文稿中每张幻灯片共用的背景图案、文字的格式等。利用模板是创建背景精美的幻灯片的最直接的方法。如果用户已经可以熟练地制作幻灯片，不妨按照自己的需要更改模板，甚至自己设计背景图案。

图 5-3 “样本模板”窗口

（3）使用“我的模板”创建演示文稿

在“新建演示文稿”窗口中选择 “我的模板”选项，在弹出的对话框中选择一种模板，单击“确定”按钮，即可创建基于“个人模板”的演示文稿，如图 5-4 所示。使用“我的模板”创建演示文稿，需要有用户提前创建好的模板。

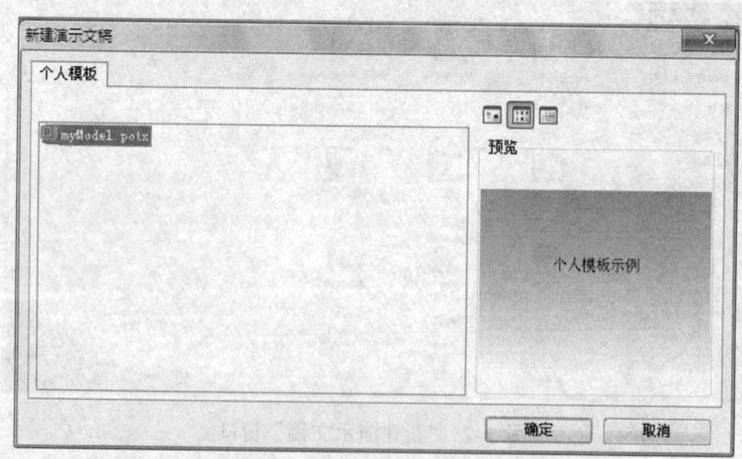

图 5-4 “新建演示文稿个人模板”对话框

（4）使用“主题”创建演示文稿

在“新建演示文稿”窗口中选择“主题”选项，在“可用的模板和主题”列表中选择一种主题，单击右侧的“创建”按钮，即可创建基于“主题”的演示文稿，如图 5-5 所示。

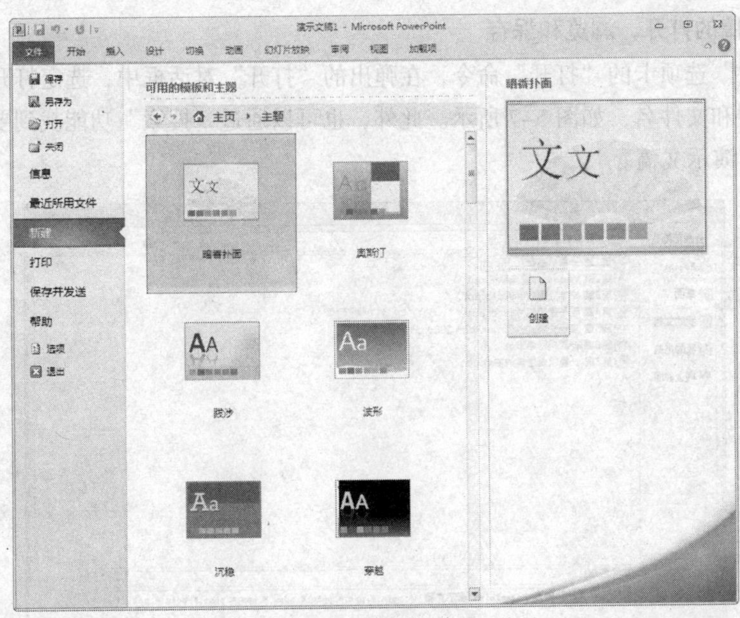

图 5-5　“主题”窗口

（5）“根据现有内容新建”创建演示文稿

在“新建演示文稿”窗口中选择“根据现有内容新建”选项，打开“根据现有演示文稿新建”对话框，在此对话框中选择现有的符合要求的演示文稿，即可在此基础上创建演示文稿。

（6）使用“Office.com 模板”创建演示文稿

在“新建演示文稿”窗口中的“Office.com 模板”列表中选择模板类型，并在展开的列表中选择相应的模板图标，单击右侧的“下载”按钮，即可创建基于“Office.com 模板”的演示文稿。如图 5-6 所示。

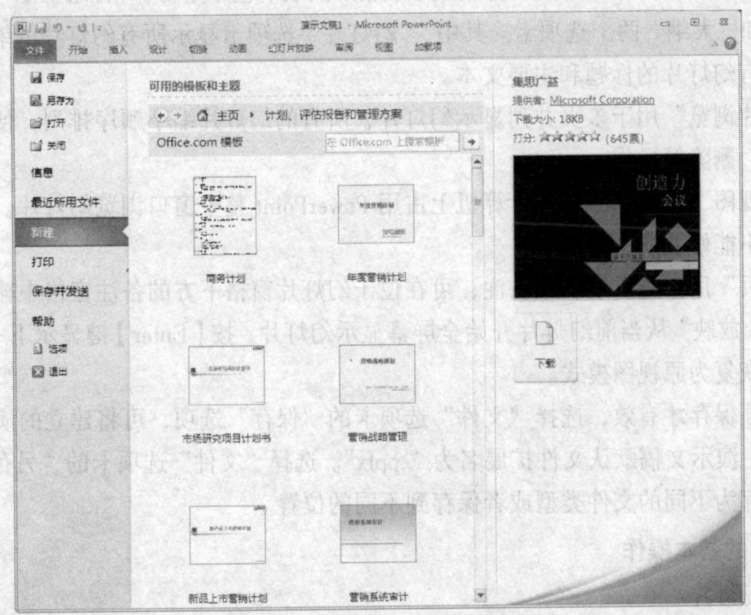

图 5-6　“Office.com”窗口

3．演示文稿的打开、浏览和保存

选择“文件”选项卡的“打开”命令，在弹出的“打开”对话框中，选定打开文件的盘符、位置、文件类型和文件名，如图 5-7 所示。此外，也可以通过“搜索”功能找到要打开的文件，打开 PowerPoint 演示文稿。

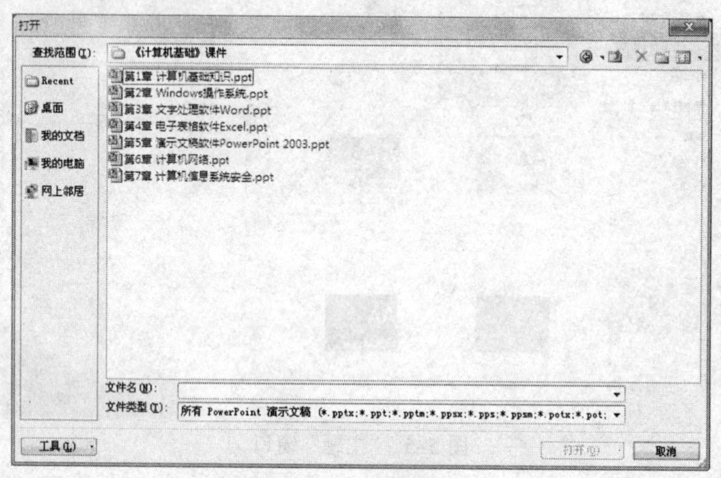

图 5-7 “打开”对话框

根据需要，可选用“普通视图”、“幻灯片浏览”、“阅读视图”、“备注页”和“幻灯片放映”等 5 种视图浏览演示文稿。在幻灯片制作窗口，可以看到在状态栏的右侧有 4 个按钮进行切换，如图 5-8 所示。此外，“视图”菜单“演示文稿视图”中有 4 个命令按钮可以进行切换。

图 5-8 视图切换按钮

①“普通视图”一般用于建立幻灯片，对幻灯片中各个对象进行编辑。在幻灯片视图下可以输入文字，画各种图形，还可以插入剪贴画、表格、图表、艺术字等。“普通视图”的左侧列表中有“幻灯片”和“大纲”两个选项卡。其中，“幻灯片”选项卡显示所有幻灯片的缩略图，“大纲”选项卡显示所有幻灯片的标题和主要文本。

②“幻灯片浏览”用于多页并列显示幻灯片，所有的幻灯片缩小顺序排列，便于对幻灯片进行移动、复制、删除等操作。

③“阅读视图”用于在自己的计算机上占用 PowerPoint 整个窗口浏览幻灯片。不能全屏放映演示文稿，也不能修改演示文稿。

④“备注页”用于查看或使用备注，可在位于幻灯片窗格下方的备注窗格中输入备注内容。

⑤“幻灯片放映”从当前幻灯片开始全屏幕显示幻灯片，按【Enter】键显示下一张，按【Esc】键或放映完则恢复为原视图模式。

幻灯片必须保存才有效，选择“文件”选项卡的“保存”选项，可将建立的演示文稿保存在指定的文件中，演示文稿默认文件扩展名为“.pptx”。选择“文件”选项卡的“另存为”命令，可将当前文稿保存为不同的文件类型或者保存到不同的位置。

4．幻灯片的基本操作

（1）插入幻灯片

插入幻灯片的具体操作为：

① 将光标定位在要添加幻灯片的位置之前（例如：用户希望在第 3 张与第 4 张幻灯片之间插入一张新的幻灯片，则应将幻灯片定位于第 3 张幻灯片）。

② 单击“开始”选项卡“幻灯片”选项组中的“新建幻灯片”右侧的下三角按钮。

③ 在“Office 主题”列表中选择幻灯片版式，将在当前幻灯片之后插入一张空白的新幻灯片。

例如，在演示文稿的开始处插入一张版式为“仅标题”的幻灯片，作为文稿的第一张幻灯片，标题处输入“计算机世界”。

操作方法：将光标定位于第一张幻灯片之前，单击“开始”选项卡“幻灯片”选项组中的“新建幻灯片”右侧的下三角按钮，在“Office 主题”列表中选择幻灯片版式为“仅标题”，将在演示文稿的开始处插入一张版式为“仅标题”的新幻灯片，然后在标题处输入“计算机世界”，如图 5-9 所示。

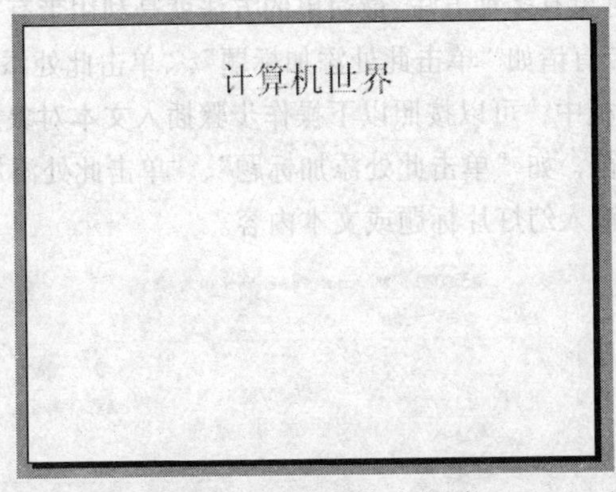

图 5-9 “仅标题”幻灯片

（2）移动幻灯片

将鼠标指针指向要移动的幻灯片图标，按下鼠标左键，将其直接拖放到目标位置。

例如，将第一张幻灯片移动为演示文稿的第二张幻灯片。

操作方法：鼠标指针指向要移动的第一张幻灯片图标，按下鼠标左键，将其直接拖放到第二张幻灯片之后即可。

（3）复制幻灯片

① 在同一演示文稿中复制幻灯片。单击需要复制的幻灯片，按住【Ctrl】键的同时用鼠标左键将其拖放至目标位置；或选定要复制的幻灯片后，用“复制”、“粘贴”命令；或选择“开始”选项卡“幻灯片”选项组，单击“新建幻灯片”右侧的下三角按钮，在弹出的列表中选择“复制所选幻灯片”命令，则将当前幻灯片复制到当前幻灯片之后。

② 从其他演示文稿中复制幻灯片。选择“开始”选项卡“幻灯片”选项组，单击“新建幻灯片”右侧的下三角按钮，在弹出的列表中选择“重用幻灯片”命令，在打开的“重用幻灯片”窗格中单击“浏览”按钮，选择来自幻灯片库或其他 PowerPoint 文件中的幻灯片，将在当前演示文稿的当前幻灯片之后插入该幻灯片；或同时打开两个演示文稿，在其中一个演示文稿中选择需要复制的幻灯片，拖动鼠标到另外一个演示文稿中即可。

（4）删除幻灯片

选定要删除的幻灯片，按【Delete】键，或者右击要删除的幻灯片，在弹出的快捷菜单中选择“删除幻灯片”命令。

5.1.2 编辑幻灯片

创建完新的演示文稿后，便可开始设计和编辑幻灯片了。在幻灯片上，可以插入文本、艺术字、图表、表格、组织结构图等。一般在幻灯片上插入对象，可使用包含该对象占位符的自动版式，直接将该对象插入到占位符中。如果创建的是空白版式的幻灯片，则可选择“插入”选项卡中的相关命令直接插入图片、影片等对象。但是，对于文本对象，则必须先插入一个文本框，然后在文本框中输入文本内容。

1. 插入文本对象

（1）在带有文本占位符的幻灯片上插入文本对象

在幻灯片上插入文本对象有多种方法，最简单的方法就是利用带有文本占位符的幻灯片版式，在这种版式的幻灯片上都带有诸如“单击此处添加标题”、“单击此处添加文本”等标记的占位符，如图 5-10 所示。在这种模板中，可以按照以下操作步骤插入文本对象：

① 单击某一文本占位符，如“单击此处添加标题”、“单击此处添加文本”等。

② 在插入的文本框中输入幻灯片标题或文本内容。

图 5-10 带有文本占位符的幻灯片版式

（2）在没有文本占位符的幻灯片上插入文本对象

如果在创建演示文稿时选用的是空白版式，则在打开的幻灯片上将不带有任何占位符。此时可按照以下操作步骤插入文本对象：

① 选择“插入”选项卡“文本”选项组中的“文本框”命令。

② 根据需要，单击“横排文本框”或“垂直文本框”按钮，此时光标将变为十字形状，将光标移至幻灯片上单击即可插入一个水平文本框或垂直文本框。

③ 在文本框内输入文本内容，如图 5-11 所示。

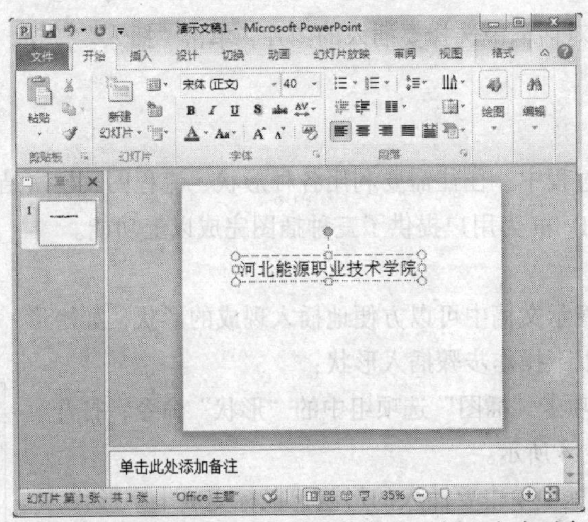

图 5-11　在没有文本占位符的幻灯片上插入文本对象

2. 插入图片

图片是一种视觉化的语言，在幻灯片上插入剪贴画或其他漂亮的图片，可以增加演示文稿的展示效果。

(1) 利用剪辑库插入图片

PowerPoint 2010 提供了一个剪辑库，它包含了上千种剪贴画、图片和数十种声音、影片剪辑等。可以方便地插入各类多媒体对象，可按以下操作插入剪贴画：

① 将要插入剪贴画的幻灯片置于当前视图中，然后在选择“插入”选项卡“图像”选项组中的“剪贴画”命令，出现“剪贴画”任务窗格。

② 在“搜索文字”文本框中输入要搜索的剪贴画类别文字，例如“天气”。

③ 选择要插入的剪贴画，即可将图片剪辑插入到幻灯片中，如图 5-12 所示。

(2) 直接插入外部图片

除了剪辑库中的图片外，用户还可以直接将外部图片插入到幻灯片。操作步骤如下：

① 选择“插入”选项卡“图像”选项组中的“图片”命令，打开“插入图片”对话框，如图 5-13 所示。

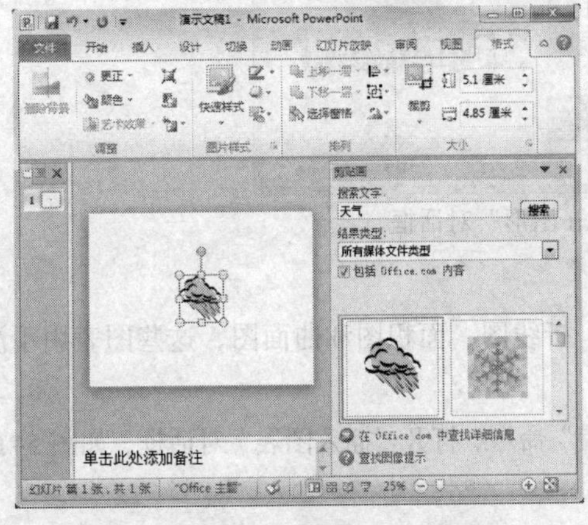

图 5-12　“插入剪贴画”工作窗口

图 5-13　“插入图片”对话框

② 在“插入图片”对话框中选择要插入的图片，单击“插入”按钮，即可将该图片插入到幻灯片中。

3. 插入插图

在制作演示文稿的过程中，往往需要利用各种形状、流程图、层次结构图、列表及图表来显示幻灯片的内容。PowerPoint 为用户提供了三种插图完成以上功能。

（1）插入形状

PowerPoint 2010 在演示文稿中可以方便地插入现成的形状，如矩形、圆、箭头、线条、流程图符号和标注等。可按以下操作步骤插入形状：

① 选择“插入”选项卡“插图”选项组中的“形状”命令，打开“形状”列表框，如图 5-14 所示。

② 在“形状”列表框中单击要插入的形状，鼠标变成十字形状，再单击幻灯片的相应位置，即可将所选形状插入。

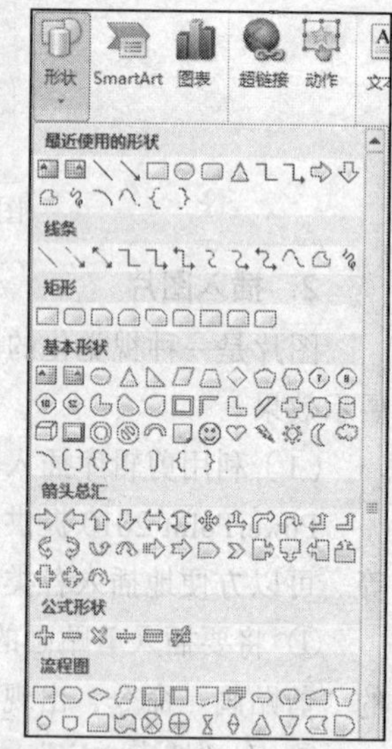

图 5-14　“形状”列表框

（2）插入 SmartArt 图形

PowerPoint 2010 的 SmartArt 图形包括图形列表、流程图、维恩图和组织结构图，利用这些图形能够直观的显示信息，方便交流沟通。插入 SmartArt 图形的操作步骤如下：

① 选择“插入”选项卡“插图”选项组中的“SmartArt”命令，打开“选择 SmartArt 图形”对话框，如图 5-15 所示。

② 在“选择 SmartArt 图形”对话框中选择要插入的图形，单击“确定”按钮，即可将该图形插入到幻灯片中。

③ 选中已插入的 SmartArt 图形，功能区中将出现“SmartArt 工具”选项卡，可以设置 SmartArt 图形的布局和样式。

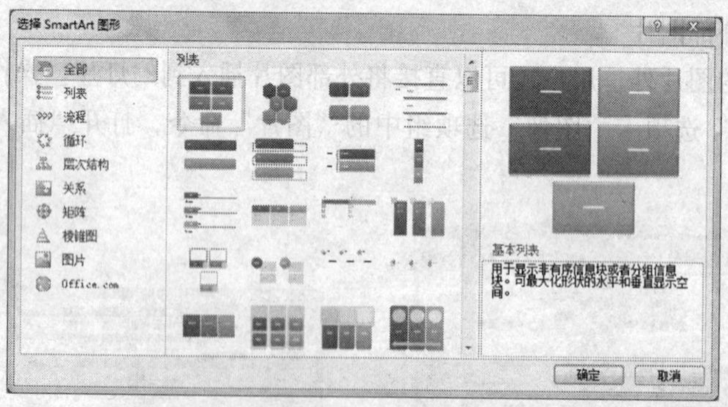

图 5-15　“选择 SmartArt 图形”对话框

（3）插入图表

PowerPoint 2010 的图表类型包括条形图、饼图、折线图、面积图和曲面图，这些图表用于演示和比较数据。插入图表的操作步骤如下：

① 选择“插入”选项卡“插图”选项组中的“图表”命令，打开“插入图表”对话框，如图 5-16 所示。

② 在“插入图表”对话框中选择要插入的图表，单击“确定”按钮，即可将该图表插入到幻

灯片中。

③ 插入图表的同时，将打开 Excel 文件，用于设置图表的数据。选中已插入的图表，工具栏中将出现“图表工具”菜单，可以设置图表的类型、数据、布局和样式。

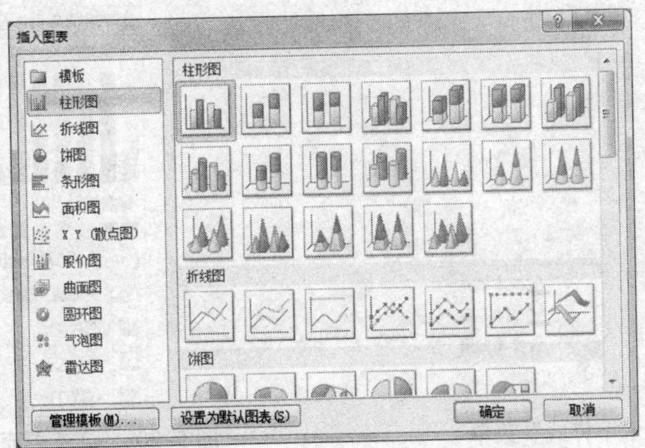

图 5-16　“插入图表“对话框

4. 插入艺术字

在幻灯片中插入漂亮的艺术字，可以增加演示文稿的文字展示效果。

选择“插入”选项卡“文本”选项组中的“艺术字”命令，在弹出的下拉列表框中选择一种艺术字样式，如图 5-17 所示。在选项卡中选择“绘图工具格式”→“艺术字样式”命令，可以设置艺术字的“文本填充”、“文本轮廓”和“文本效果”等特效。

例如，在幻灯片中插入艺术字，样式为“渐变填充-紫色，强调文字颜色 4，映像”，文字为“最活跃的十大科技公司”，设置文本填充为“绿色大理石”纹理，文本轮廓为“方点”虚线，文本效果为“水绿色，8pt 发光，强调文字颜色 5”。

操作方法：

① 选择“插入”选项卡“文本”选项组中的“艺术字”命令，在弹出的下拉列表框中选择“渐变填充-紫色，强调文字颜色 4，映像”艺术字样式，将在幻灯片中创建“请在此放置您的文字”文本框，将文本框中的文字修改为“最活跃的十大科技公司”，如图 5-18 所示。

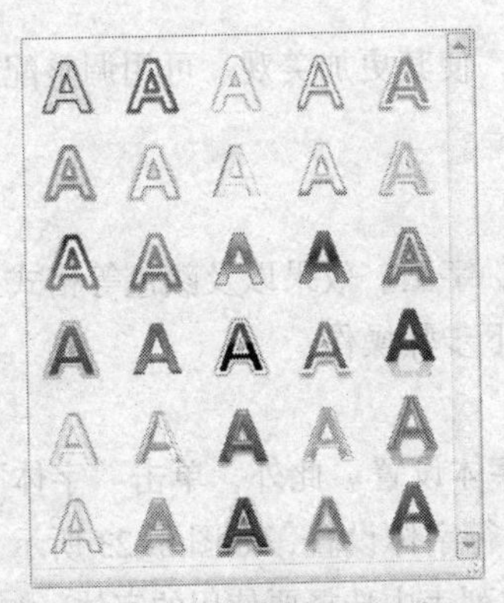

图 5-17　“艺术字样式”下拉列表框

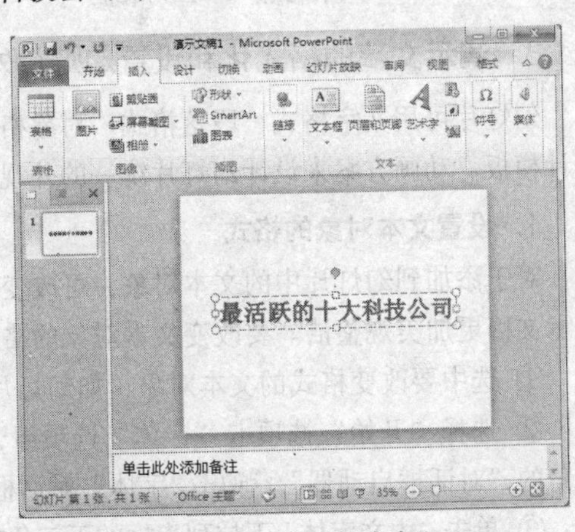

图 5-18　插入“艺术字”

② 选中文本框中的艺术字，在选项卡中选择“绘图工具格式”选项卡“艺术字样式”选项组中的“文本填充”命令，在弹出的下拉列表框中选择“纹理”→“绿色大理石”，如图 5-19 和图 5-20 所示。

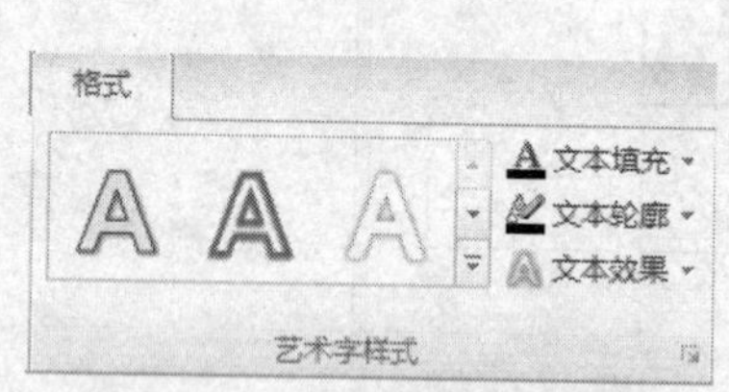

图 5-19 “艺术字样式”菜单

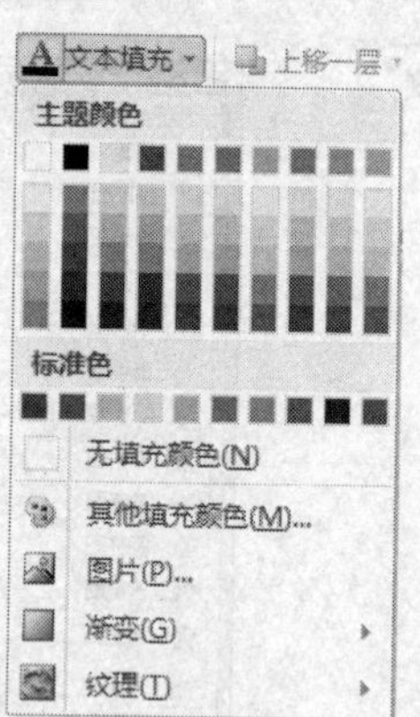

图 5-20 “文本填充”下拉列表框

③ 选中文本框中的艺术字，选择“格式”选项卡“艺术字样式”选项组中的“文本轮廓”命令，在弹出的下拉列表框中选择“虚线”→“方点”，如图 5-21 所示。

④ 选中文本框中的艺术字，在选项卡中选择“格式”→“艺术字样式”→“文本效果”命令，在弹出的下拉列表框中选择“发光”→“水绿色，8pt 发光，强调文字颜色 5”，如图 5-22 所示。

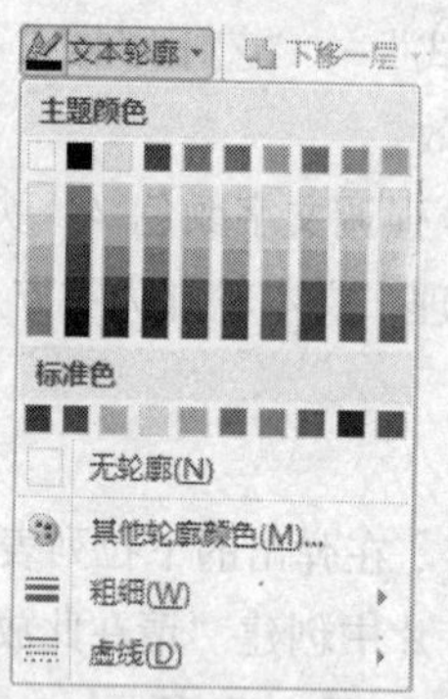

图 5-21 “文本轮廓”下拉列表框

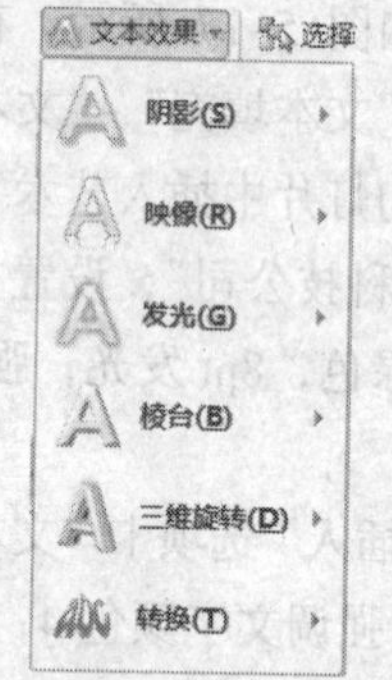

图 5-22 “文本效果”下拉列表框

5.1.3 演示文稿的格式化和设置幻灯片外观

幻灯片可用文字格式、段落格式、对象格式进行设置，使其更加美观。可用调整配色方案、设计模板、动画方案来设计幻灯片统一的外观及动画效果。

1. 设置文本对象的格式

对于添加到幻灯片中的文本对象，可改变它们的字体、字型、效果以及颜色等格式，从而使演示文稿更加美观整洁。要改变文本对象的格式，可按以下步骤操作：

① 选中要改变格式的文本对象，如幻灯片的标题。

② 选择“开始”选项卡“字体”选项组，可以进行字体设置。此外，单击“字体”菜单右下角的“对话框启动器”，弹出“字体”对话框，也可以进行字体设置，如图 5-23 所示。

③ 单击“中文字体”下拉列表框的下三角按钮，在下拉列表中选择要使用的字体，如“宋体”。

④ 在“字体样式”和“大小”列表框中设置字体的字形和字号，在“字体颜色”列表框中设置字体颜色。

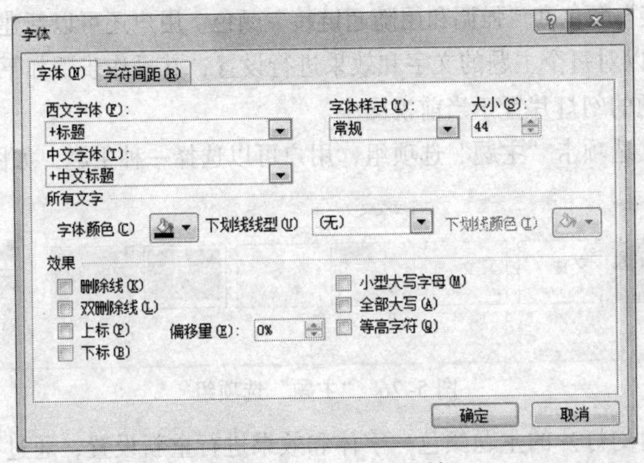

图 5-23 “字体”对话框

例如，选中一张幻灯片的主标题文字，将其字体设置为“黑体”，字号设置为 46 磅，“加粗”，“单线”下画线，文字颜色为红色（请用自定义标签的红色 250、绿色 0、蓝色 0），如图 5-24 及图 5-25 所示。

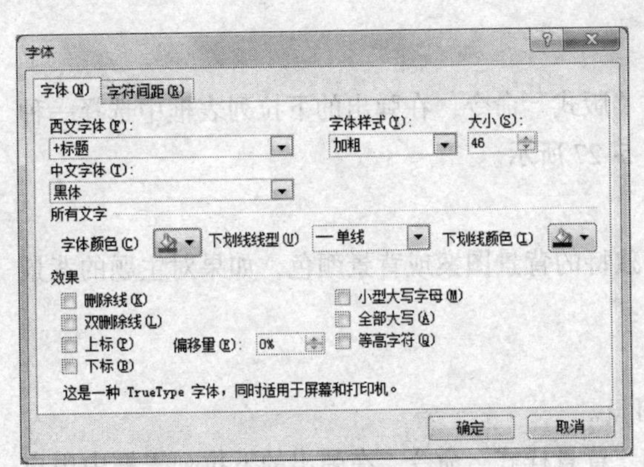

图 5-24 “字体”对话框

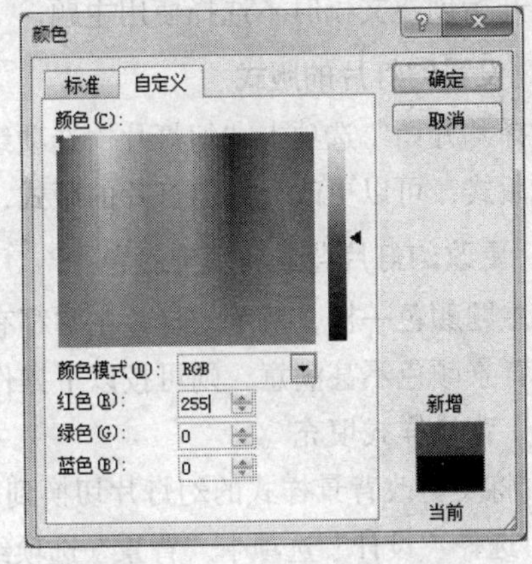

图 5-25 “颜色”对话框

◎说明

可以在“大小”文本框内直接输入字号。

用同样的方法，可分别对幻灯片中的标题、内容设置不同的字体和颜色。

Word 中大多数对文本和段落格式的操作都可以应用到幻灯片上，如添加项目符号、段落的对齐、更改行距等，其详细使用方法在本书的 Word 2010 部分有详细的介绍，这里不再重复。

2．设置幻灯片的主题

PowerPoint 2010 提供了很多模板，它们将幻灯片的配色方案、背景和格式组合成各种主题，这些模板称为“幻灯片主题”。通过选择“幻灯片主题”并将其应用到演示文稿，用户可以制作与主题保持一致风格的幻灯片。每个主题都包含若干种配色方案，每种配色方案包含 8 类颜色，分别为“背景”颜色、“文本和线条”颜色、“阴影”颜色、“标题文本”颜色、“填充”颜色、“强调”颜色、“强调和超链接”颜色和“强调和尾随超链接”颜色。用户还可以新建主题颜色来满足自己的需求。此外，还可以对每个主题的文字和效果进行设置，其操作步骤如下：

① 将要设置主题的幻灯片置于当前视图中。

② 选择“设计”选项卡“主题”选项组，用户可以选择一种主题，如图 5-26 所示。

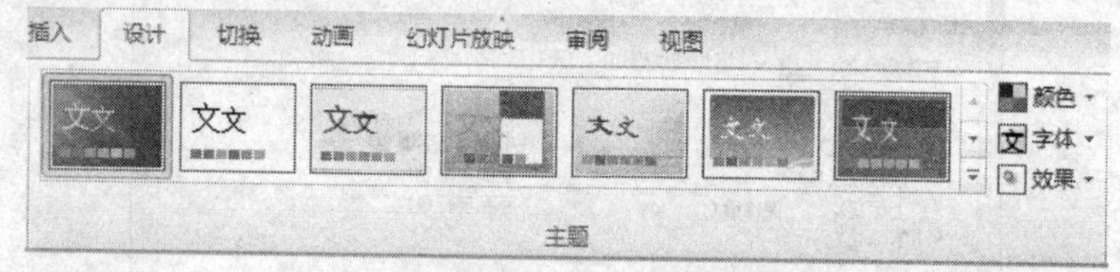

图 5-26 “主题”选项组

③ 用户还可以对幻灯片的主题颜色、字体和效果进行重新设置，通过“颜色”、“字体”和“效果”下拉菜单来实现。

当用户选择了某个幻灯片主题后，当前演示文稿的所有幻灯片都采用相同的设置。

可以在演示文稿制作的过程中或是制作完成后再使用主题，也可以随时改变主题类型。这样，那些五颜六色的图案就不会影响对文字、图片、表格等对象的处理。因此，通常实际工作时，人们在一开始创建文稿时不选择使用主题。

3. 设置幻灯片的版式

选择“开始”选项卡“幻灯片”选项组中的“版式”命令，在弹出的下拉列表框中选择一种幻灯片版式，可以更改当前幻灯片的版式，如图 5-27 所示。

4. 更改幻灯片背景和填充颜色

同主题颜色一样，每个幻灯片主题都有自己独特的背景图案或背景颜色，如果对主题的背景图案或背景颜色不甚满意，则可按以下操作更改：

（1）背景样式填充

① 将要更改背景样式的幻灯片切换到当前窗口。

② 选择“设计”选项卡“背景”选项组中的“背景样式”命令，在弹出的下拉列表框中用户可以选择一种背景样式，如图 5-28 所示。

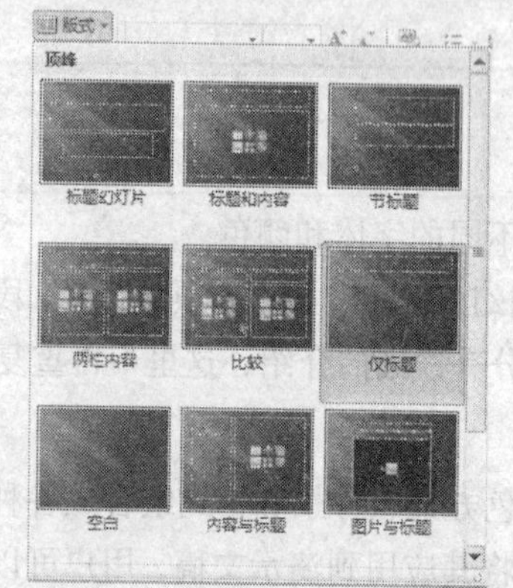

图 5-27 “幻灯片版式”下拉列表框

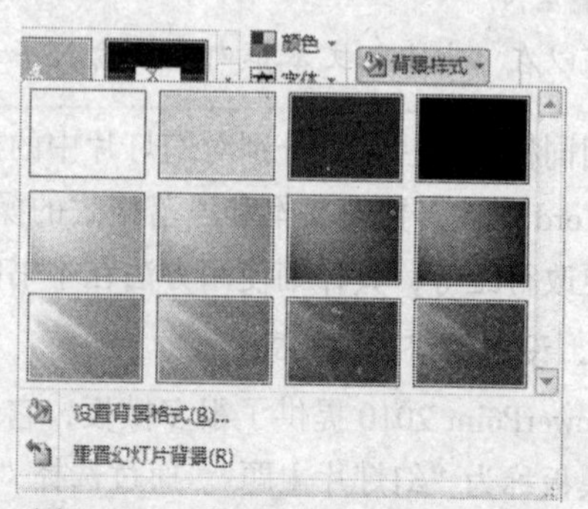

图 5-28 “背景样式”下拉列表框

（2）纯色背景填充

① 在“背景样式”下拉列表框中单击“设置背景格式”命令，弹出“设置背景格式”对话框，如图 5-29 所示。

② 在“设置背景格式”对话框中选择“填充”→“纯色填充”，在下方的“填充颜色”区域中进行颜色设置。

③ 单击“颜色”下拉列表，选择一种颜色作为背景的填充，如图 5-29 所示。

④ “颜色”下拉列表框只提供有限的几种配色方案，如果不能满足用户的需求，则可选择“其他颜色”命令，打开“颜色”对话框，如图 5-30 所示。

⑤ 在“标准”或“自定义”选项卡的“颜色”选区内选择合适的颜色，单击“确定”按钮，返回“设置背景格式”对话框。单击“全部应用”按钮将新背景方案应用到幻灯片上。

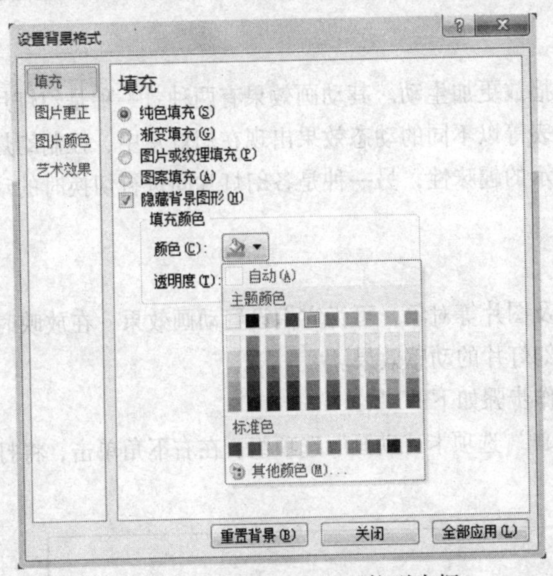

图 5-29　“填充颜色”下拉列表框

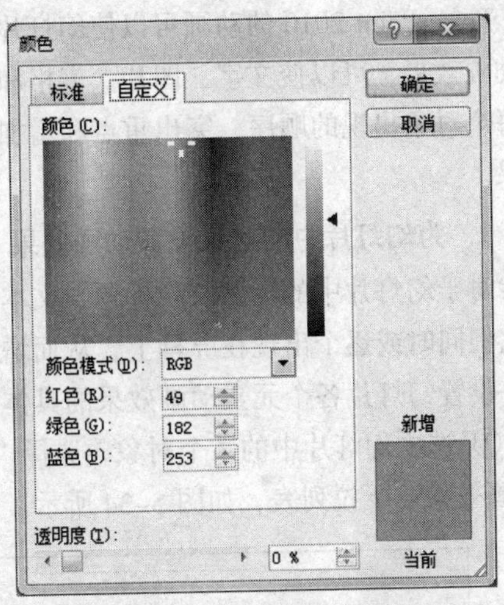

图 5-30　“颜色”对话框

（3）渐变背景填充

① 在图 5-29 所示的“设置背景格式”对话框中选择“渐变填充”单选按钮，在“预设颜色”下拉列表中，可以选择系统定义好的背景颜色名称，例如“红日西斜”，如图 5-31 所示。

② 单击“全部应用”按钮将新背景方案应用到幻灯片上。

（4）图片或纹理背景填充

① 在图 5-29 所示的“设置背景格式”对话框中选择“图片或纹理填充”单选按钮，在“纹理”下拉列表中，可以选择系统定义好的纹理名称，例如“画布”，如图 5-32 所示。

② 单击“全部应用”按钮将新背景方案应用到幻灯片上。

此外，还可以插入来自文件、剪贴板和剪贴画的图片作为幻灯片背景。

（5）图案填充

① 在图 5-29 所示的“设置背景格式”对话框中选择“图案填充”单选按钮，在图案列表中可以选择系统定义好的图案名称，例如“对角砖形”，如图 5-33 所示。

② 单击“全部应用”按钮将新背景方案应用到幻灯片上。

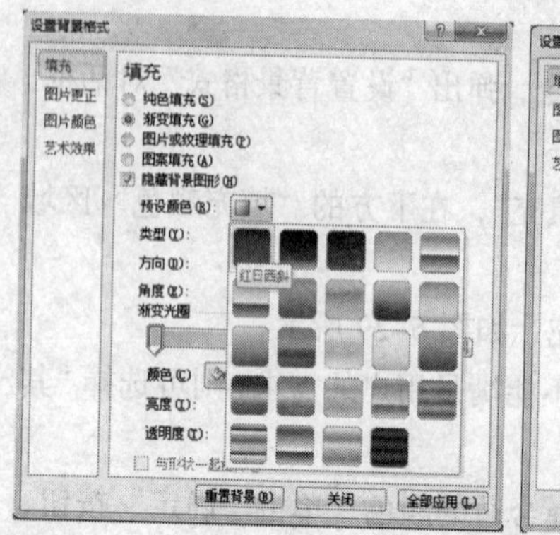

图 5-31 “预设颜色”下拉列表框

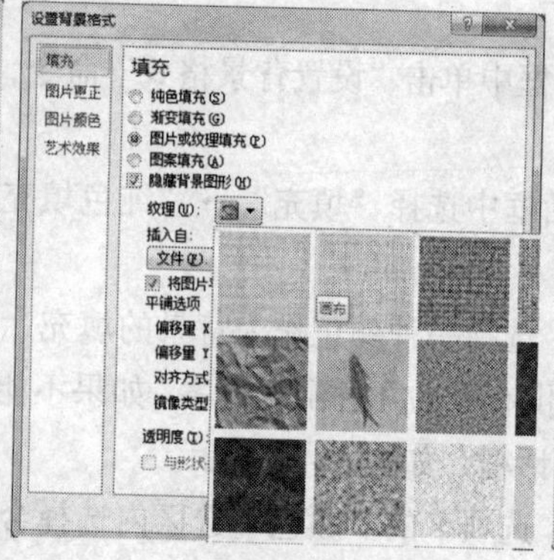

图 5-32 “纹理”下拉列表框

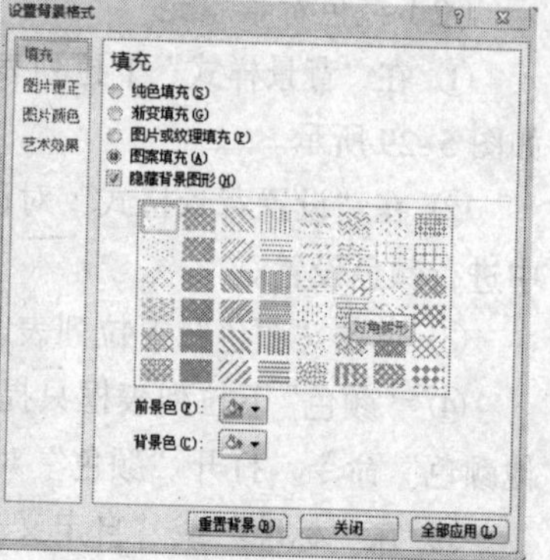

图 5-33 “图案填充”列表框

5.1.4 演示文稿中的动画

PowerPoint 2010 的动画可以使幻灯片的播放更加生动。其动画效果有两种：一种是幻灯片内的动画效果，可以使文字、图片、表格和图表等以不同的动态效果出现在幻灯片中，控制幻灯片内每个对象出现的顺序，突出重点和增加演示的趣味性；另一种是各幻灯片间进行切换时的动画效果。

1. 为幻灯片中的对象设置动画效果

对于幻灯片中的标题、副标题、文本以及图片等对象，可为它们设置动画效果，在放映时可使它们同时或逐个出现在屏幕上，从而增加幻灯片的动感效果。

设置幻灯片各个元素动画效果的具体操作步骤如下：

① 选中幻灯片中的某个对象，选择“动画”选项卡“动画”选项组，在右下角单击，将打开“动画效果”下拉列表，如图 5-34 所示。

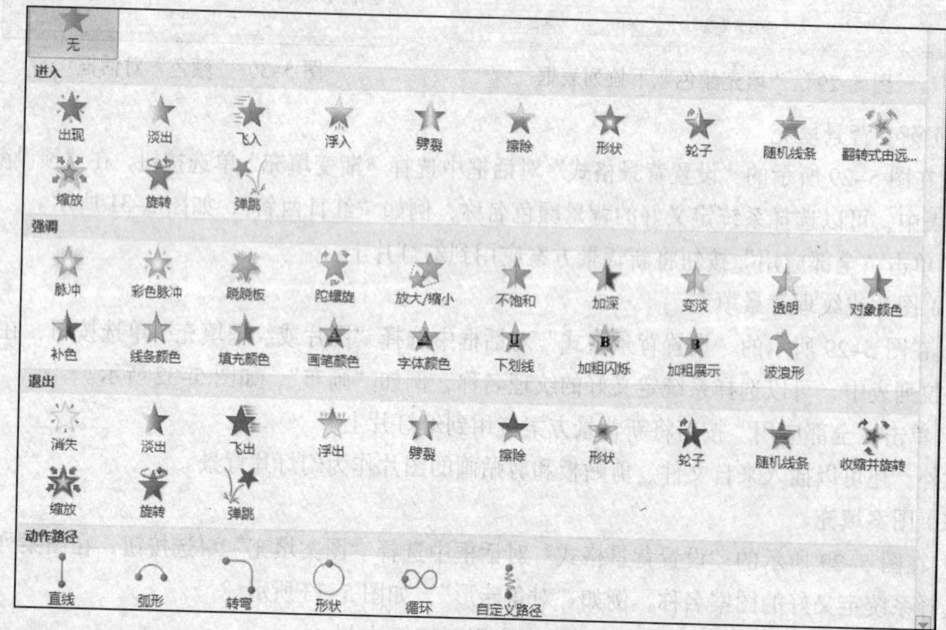

图 5-34 “动画效果”下拉列表

② 在“动画效果”下拉列表中有“进入”、“强调”、“退出”、“动作路径”四个分类，分别设置对象进入、强调、退出以及按照设定的路径运动的动作效果，用户根据需要选择相应的动画效果即可。

③ 动画效果选择完成以后，选择“动画”选项卡“动画”选项组中的“效果选项”命令，可以在弹出的下拉列表中设置已经选择的动画效果的效果参数。

④ 单击选项卡“动画”→“动画”右下角的“显示其他效果选项”，将打开“显示其他效果选项”对话框，可以设置动画的时间和声音等参数。

例如，将第一张幻灯片的标题动画设置为“进入—飞入”，“自左上部”飞入，“单击时”，“延时 2 秒”，“非常慢”。具体步骤如下：

① 选中第一张幻灯片的标题，在选项卡中单击“动画”→“动画”→“其他”按钮，在“动画效果”下拉列表中选择“进入—飞入”。

② 在选项卡中选择“动画”→“动画”→“效果选项”下拉列表，选择“自左上部”，如图 5-35 所示。

③ 单击“动画”选项卡“动画”选项组右下角的“对话框启动器”，在“飞入”对话框中的“计时”选项卡中进行相应的设置，如图 5-36 所示。

④ 单击窗口右下角的“幻灯片放映”按钮，就可以看到动画设置的效果了。

图 5-35 “效果选项”下拉列表

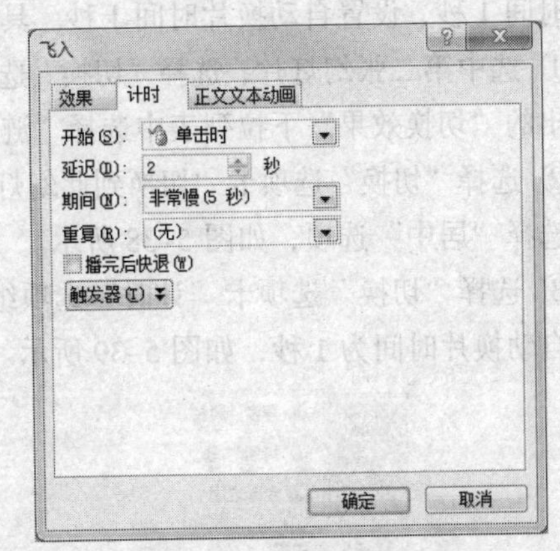

图 5-36 “飞入”对话框

2. 设置幻灯片的切换效果

切换效果是添加在幻灯片上的一种特殊播放效果，在演示文稿放映过程中，切换效果可以通过各种方式将幻灯片拉入屏幕中，还可以在切换时播放声音。

设置幻灯片切换效果的操作步骤如下：

① 选中要设置切换效果的幻灯片，选择“切换”选项卡“切换到此幻灯片”选项组，单击“其他”按钮，将弹出“切换效果”下拉列表，如图 5-37 所示。

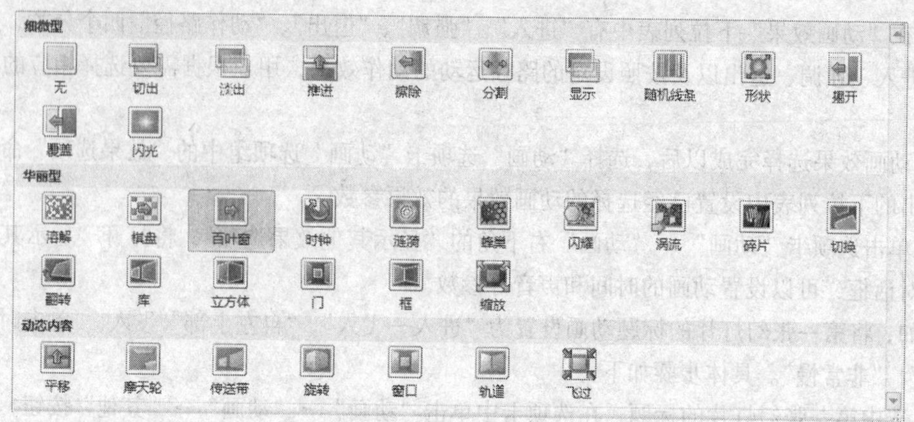

图 5-37 “切换效果”下拉列表

② 在“切换效果”下拉列表中选择一种切换效果，例如“百叶窗”。

③ 选择“切换”选项卡“切换到此幻灯片”选项组中的“效果选项”命令，弹出下拉列表，可以设置已经选择的切换效果的效果参数。

④ 选择“切换”选项卡“计时”选项组，可以设置幻灯片切换的声音、持续时间和换片方式等参数。换片方式设置为“单击鼠标时”，则等到单击鼠标时再移至下一张幻灯片；换片方式设置为“设置自动换片时间”，则经过指定秒数后移至下一张幻灯片。

⑤ 单击“切换”选项卡“计时”选项组中的“全部应用”按钮，可将该切换效果应用到所有的幻灯片上，否则只应用到本张幻灯片。

例如，将第一张幻灯片到第二张幻灯片的切换效果设置为“涟漪”、“居中”、“风铃”声音、持续时间 1 秒、设置自动换片时间 1 秒。具体步骤如下：

① 选中第二张幻灯片，选择“切换”选项卡“切换到此幻灯片”选项组，单击“其他”按钮，在弹出的“切换效果”下拉列表中选择“涟漪”选项。

② 选择“切换”选项卡“切换到此幻灯片”选项组中的“效果选项”命令，在弹出的下拉列表中选择“居中”选项，如图 5-38 所示。

③ 选择“切换”选项卡“计时”选项组，设置幻灯片切换的声音为“风铃”、持续时间为 1 秒、自动换片时间为 1 秒，如图 5-39 所示。

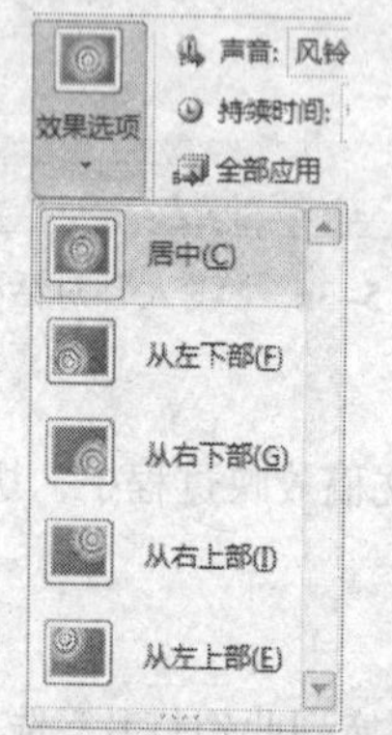

图 5-38 “效果选项”下拉列表

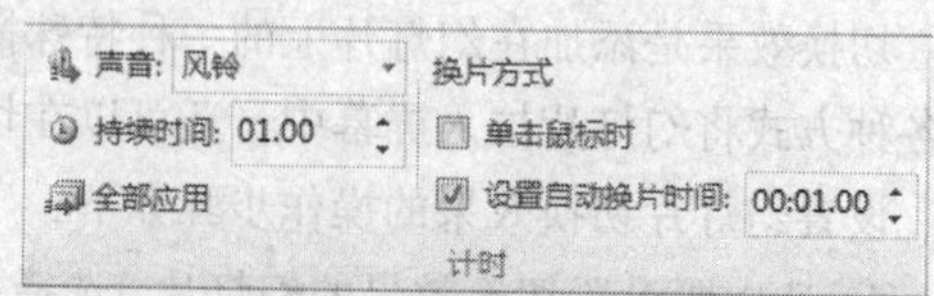

图 5-39 “计时”选项组

④ 幻灯片切换效果设置完成后，单击窗口右下角的“幻灯片放映”按钮，即可观看幻灯片放映效果。

5.1.5　演示文稿中的超链接

1．用动作按钮创建超链接

利用 PowerPoint 2010 提供的动作按钮可在幻灯片上插入一些特殊按钮。在放映时，可通过这些按钮跳转到演示文稿的其他幻灯片上，也可播放图像、声音等，还可以用它启动应用程序、链接到 Internet 上。

下面以创建超链接动作按钮为例。操作步骤如下：

① 将鼠标定位于当前幻灯片，选择“插入”选项卡“插图”选项组中的“形状”命令，在弹出的下拉列表中找到“动作按钮”分类，如图 5-40 所示。该分类提供了开始、结束、前进、后退、帮助、信息、文档、声音和影片等多种不同标记的按钮。

图 5-40　“动作按钮”分类

② 单击一种动作按钮，如“自定义”按钮，然后将光标移到幻灯片上单击，弹出“动作设置”对话框，如图 5-41 所示。

③ 选中“超链接到”单选按钮，在打开的下拉列表中选择要超链接到的某一张幻灯片或某个文件选项，如果选择超链接到 URL，则弹出“超链接到 URL”对话框，如图 5-42 所示，在文本框中设置 URL 地址，单击“确定”按钮。

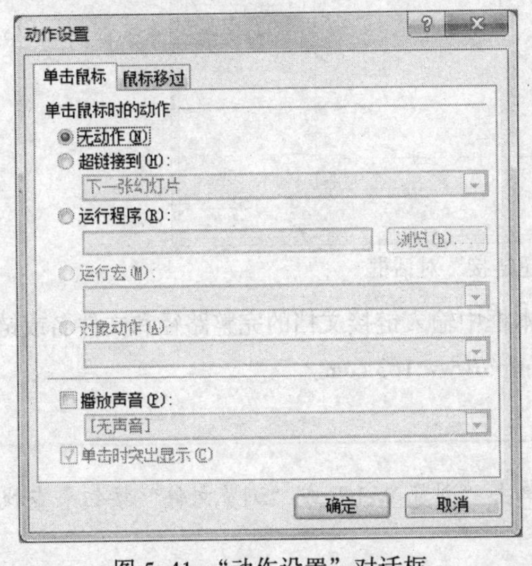

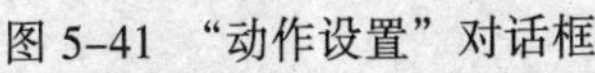

图 5-41　“动作设置”对话框

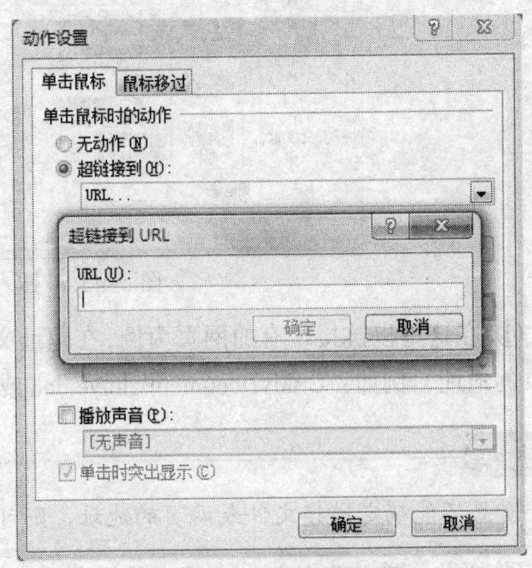

图 5-42　设置 URL 地址

④ 单击“确定”按钮，完成按钮的动作设置。

如果要用动作按钮启动应用程序，则可选中“运行程序”单选按钮，并在下面的文本框中输入程序的路径和启动命令；如果想为该按钮添加声音效果，则可选中“动作设置”对话框中的“播放声音”复选框，然后在下拉列表中选择一种声音效果，这样在放映幻灯片时，单击该按钮就会出现所选择的声音效果。

在“动作设置”对话框中，“单击鼠标”和“鼠标移过”选项卡中的设置选项和设置方法完全相同，所不同的只是触发动作的事件。在“单击鼠标”选项卡中进行设置后，只有在按钮上单击才能触发所设置的动作；如果在“鼠标移过”选项卡设置动作，那么当光标移到按钮上时就可以触发动作。

用上述方法可以在幻灯片上设置多种动作按钮，以丰富幻灯片的内容和表现方法。

2. 用“超链接”命令创建超链接

如果创建的演示文稿要涉及外部文档中的许多信息，则可使用 PowerPoint 2010 提供的超链接功能将这些文档链接到演示文稿中，这样便为访问这些相关信息提供了方便。被演示文稿链接的文件包括 Word 文档、工作簿、数据库、活页夹、HTML 文件、快捷方式和图片等。

插入超链接的操作如下：

① 在幻灯片上选中要链接的文字。

② 选择“插入”选项卡“链接”选项组中的“超链接”命令，弹出“插入超链接”对话框，如图 5-43 所示。

③ 在“链接到”列表框中选择要插入的链接类型。如要链接到已有的文件或网页上，可选择“现有文件或网页”选项；要链接到当前演示文稿的某个位置，可选择“本文档中的位置”选项；要链接一个尚未创建的文件，则选择“新建文档”选项；要建立电子邮件链接，可选择“电子邮件地址”选项。

图 5-43 “插入超链接”对话框

④ 在这里以链接现有的网页为例，在地址文本框中输入链接文档的完整路径和文件名或链接网页的地址，例如：C:\MyDocument\zhuye.doc 或 http://www.163.com。

◎提示

如果不能确定链接文件或网页的地址，则可单击“浏览 Web”或“浏览文件”按钮来查找。

⑤ 单击“确定”按钮，完成链接设置。

在放映演示文稿时，只需单击链接对象即可启动浏览器并打开链接的网页。

5.1.6 应用母版

母版是一张特殊的幻灯片，幻灯片母版包含文本占位符和页脚（如日期、时间和幻灯片编号）占位符，如图 5-44 所示。如果要修改多张幻灯片的外观，不必一张张幻灯片进行修改，而只需在幻灯片母版上做一次修改即可，并且幻灯片上的所有细节都必须与幻灯片母版一致。如果有需要，用户可以直接在该幻灯片中进行修改，PowerPoint 2010 将自动更新已有的幻灯片，并对以后新添加的幻灯片应用这些更改。如果要更改文本格式，可选择占位符中的文本并做更改。例如，改变占位符文本的颜色。

母版分为幻灯片母版、讲义母版和备注母版。下面对常用的幻灯片母版进行具体介绍。

在幻灯片母版中有五个占位符，它们分别是：标题区、对象区、日期区、页脚区和数字区，在不同的区中可以进行不同的设置。

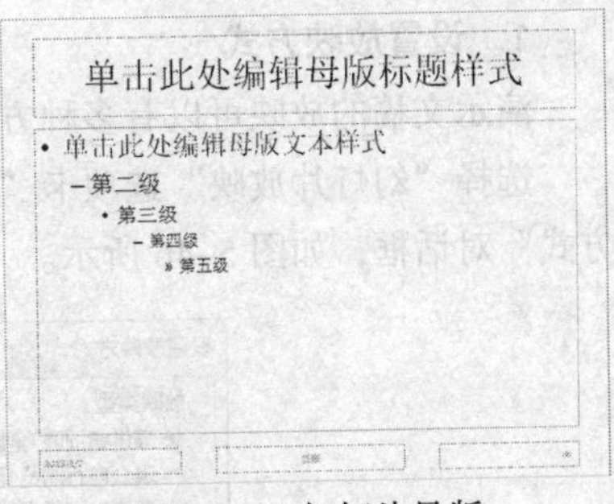

图 5-44　幻灯片母版

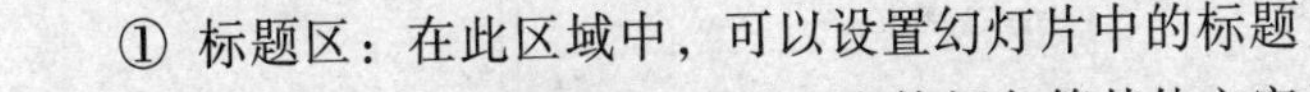
① 标题区：在此区域中，可以设置幻灯片中的标题文字，可以改变字体的类型、字号、字体颜色等其他文字效果的属性。

② 对象区：在此区域中，可以设置幻灯片中的主体文字，可以改变字体的类型、字号、字体颜色等其他文字效果的属性。

③ 日期区：在此区域中，可以设置有关页面日期的属性，如添加日期、定位日期、格式化日期等。

④ 页脚区：在此区域中，可以编辑出现在页面底部的文字。

⑤ 数字区：在此区域中，可以设置有关自动页面编号的属性，如添加数字、定位数字、格式化数字等。数字区中常用于显示幻灯片的编号。

◎提示

选择“插入”选项卡“文本”选项组中的“页眉和页脚”命令，弹出“页眉和页脚”对话框，如图 5-45 所示。在此对话框中可以设置幻灯片的日期和时间、幻灯片编号和页脚。

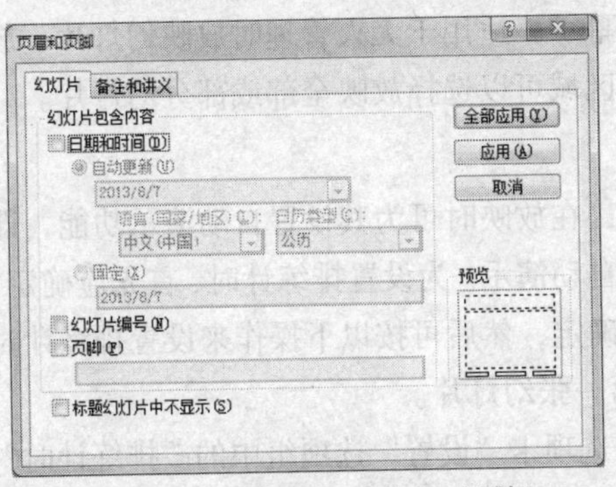

图 5-45　“页眉和页脚”对话框

显示和编辑幻灯片母版的步骤为：

① 选择“视图”选项卡“母版视图”选项组“幻灯片母版”命令，将打开幻灯片母版。

② 在相应的功能区中可以编辑母版、编辑主题、设置背景、设置页面。

◎提示

右击幻灯片母版的任一区域(如“单击此处编辑母版标题样式”)，可打开一个快捷菜单。选择此菜单上的“字体”命令，可设置选定区域中的文字样式。

5.1.7　演示文稿的放映

演示文稿创建后，用户可以用不同方式放映演示文稿。

1. 设置放映方式

演示文稿的放映可以有多种方式，用户可以在放映前设置放映方式。方法为：

选择“幻灯片放映”选项卡“设置”选项组中的“设置幻灯片放映”命令，弹出“设置放映方式”对话框，如图 5-46 所示。

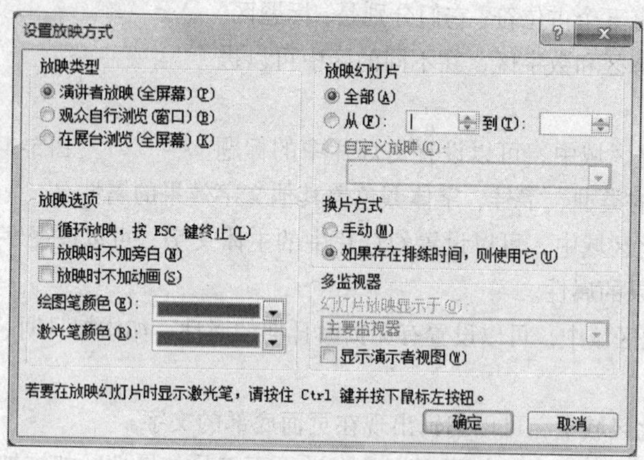

图 5-46 “设置放映方式”对话框

其中，“放映类型”框中有三个选项：

①“演讲者放映（全屏幕）”：可以完整地控制放映过程，可以采用自动或人工方式放映。

②“观众自行浏览（窗口）”：可以利用滚动条或“浏览”菜单显示所需的幻灯片，这种放映方式很容易对当前的幻灯片进行复制、打印等操作。

③“在展台浏览（全屏幕）”：适用于无人管理时放映幻灯片，放映过程不能控制。

在“放映幻灯片”选项区域可以选择放映全部或部分幻灯片。

2. 排练计时

对于非交互式演示文稿，在放映时可为其设置自动演示功能，即在演讲的同时幻灯片根据预先设置的显示时间一张一张自动演示。为设置排练计时，首先应确定每张幻灯片需要停留的时间，它可根据演讲内容的长短来确定，然后可按以下操作来设置排练计时：

① 切换到演示文稿的第一张幻灯片。

② 选择“幻灯片放映”选项卡“设置”选项组中的“排练计时”命令，进入演示文稿的放映视图中，同时弹出“录制”对话框，如图 5-47 所示。在该对话框中，幻灯片放映时间框将会显示幻灯片已经停留的时间。

③ 完成该幻灯片内容的演讲后，单击“下一项”按钮进行人工进片，继续设置下一张幻灯片的停留时间。

◎提示

用户也可以估计演讲的时间，然后在幻灯片放映时间文本框中直接输入幻灯片的停留时间。

④ 当设置完最后一张幻灯片后，会弹出图 5-48 所示的提示框。该提示框显示了演讲完整个演示文稿共需要多少时间，并询问用户是否使用这个时间。

⑤ 单击“是”按钮完成排练计时设置，单击“否”按钮取消所设置的时间。

图 5-47　“录制”对话框

Microsoft PowerPoint
幻灯片放映共需时间 0:00:16。是否保留新的幻灯片排练时间?
是(Y)　否(N)

图 5-48　PowerPoint 提示框

3. 设置自定义放映

用户可以把演示文稿分成几个部分，并为各部分设置自定义演示，以适应不同的观众。例如可将演示文稿中组织结构图和图表幻灯片组合起来，创建一个自定义放映，并以添加的特殊对象命名，其设置方法如下：

① 在选项卡中选择“幻灯片放映”选项卡“开始放映幻灯片”选项组中的“自定义幻灯片放映”命令，弹出“自定义放映”对话框，在对话框中单击“新建”按钮，弹出“定义自定义放映”对话框，如图 5-49 所示。

② 在“幻灯片放映名称”文本框中输入新建的放映名称。

③ 在“在演示文稿中的幻灯片”列表框中选择要添加到自定义放映中的幻灯片，单击“添加”按钮，将其添加到右侧的“在自定义放映中的幻灯片”列表框中。

◎提示

利用列表框右侧的上箭头、下箭头按钮可调整幻灯片演示的先后顺序。要将幻灯片从右侧的自定义放映列表中删除，可先选中该幻灯片，然后单击“删除”按钮。

④ 单击“确定”按钮返回“自定义放映”对话框，如图 5-50 所示。单击“放映”按钮，即可放映。

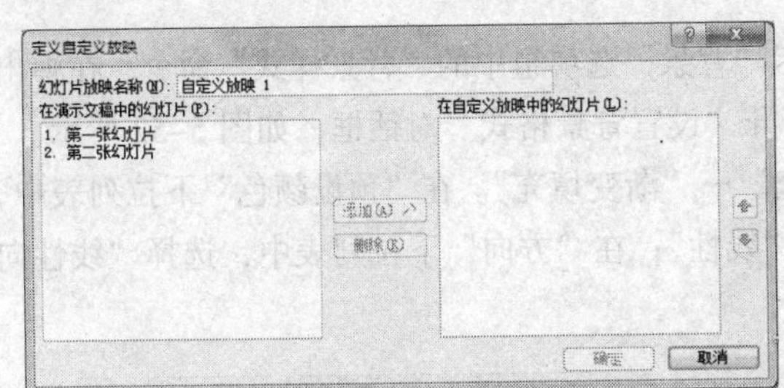

图 5-49　“定义自定义放映”对话框

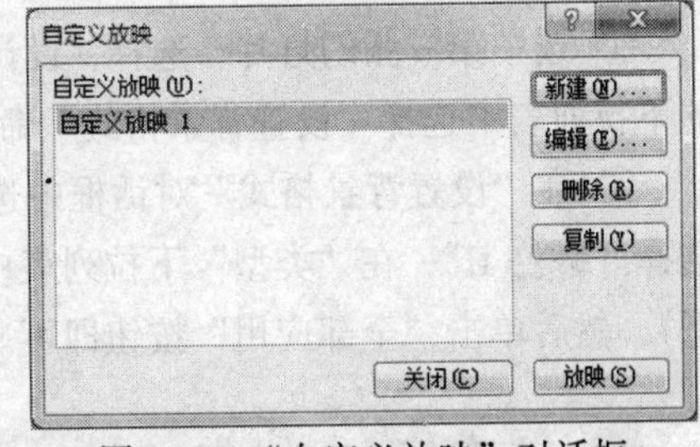

图 5-50　“自定义放映”对话框

4. 放映演示文稿

编辑完演示文稿后，可先观看放映效果。启动“幻灯片放映”的方法有两种：

① 选择“幻灯片放映”选项卡“开始放映幻灯片”选项组，可以选择“从头开始”或“从当前幻灯片开始”放映演示文稿，也可以自定义幻灯片放映。

② 单击窗口右下角的“幻灯片放映”按钮。

5.2　项目　制作“桂林旅游”演示文稿

1. 项目背景

桂林是举世闻名的旅游城市，甲天下的山水勾勒出一幅唯美的中国画卷，乘一叶竹筏漂荡于漓江之上，犹如置身百里画廊，充满着诗情画意。

2. 项目目标

制作“桂林旅游”演示文稿，掌握演示文稿的制作方法，宣传美丽的桂林。

3. 项目要求

① 内容要求：包含“桂林旅游”的首页、桂林旅游、桂林小吃和桂林住宿的介绍。

② 技术要求：包含文字和图片的混合排版，字体、艺术字、图片和背景的设置，表格和组织结构图的编辑，动画效果、幻灯片切换和超链接的设置。

5.2.1 任务 1 “桂林旅游”幻灯片的制作

1. 任务要求

① 内容要求：制作“桂林旅游”首页，如图 5-51 所示。

② 技术要求：图片和艺术字的插入、背景设置和幻灯片切换设置。

2. 方法步骤

（1）演示文稿和幻灯片的创建

① 打开 PowerPoint 2010 应用程序，选择“文件”选项卡的“新建”命令，在“可用的模板和主题”列表框中选择“空白演示文稿”，单击右侧的“创建”按钮，即可创建一个新的演示文稿。

② 选中第一张幻灯片，选择“开始”选项卡“幻灯片”选项组中的“版式”命令，在弹出的下拉列表中选择“空白”版式。

（2）背景的设置

① 选中第一张幻灯片，选择“设计”选项卡“背景”选项组中的“背景样式”命令，在弹出的下拉列表中选择“设置背景格式”命令，将打开“设置背景格式”对话框，如图 5-52 所示。

② 在“设置背景格式”对话框中选择“填充”→“渐变填充”。在“预设颜色”下拉列表中，选择“铬色 II”；在“类型”下拉列表中，选择“线性”；在“方向”下拉列表中，选择“线性向下”，然后单击“全部应用”按钮即可。

图 5-51 “桂林旅游”幻灯片

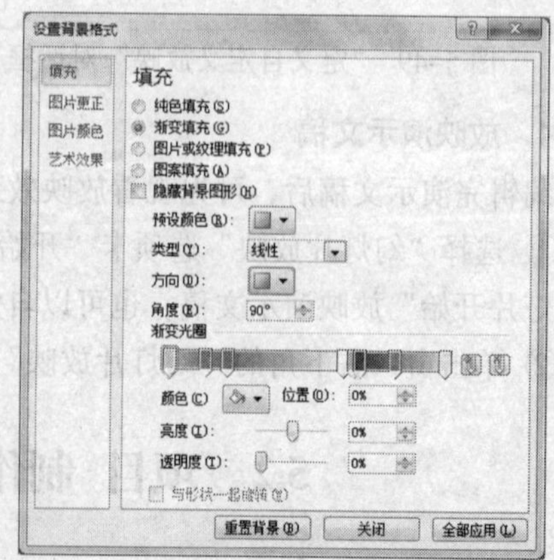

图 5-52 “设置背景格式”对话框

（3）图片的插入和设置

① 复制一张漓江山水的图片粘贴到当前幻灯片，并调整大小。

② 选中该图片，在选项卡中单击“图片工具格式”选项卡的“图片样式”选项组中的“其他”按钮，在弹出的下拉列表中选择“映像右透视”，如图 5–53 所示。

③ 选中该图片，选择“图片工具格式”选项卡“调整”选项组中的“更正”命令，在下拉列表中选择“亮度:0%（正常）对比度：+20%”，如图 5–54 所示。

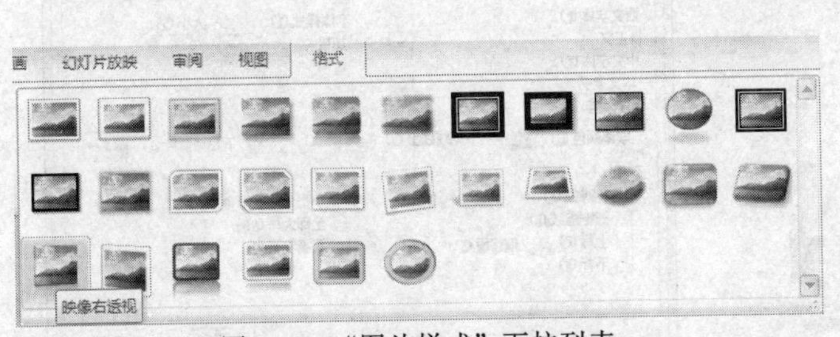

图 5–53 “图片样式”下拉列表

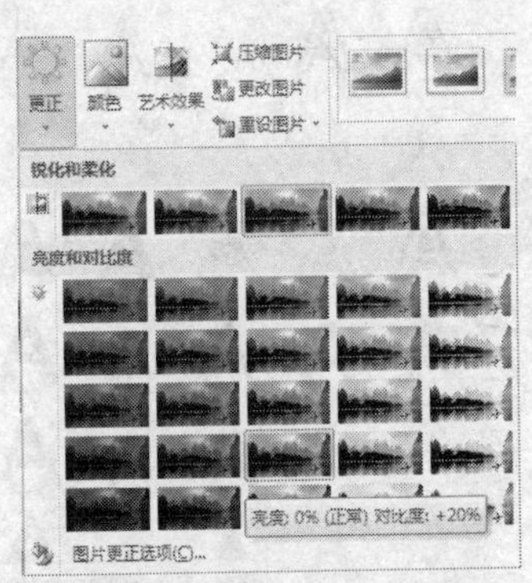

图 5–54 “更正”下拉列表

④ 选中该图片，选择“图片工具格式”选项卡“调整”选项组中的“颜色”命令，在下拉列表中选择“重新着色”→“灰度”，如图 5–55 所示。

⑤ 选中该图片，选择“图片工具格式”选项卡“图片样式”选项组中的“图片效果”命令，在下拉列表中选择“柔化边缘”→“50 磅”，如图 5–56 所示。

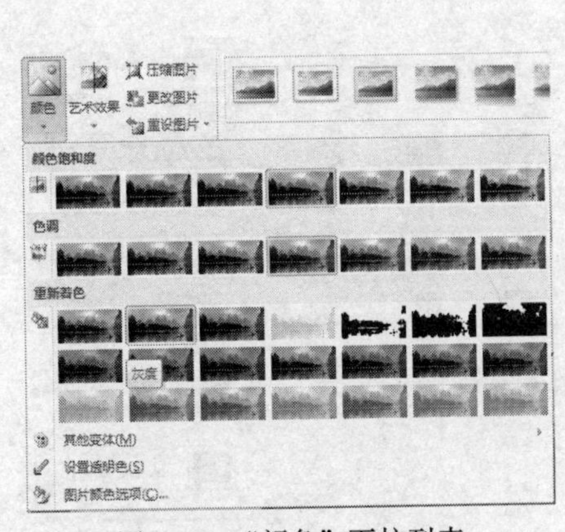

图 5–55 “颜色”下拉列表

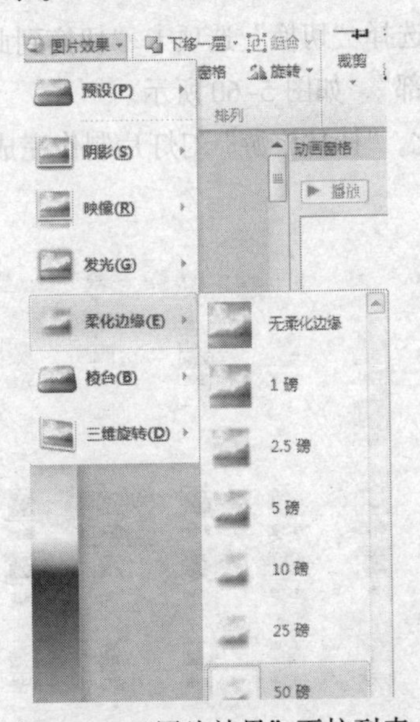

图 5–56 “图片效果”下拉列表

（4）艺术字的插入和设置

① 选择“插入”选项卡“文本”选项组中的“艺术字”命令，在弹出的下拉列表中选择“填充–红色，强调文字颜色 2，粗糙棱台”，如图 5–57 所示。

② 单击“请在此放置您的文字”文本框，输入文字“桂林旅游”，将艺术字调整到合适的位置。

③ 选中该艺术字，右击，在弹出的快捷菜单中选择“字体”命令，将弹出“字体”对话框，如图 5-58 所示。

④ 在“字体”对话框中设置中文字体为“华文隶书”，字体样式为“加粗”，大小为“70”。

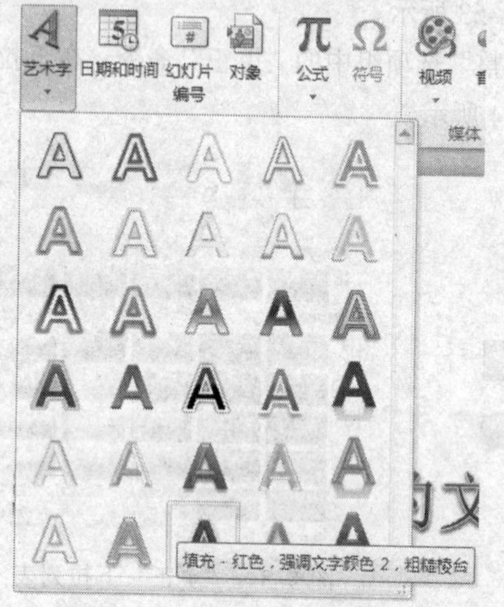

图 5-57 “艺术字”下拉列表

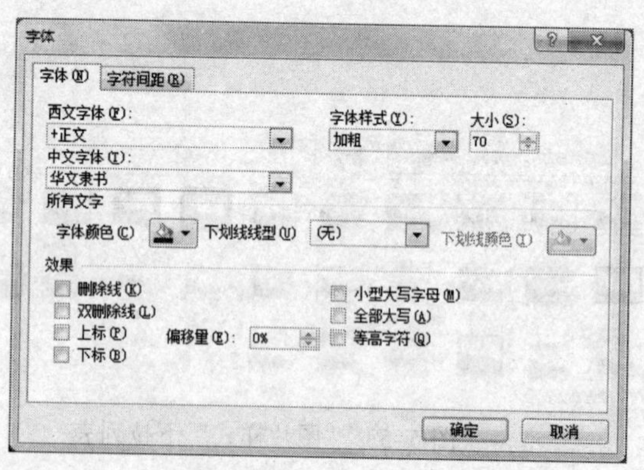

图 5-58 “字体”对话框

（5）幻灯片切换效果的设置

① 选择“切换”选项卡“切换到此幻灯片”选项组，单击“其他”按钮，在弹出的下拉列表中选择“涟漪”选项，如图 5-59 所示。

② 选择“切换”选项卡“切换到此幻灯片”选项组“效果选项”，在弹出的下拉列表中选择“从左下部”，如图 5-60 所示。

至此，“桂林旅游”幻灯片制作完成，可以单击窗口右下角的“幻灯片放映”按钮，观看放映效果。

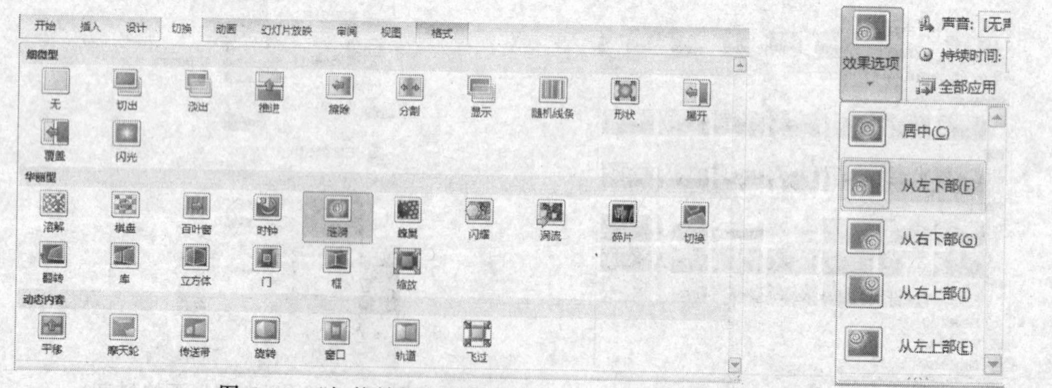

图 5-59 “切换效果”下拉列表

图 5-60 “效果选项”下拉列表

5.2.2 任务 2 “桂林-游”幻灯片的制作

1. 任务要求

① 内容要求：制作“桂林-游”三张幻灯片，如图 5-61 所示。

② 技术要求：图片和艺术字的插入、背景设置、组织结构图的编辑、动画设置和幻灯片切换设置。

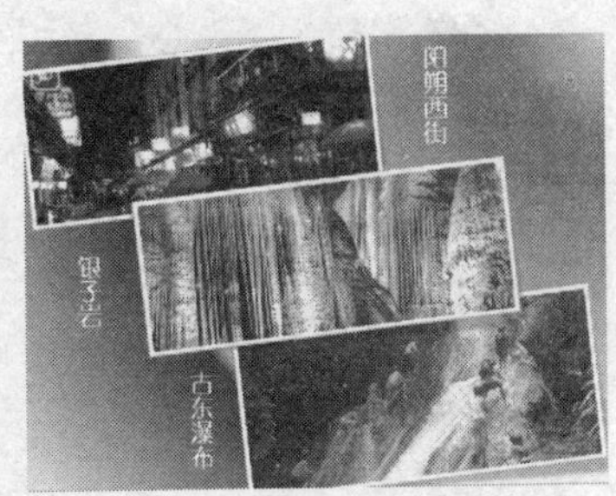

图 5-61　“桂林-游”幻灯片

2．方法步骤

（1）“桂林-游”幻灯片的制作

① 选择“开始”选项卡“幻灯片”选项组中的“新建幻灯片”命令，在弹出的下拉列表中选择“空白”版式，将插入一张空白的幻灯片。

② 设置此幻灯片的背景为“铬色 II”、“射线”、“线性向左”。具体步骤前面已经介绍，不再赘述。

③ 复制一张桂林双塔的图片粘贴到当前幻灯片，并调整大小。

④ 选中此图片，选择“图片工具格式”选项卡“图片样式”选项组中的“图片效果”→“预设”命令，在弹出的下拉列表中选择“预设 12”，如图 5-62 所示。

⑤ 插入艺术字“桂林-游”，设置“填充-红色，强调文字颜色 2，粗糙棱台”，设置中文字体为“华文隶书”，字体样式为“加粗”，大小为“70”，并将艺术字调整到合适的位置。具体步骤前面已经介绍，不再赘述。

⑥ 选择“插入”选项卡“插图”选项组中的“SmartArt”命令，将弹出“选择 SmartArt 图形”对话框。

⑦ 在“选择 SmartArt 图形”对话框中选择“层次结构”→“组织结构图”，单击“确定”按钮，将组织结构图插入到当前幻灯片中，如图 5-63 所示。

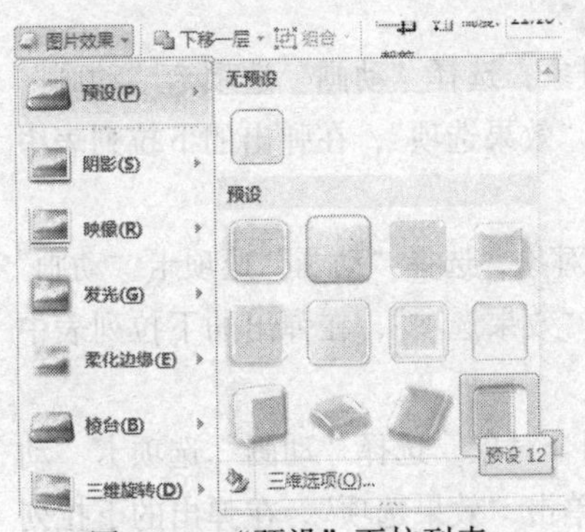

图 5-62　“预设”下拉列表

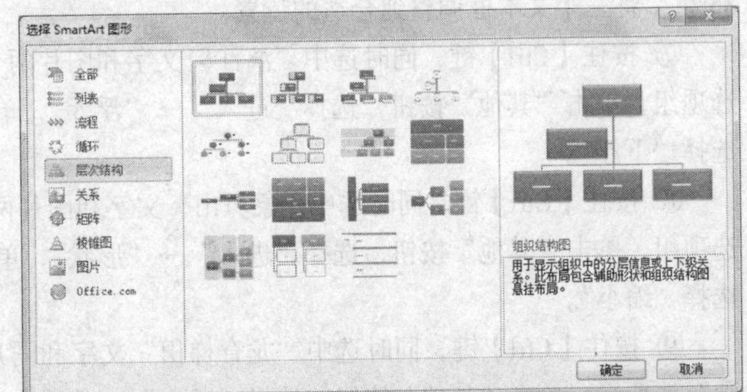

图 5-63　“选择 SmartArt 图形”对话框

⑧ 单击组织结构图左侧的按钮，将打开“在此处键入文字”对话框，在此对话框中通过【退格】键和【回车】键修改组织结构图的结构，并且填写文字，如图 5-64 所示。

⑨ 选择并右击组织结构图中的文字，在弹出的快捷菜单中选择“字体”命令，将打开“字体”

对话框，设置中文字体为“幼圆”，字体样式为“加粗”，大小为“20”，如图 5-65 所示。将组织结构图调整到合适的位置。

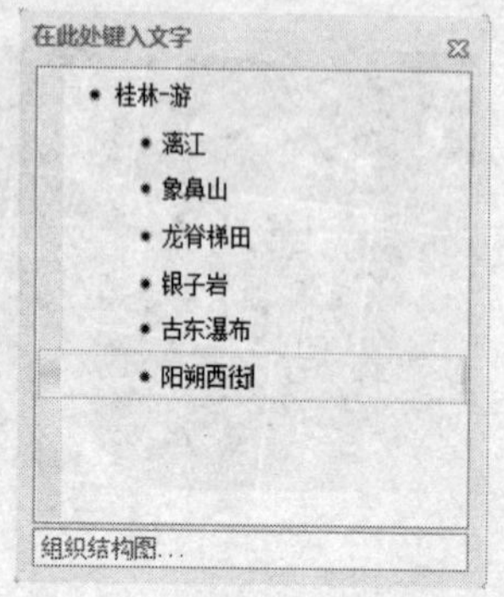

图 5-64 “在此处键入文字”对话框

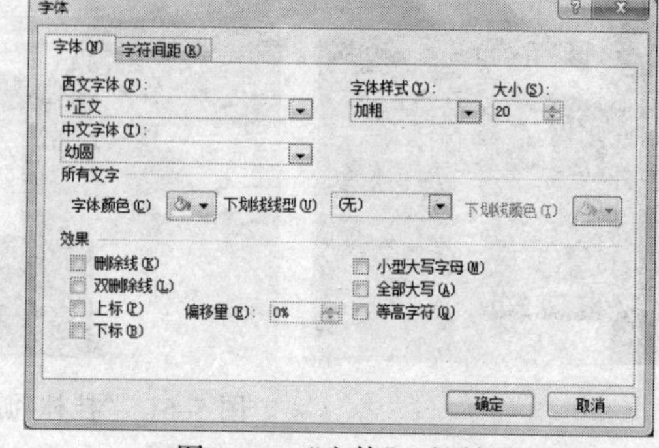

图 5-65 “字体”对话框

⑩ 设置此幻灯片的切换效果为“推进”、“自底部”。具体步骤前面已经介绍，不再赘述。

至此，“桂林-游”幻灯片制作完成，可以单击窗口右下角的“幻灯片放映”按钮，观看放映效果。

（2）“漓江-象鼻山-龙脊梯田”幻灯片的制作

① 选择“开始”选项卡“幻灯片”选项组中的“新建幻灯片”命令，在弹出的下拉列表中选择“空白”版式，将插入一张空白的幻灯片。

② 设置此幻灯片的背景为“铬色 II”、“线性”、“线性对角-左上到右下”。

③ 复制漓江图片、象鼻山图片和龙脊梯田图片粘贴到当前幻灯片，并调整大小。

④ 分别选择这三张图片，设置图片样式为“映像圆角矩形”。

⑤ 选择“插入”选项卡“文本”选项组中的“文本框”→“横排文本框”命令，单击幻灯片相应位置，插入一个文本框。文本框的文本设置为“漓江”，选中并右击此文本，在弹出的快捷菜单中选择“字体”命令，在打开的“字体”对话框中设置中文字体“幼圆”、字体样式“加粗”、大小“30”、字体颜色“白色”。

⑥ 用同样的方法，添加文本框“象鼻山”和“龙脊梯田”，字体颜色“黑色，文字 1，淡色 35%”。将三个文本框调整到合适的位置。

⑦ 按住【Ctrl】键，同时选中“漓江”文字和图片两个对象，选择“动画”选项卡“动画”选项组，单击“其他”按钮，选择“进入”→“浮入”，单击“效果选项”，在弹出的下拉列表中选择“下浮”。

⑧ 按住【Ctrl】键，同时选中“象鼻山”文字和图片两个对象，选择“动画”选项卡“动画”选项组，单击“其他”按钮，选择“进入”→“形状”，单击“效果选项”，在弹出的下拉列表中选择“缩小”。

⑨ 按住【Ctrl】键，同时选中“龙脊梯田”文字和图片两个对象，选择“动画”选项卡“动画”选项组，单击“其他”按钮，选择“进入”→“浮入”，单击“效果选项”，在弹出的下拉列表中选择“上浮”。

⑩ 设置此幻灯片的切换效果为“百叶窗”、“垂直”。

至此，“漓江-象鼻山-龙脊梯田”幻灯片制作完成，可以单击窗口右下角的“幻灯片放映”按钮，观看放映效果。

（3）“阳朔西街-银子岩-古东瀑布”幻灯片的制作

① 选择“开始”选项卡“幻灯片”选项组中“新建幻灯片”命令，在弹出的下拉列表中选择“空白”版式，将插入一张空白的幻灯片。

② 设置此幻灯片的背景为“铬色 II”、“射线”、“从右上角”。

③ 复制阳朔西街图片、银子岩图片和古东瀑布图片粘贴到当前幻灯片，并调整大小。

④ 分别选择这三张图片，设置图片样式为“旋转，白色”。在选项卡中选择“图片工具格式”选项卡“图片样式”选项组中的“图片边框”命令，在弹出的下拉列表中选择“粗细”→“6 磅”，如图 5-66 所示。

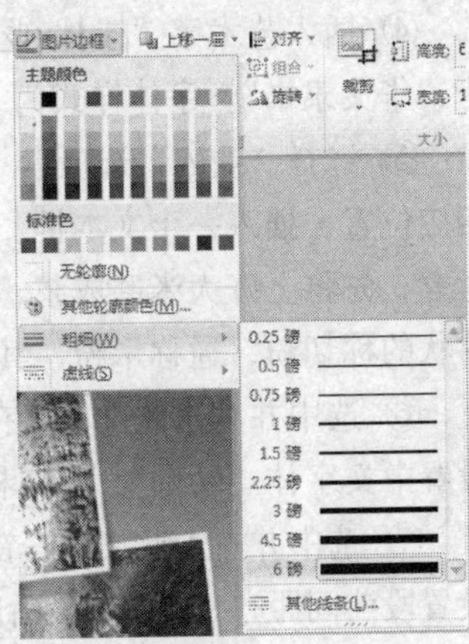

图 5-66 “图片边框”下拉列表

⑤ 选择“插入”选项卡“文本”选项组中的“文本框”→“垂直文本框”命令，单击幻灯片相应位置，插入一个文本框。文本框的文本设置为“阳朔西街”，选中并右击此文本，在弹出的快捷菜单中选择“字体”命令，在打开的“字体”对话框中设置中文字体“幼圆”、字体样式“加粗”、大小“30”、字体颜色“白色”。

⑥ 用同样的方法，添加文本框“银子岩”和“古东瀑布”。将三个文本框调整到合适的位置。

⑦ 按住【Ctrl】键，同时选中“阳朔西街”文字和图片两个对象，设置动画效果为“翻转式由远及近”。具体步骤前面已经介绍，不再赘述。

⑧ 按住【Ctrl】键，同时选中“古东瀑布”文字和图片两个对象，设置动画效果为“弹跳”。

⑨ 按住【Ctrl】键，同时选中“龙脊梯田”文字和图片两个对象，设置动画效果为“旋转”。

⑩ 设置此幻灯片的切换效果为“百叶窗”、“垂直”。

至此，“阳朔西街-银子岩-古东瀑布”幻灯片制作完成，可以单击窗口右下角的“幻灯片放映”按钮，观看放映效果。

5.2.3 任务 3 “桂林-吃”幻灯片的制作

1. 任务要求

① 内容要求：制作“桂林-吃”幻灯片，如图 5-67 所示。

② 技术要求：图片和艺术字的插入、图文混排、背景设置和幻灯片切换设置。

图 5-67 “桂林-吃”幻灯片

2．方法步骤

① 选择“开始”选项卡“幻灯片”选项组中的“新建幻灯片”命令，在弹出的下拉列表中选择“空白”版式，将插入一张空白的幻灯片。

② 设置此幻灯片的背景为“铬色 II”、“矩形”、“从左下角”。

③ 复制桂林小吃图片粘贴到当前幻灯片，并调整大小。设置图片样式为“映像圆角矩形”。

④ 插入艺术字“桂林–吃”，设置“填充–红色，强调文字颜色 2，粗糙棱台”，设置中文字体为“华文隶书”，字体样式为“加粗”，大小为“70”，并将艺术字调整到合适的位置。

⑤ 选择“插入”选项卡“文本”选项组中的“文本框”→“横排文本框”命令，单击幻灯片相应位置，插入一个文本框。文本框的文本设置为“桂林米粉以其独特的风味远近闻名。其做工考究，先将上好大米磨成浆，装袋滤干，揣成粉团煮熟后压榨成圆根或片状即成。圆的称米粉，片状的称切粉，通称米粉，其特点是洁白、细嫩、软滑、爽口。其吃法多样。”

⑥ 选中并右击此文本，在弹出的快捷菜单中选择“字体”命令，在打开的“字体”对话框中设置中文字体“幼圆”，字体样式“加粗”，大小“20”，字体颜色“白色”。

⑦ 选中并右击此文本，在弹出的快捷菜单中选择“段落”命令，在打开的“段落”对话框中设置段前间距“12 磅”、段后间距“0 磅”、行距“固定值，28 磅”，如图 5-68 所示。

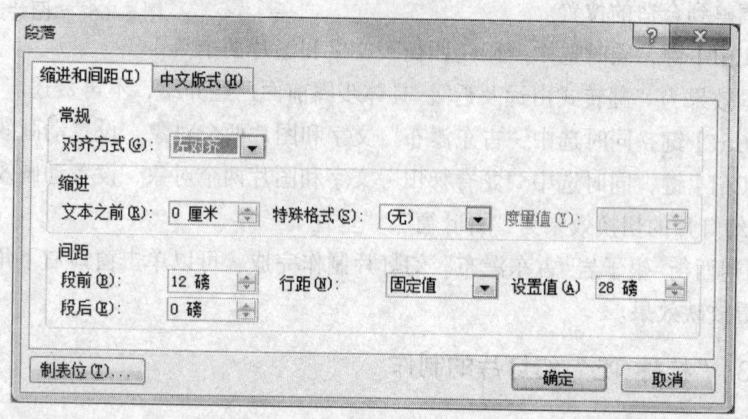

图 5-68 “段落”对话框

⑧ 将图片和文本框调整到合适的位置。

⑨ 设置此幻灯片的切换效果为“时钟”、“顺时针”。

至此，“桂林–吃”幻灯片制作完成，可以单击窗口右下角的“幻灯片放映”按钮，观看放映效果。

5.2.4 任务 4 “桂林–住”幻灯片的制作

1．任务要求

① 内容要求：制作“桂林–住”幻灯片，如图 5-69 所示。

② 技术要求：图片和艺术字的插入、表格的插入和编辑、背景设置和幻灯片切换设置。

桂林-住

酒店名称	评分	价格
懒猫青年旅舍背包客栈	4.5	80元起
桂林香格里拉大酒店	4.5	999元起
瓦当青年旅舍	4.5	145元起
桂林地中海俱乐部	4.5	1610元起
王城国际青年旅馆	4.5	200元起
背包驿站	4.5	200元起
漓江大瀑布饭店	4	720元起
桂林喜来登饭店	4	690元起
桂林九龙商务别墅酒店	4	100元起

图 5-69 “桂林-住”幻灯片

2. 方法步骤

① 选择“开始”选项卡“幻灯片”选项组中的“新建幻灯片”命令，在弹出的下拉列表中选择“空白”版式，将插入一张空白的幻灯片。

② 设置此幻灯片的背景为“铬色 II”、“线性”、“线性向下”。

③ 插入艺术字“桂林-住”，设置“填充-红色，强调文字颜色 2，粗糙棱台”，设置中文字体为“华文隶书”，字体样式为“加粗”，大小为“70”，并将艺术字调整到合适的位置。

④ 选择“插入”选项卡“表格”选项组中的“表格”命令，在弹出的下拉列表中选择“插入表格”命令，在弹出的“插入表格”对话框中输入列数“3”，行数“10”，单击“确定”按钮，将在当前幻灯片中插入一个表格。如图 5-70 和图 5-71 所示。

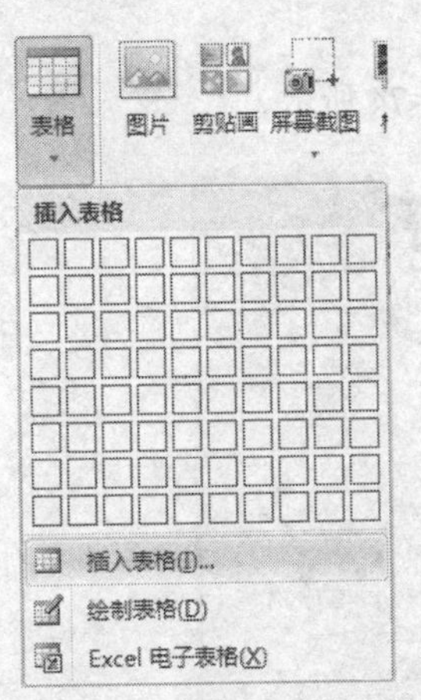

图 5-70 “表格”下拉列表

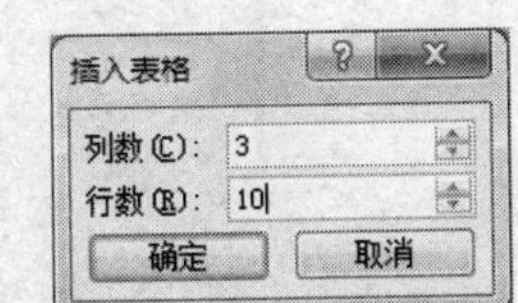

图 5-71 “插入表格”对话框

⑤ 选中此表格，在选项卡中选择“表格工具设计”选项卡“表格样式”选项组，单击“其他”按钮，在弹出的下拉列表中选择“中度样式 2-强调 1”，如图 5-72 所示。

⑥ 向表格中添加酒店名称、评分、价格等文本信息。选中并右击此表格，在弹出的快捷菜单中选择“字体”命令，在打开的“字体”对话框中设置中文字体“幼圆”，字体样式“加粗”，大小“20”。

⑦ 选中此表格，选择“表格工具”选项卡“布局”选项组中的“对齐方式”命令，单击“居中”按钮和“垂直居中”按钮，将表格的文本对齐方式设置为水平垂直居中，如图 5–73 所示。选中左侧酒店名称列，单击“文本左对齐”按钮，将酒店名称列的文本对齐方式设置为水平左对齐。

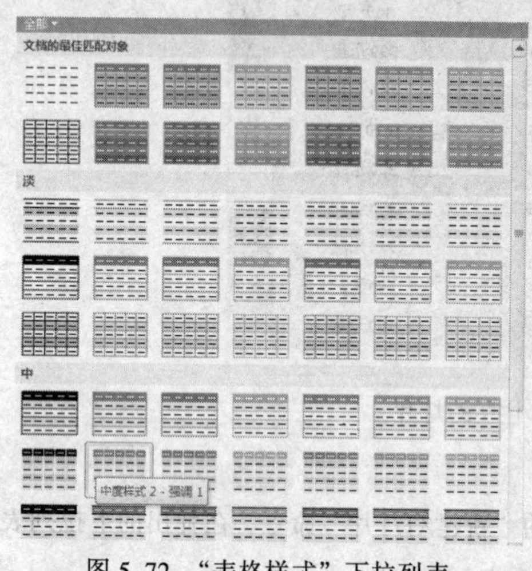

图 5–72 “表格样式”下拉列表

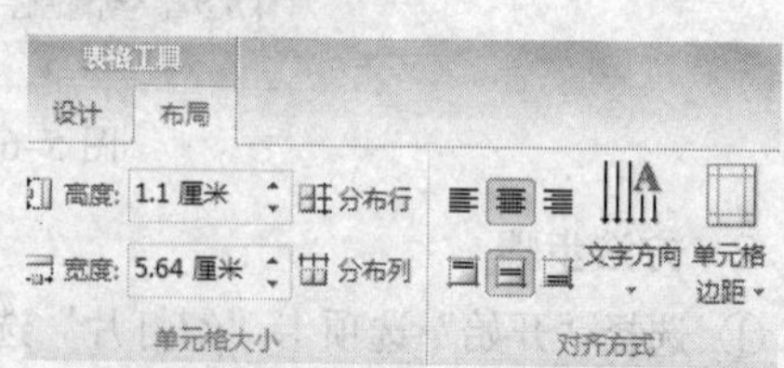

图 5–73 “表格布局”工具栏

⑧ 将表格调整到合适的位置。

⑨ 设置此幻灯片的切换效果为“摩天轮”、“自右侧”。

至此，“桂林–住”幻灯片制作完成，可以单击窗口右下角的“幻灯片放映”按钮，观看放映效果。

5.2.5 任务 5 “桂林山水甲天下”幻灯片的制作

1. 任务要求

① 内容要求：制作“桂林山水甲天下”幻灯片，如图 5–74 所示。

图 5–74 “桂林山水甲天下”幻灯片

② 技术要求：图片和艺术字的插入、动作按钮的插入、超链接的设置、背景设置和幻灯片切换设置。

2．方法步骤

① 选择“桂林旅游”幻灯片，即第一张幻灯片，选择“开始”选项卡“幻灯片”选项组中的“新建幻灯片”命令，在弹出的下拉列表中选择“空白”版式，将插入一张空白的幻灯片。

② 设置此幻灯片的背景为“铬色 II”、“射线”、“从右下角”。

③ 复制桂林旅游地图图片粘贴到当前幻灯片，并调整大小。设置图片样式为“映像圆角矩形”。

④ 插入艺术字“桂林山水甲天下”，设置“填充–红色，强调文字颜色 2，粗糙棱台”，设置中文字体为“华文隶书”，字体样式为“加粗”，大小为“70”，并将艺术字调整到合适的位置。

⑤ 选择“插入”选项卡“插图”选项组中的“形状”→“动作按钮”，单击“动作按钮：自定义”按钮，再单击幻灯片相应位置，将弹出“动作设置”对话框，如图 5–75 和图 5–76 所示。

图 5–75 “动作按钮”列表框

⑥ 在“动作设置”对话框中选择“单击鼠标”选项卡，选择“超链接到”单选按钮，在下拉菜单中选择“幻灯片”选项，将打开“超链接到幻灯片”对话框，选择“桂林–游”幻灯片，即幻灯片 3，如图 5–77 所示。单击“确定”按钮，返回“动作设置”对话框，再次单击“确定”按钮，完成动作按钮的添加。

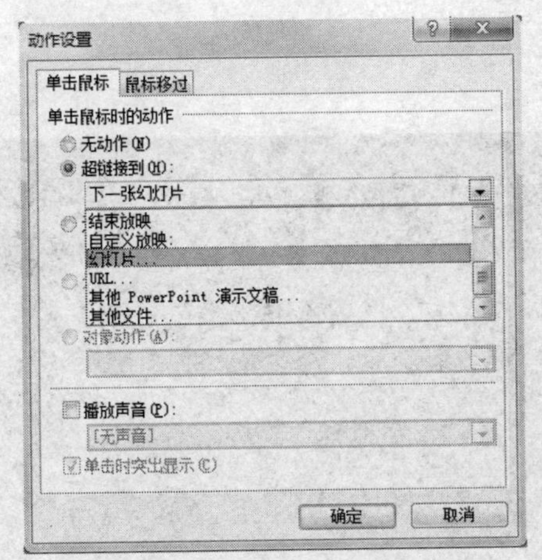

图 5–76 “动作设置”对话框

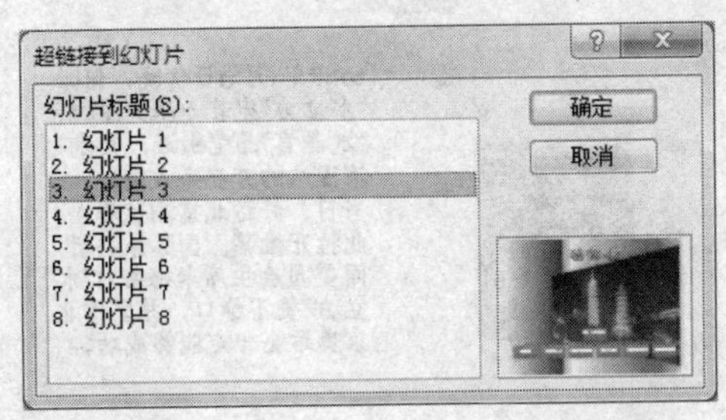

图 5–77 “链接到幻灯片”对话框

⑦ 右击刚刚添加的动作按钮，在弹出的快捷菜单中选择“编辑文字”命令，在动作按钮上面输入文本“桂林–游”，选中并右击此文本，在弹出的快捷菜单中选择“字体”命令，在打开的“字体”对话框中设置中文字体“幼圆”，字体样式“加粗”，大小“20”，字体颜色“白色”。

⑧ 重复⑤、⑥、⑦三个步骤，添加“桂林–吃”动作按钮链接到“桂林–吃”幻灯片；添加“桂林–住”动作按钮链接到“桂林–住”幻灯片。

⑨ 调整三个动作按钮的大小和位置。

⑩ 设置此幻灯片的切换效果为“溶解”。

至此，“桂林山水甲天下”幻灯片制作完成，可以单击窗口右下角的“幻灯片放映”按钮，观看放映效果。

上机操作练习题

1. 第 1 套上机操作题

（1）新建演示文稿，在开始处插入第一张幻灯片，版式为“标题幻灯片”，主标题文字输入“冰清玉洁“水立方”，其字体为“楷体”，字体样式为“加粗”，大小为“63 磅”，颜色为红色（请用自定义标签的红色 245、绿色 0，蓝色 0）。副标题输入“奥运会游泳馆”，其字体为“宋体”，大小为“37 磅”。

（2）插入第二张幻灯片，幻灯片的版式设置为“两栏内容”。在上侧区域插入艺术字“水立方”，“填充-红色，强调文字颜色 2，暖色粗糙棱台”，字体为“隶书”、字体样式为“加粗”、大小为“60 磅”；在左侧区域插入任意一张剪贴画；在右侧区域输入文本“2008 年 1 月 31 日傍晚，俯瞰‘水立方’宛若一座美丽的‘水晶宫’晶莹剔透，其冰清玉洁的芳姿令人陶醉。当日，好运北京测试赛在此拉开帷幕。国际泳联新闻委员会主席卡梅蒂对‘水立方’赞不绝口，并坚信北京奥运会一定能够成功。”，字体为“仿宋”，字体样式为“加粗”，大小为“28 磅”。

（3）使第二张幻灯片成为第一张幻灯片。使用“流畅”主题修饰全文。全部幻灯片切换效果为“随机线条”，放映方式设置为“演讲者放映（全屏幕）”。

（4）以文件名 pw1.pptx 保存该演示文稿。

最终效果如图 5-78 所示。

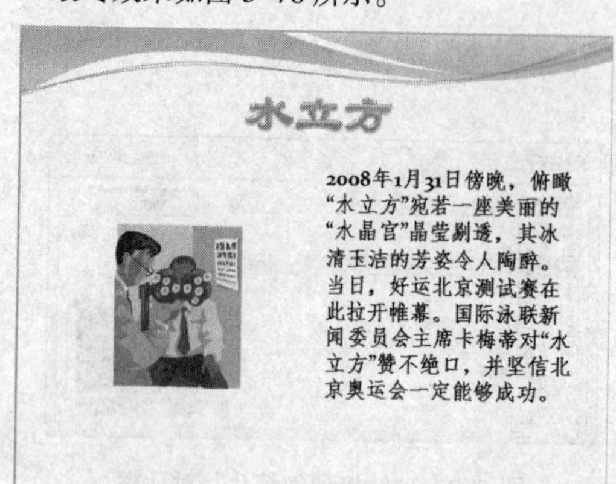

图 5-78 第 1 套上机操作题最终效果

2. 第 2 套上机操作题

（1）新建演示文稿，在开始处插入第一张幻灯片，版式为“标题幻灯片”，主标题文字输入“台风‘格美’影响福建省”，其字体为“黑体”，字体样式为“加粗”，大小为“50 磅”，颜色为红色（请用自定义标签的红色 245、绿色 0、蓝色 0），副标题输入“及早做好防御准备”，其字体为“楷体”，字体样式为“倾斜”，大小为“39 磅”。

（2）插入第二张幻灯片，幻灯片版式为“两栏内容”，在标题区输入“台风‘格美’来了”；左侧区域插入有关“科技”的剪贴画，动画设置为“强调”→“陀螺旋”；右侧区域输入文字“福建气象台的预报说，‘格美’台风 23 日凌晨 2 时中心在北纬 17.9 度，东经 128.2 度，处于我国台湾花莲东南方约 960 公里的海上。目前台风中心正以 15 千米/小时的速度向西北偏西方向移动，逐步靠近我国台湾东部沿海。”，动画设置为“进入”→“形状”、“缩小”、“圆”。动画顺序为先文本后对象。

（3）插入第三张幻灯片，幻灯片版式为“标题和内容”，背景样式设置为“渐变填充”，预设颜色“薄雾浓云”。

（4）使用“茅草”主题修饰全文，全部幻灯片切换效果为“涟漪”。

（5）以文件名 pw2.pptx 保存该演示文稿。

最终效果如图 5-79 所示。

图 5-79　第 2 套上机操作题最终效果

第 6 章　计算机网络

本章介绍计算机网络基础知识。了解网络的概念、功能、分类、结构；认识网络设备；掌握局域网、互联网、IP、域名概念；掌握浏览器、电子邮件收发、信息搜索、文件下载等操作。

6.1　计算机网络基础

计算机网络是计算机技术和通信技术紧密结合的产物，它涉及到通信与计算机两个领域。它的诞生使计算机体系结构发生了巨大的变化，在当今社会经济中起着非常重要的作用，它对人类社会的进步做出了巨大贡献。现在，计算机网络已经成为人类社会生活中不可缺少的一个重要组成部分，计算机网络应用已经遍布各个领域。从某种意义上讲，计算机网络的发展水平不仅反映了一个国家的计算机科学和通信技术水平，而且已经成为衡量一个国家的国力及现代化程度的重要标志之一。

6.1.1　计算机网络的概念与发展

1．计算机网络的概念

所谓计算机网络，就是把分布在不同地理区域的计算机与专门的外部设备用通信线路互连成一个规模大、功能强的网络系统，并且配以功能完善的网络软件，从而使众多的计算机可以方便地互相传递信息，共享硬件、软件、数据信息等资源。

2．计算机网络的发展

计算机网络的发展大致分为 4 个阶段：面向终端的计算机网络、计算机—计算机网络、标准化的计算机网络和高速、智能的计算机网络。

① 面向终端的计算机网络。计算机网络的雏形产生于 20 世纪 50 年代初，它将地理位置分散的多个终端通过通信线路连接到一台中心计算机，用户从终端输入程序和数据，通信线路将程序和数据传送到中心计算机，各个终端分时访问中心计算机，中心计算机对信息进行集中处理，将处理结果再通过通信线路回送到用户终端显示或打印。这种以单个计算机为中心的连机系统称为面向终端的远程联机系统。

② 计算机-计算机网络。20 世纪 60 年代中期，出现了多个计算机为中心的多终端网络，它将分布在不同地理位置的计算机通过通信线路互连成为计算机网络。连网用户可以通过计算机使用本地计算机的软件、硬件与数据资源，也可以使用网络中的其他计算机软件、硬件与数据资源，以达到资源共享的目的。

③ 标准化的计算机网络。20 世纪 70 年代后期，各种各样的商业网络都提出了自己的网络体

系结构。不同体系结构的网络产品的互连很难实现，为此，国际标准化组织（ISO）在 1982 年公布了名为开放式系统互连参考模型（OSI/RM）的国际标准化网络体系结构，它成为研究和制定新一代计算机网络标准的基础。各种符合 OSI/RM 协议标准的计算机网络开始广泛应用。

④ 高速、智能的计算机网络。此阶段各种网络进行互连，形成更大规模的互连网络。Internet 为典型代表，特点是互连、高速、智能与更为广泛的应用。

6.1.2 计算机网络的组成与功能

1. 计算机网络的组成

现代计算机网络由互连的数据处理设备和数据通信控制设备组成。从逻辑功能上看，整个网络划分为资源子网和通信子网两大部分，如图 6-1 所示，这两部分连接是通过通信线路实现的。

资源子网面向用户，负责收集、存储和处理信息，提供网络服务和资源共享等功能。它包括网络中独立工作的计算机及其外围设备、软件资源和数据资源。

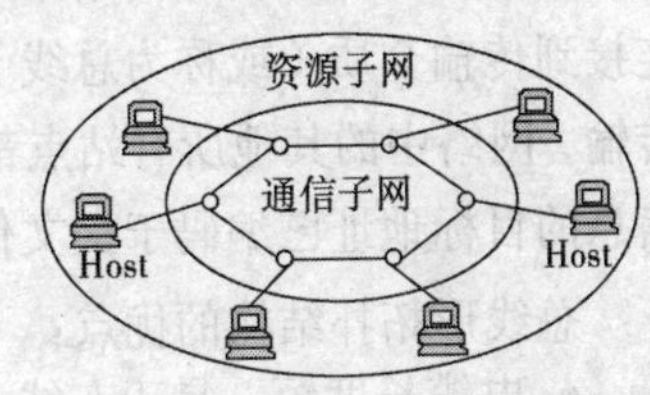

图 6-1 计算机网络组成

通信子网面向通信，负责完成数据的传输、交换和通信处理。它包括通信线路、网络连接设备和通信协议。

本地访问是对本地主机资源的访问，在资源子网内部进行，它不经过通信子网。网络访问是终端用户对远程主机资源的访问，它必须通过通信子网。

2. 计算机网络的主要功能

① 资源共享。网络的出现使资源共享变得很简单，交流的双方可以跨越时空的障碍，随时随地传递信息。

② 信息传输与集中处理。数据是通过网络传递到服务器，由服务器集中处理后再回送到终端。

③ 负载均衡与分布处理。负载均衡是指网络中的负荷被均匀地分配给网络中的各计算机系统，分布处理是将任务分散到多台计算机上进行处理，由网络来完成对多台计算机的协调工作。

④ 综合信息服务。计算机网络可以提供多方面的信息服务功能。

6.1.3 计算机网络的分类

计算机网络可以按照不同的标准进行分类。其中，最普遍的分类是按照网络的地理范围和拓扑结构进行划分。

1. 按地理范围分类

按地理范围划分，计算机网络可分为局域网（Local Area Netware，LAN）、广域网（Wide Area Netware，WAN）和城域网(Metropolitan Area Network，MAN)。

① 局域网（LAN）又称为局部网，是一个单位或部门组建的小型网络，一般局限在一栋建筑物或一个园区内，作用范围一般为 10 米到几千米。局域网简单、灵活、组建方便、规模小、速度快、误码率低、可靠性高。

② 广域网（WAN）又称远程网，是跨地域性的网络，用于通信的传输装置和介质一般由电信部门提供。组成广域网的各计算机之间地理分布范围广，一般在几百千米到几千千米或更多，

常用于一个国家/地区范围或更大范围内的信息交换。Internet 是世界上最大的广域网。

③ 城域网（MAN）又称为都市网，是一个城市或地区组建的网络，其作用范围在广域网和局域网之间，其地理范围可从几十千米到上百千米，通常覆盖一个城市或地区。

局域网、广域网和城域网的划分只是一个相对的分界，而且随着计算机网络技术的发展，三者的界限已经变得模糊。

2．按拓扑结构分类

所谓网络拓扑，是指将网络中的设备抽象成点，传输线路抽象成线，形成点线结合的几何图形。在网络拓扑结构中，主要研究设备之间的互连结构，而不考虑它们的地理位置。网络的拓扑结构主要有总线形、环形、星形、树形和网状等。

（1）总线形拓扑结构

总线形拓扑结构的网络采用单根传输线作为传输介质，所有站点都通过相应的硬件接口直接连接到传输介质（或称为总线）上，如图 6-2 所示。任何一个站点发出报文信息都可以沿着介质传输，网络中的其他所有站点都能监听这种信息，但其中只有一个站点才能“真正”接收。通常，信息的目标地址已编码于报文信息内，只有与报文内地址相符的站点才能接收信息。

总线形拓扑结构的优点：

- 电缆长度短，易于布线。
- 可靠性高。
- 易于扩充。

总线形拓扑结构的缺点：

- 故障诊断和隔离困难。
- 终端必须是智能的。

（2）环形拓扑结构

环形拓扑结构的网络由收发器和点到点的链路组成一个闭合环，每个站点都通过一个收发器连接到网络上，如图 6-3 所示。环形拓扑的访问控制方法是基于令牌（Token）的访问控制。发送站点发送的数据沿着环路进行单向传输，每经过一个站点，该站点判断数据是否是发送给本站点的，如果是，则将数据复制下来，然后再将数据传递到下一个站点；如果不是，则直接将数据传递到下一个站点。当数据遍历了环中各个站点，回到发送站点时，由发送站点将数据从环路上取下。

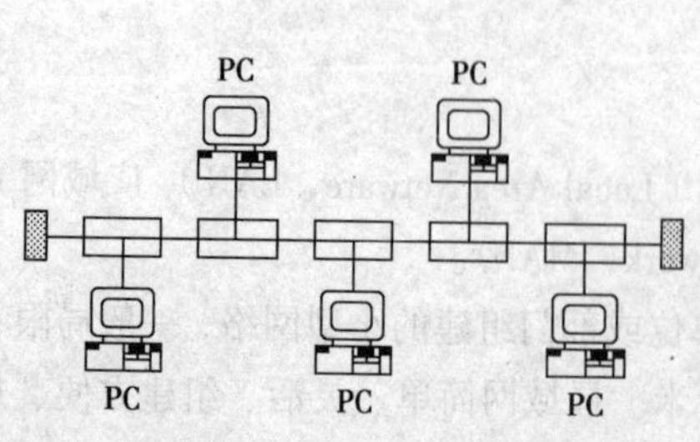

图 6-2 总线形拓扑结构

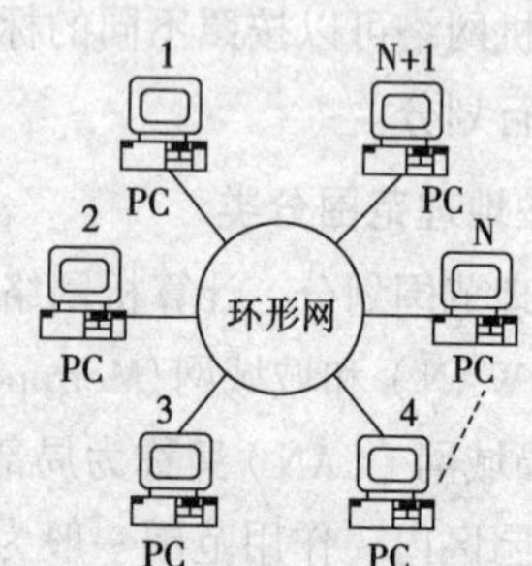

图 6-3 环形拓扑结构

环形拓扑结构的优点：

- 电缆长度短。

- 不需要接线盒。
- 适用于光缆。

环形拓扑结构的缺点：

- 灵活性小，增加新工作站困难。
- 诊断故障十分困难，需要对每一个结点进行检测。

（3）星形拓扑结构

星形拓扑结构是由中央结点和通过点到点的链路接到中央结点的各站点组成，如图 6–4 所示。中央结点执行集中式通信控制策略，因此中央结点的工作相当繁重，而各个站点的通信处理负担很小。中央结点一般为集线器或交换机。

星形拓扑结构的优点：

- 连接点出现故障时不会影响整个网络。
- 故障易于检测和隔离。
- 访问协议简单。

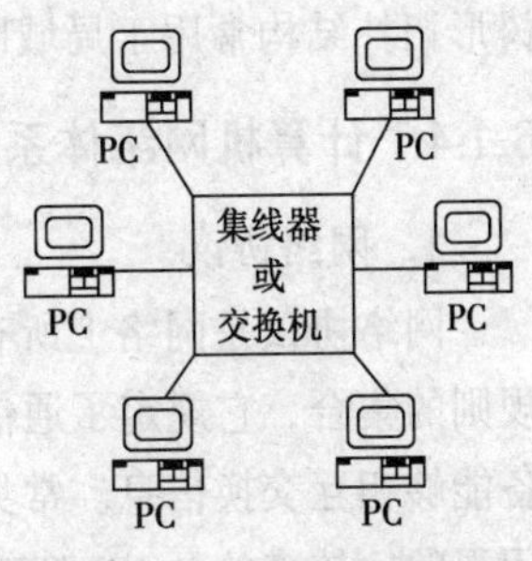

图 6–4 星形拓扑结构

星形拓扑结构的缺点：

- 需要大量的电缆。
- 当中央结点发生故障时，整个网络不能工作。

（4）树形拓扑结构

树形拓扑是星形拓扑结构的扩展，形状像一棵倒置的树，顶端是树根，树根以下带分支，每个分支还可再带子分支，如图 6–5 所示。树形拓扑结构是一种集中分层的管理形式。树根接收各站点发送的数据，然后再发送到全网。

树形拓扑结构的优点：

- 易于扩展。
- 故障隔离较容易。

树形拓扑结构的缺点：

各个结点对根的依赖性太强，如果根发生故障，则全网不能正常工作。

（5）网状拓扑结构

网状拓扑结构的特点是各个结点之间可以有多条通路连接，如图 6–6 所示。网状拓扑结构的网络容错能力强，如果网络中的一个结点或一段链路发生故障，信息可通过其他结点和链路到达目的结点。

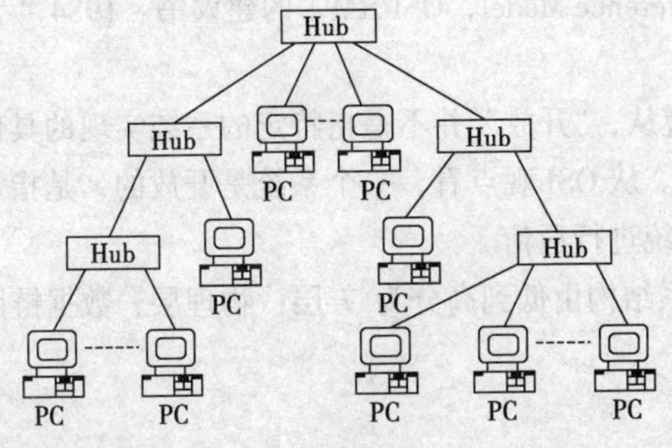

图 6–5 树形拓扑结构

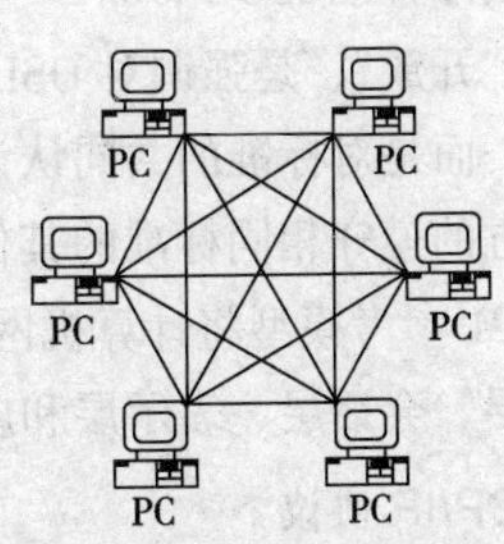

图 6–6 网状拓扑结构

网状拓扑结构的优点：

- 可靠性高。
- 均衡网络流量。

网状拓扑结构的缺点：

- 成本较高。
- 管理复杂。

网络的拓扑结构对网络性能有很大的影响。选择网络拓扑结构，首先要考虑采用何种媒体访问控制方法，因为特定的媒体访问控制方法一般仅适用于特定的网络拓扑结构；其次要考虑性能、可靠性、成本、扩充灵活性、实现的难易程度及传输媒体的长度等因素。总线形、环形、星形和树形拓扑结构常用于局域网，网状拓扑结构常用于广域网。

6.1.4 计算机网络体系结构与网络协议

1. 网络协议

网络协议是网络上所有设备（网络服务器、计算机、交换机、路由器、防火墙等）之间通信规则的集合，它规定了通信时信息必须采用的格式和这些格式的意义。网络协议使网络上各种设备能够相互交换信息。常见的协议有 TCP/IP 协议、IPX/SPX 协议、NetBEUI 协议等。在局域网中用得的比较多的是 IPX/SPX。用户如果访问 Internet，则必须使用 TCP/IP 协议。

2. 网络体系结构

计算机之间的通信是一个十分复杂的问题，将一个复杂的问题分解成若干个容易处理的子问题（即分层），然后“分而治之”，逐个加以解决。网络体系结构采用结构化方法将网络分为若干个子层，每一层完成特定的功能，包含许多协议，每层之间既相互独立又相互联系，来解决整个网络系统问题。大多数网络都采用分层的体系结构，接收方和发送方同层的协议必须一致，否则一方将无法识别另一方发出的信息。

3. OSI 参考模型

自 20 世纪 70 年代以来，国外一些计算机厂家都先后推出本公司的网络体系结构，如 IBM 公司的 SNA 和 DEC 公司的 DNA。这些网络体系结构都属于专用的。为使不同计算机厂家生产的计算机能相互通信，以便在更大范围内建立计算机网络，有必要建立一个国际范围的网络体系结构标准。国际标准化组织（ISO）第 97 技术委员会（TC 97），即信息系统技术处理委员会，在 1978 年为开放系统互联建立了分委员会 SC 16，并于 1980 年 12 月发表了第一个草拟的开放系统互连参考模型（Open System Interconnection/Reference Model，OSI/RM）的建议书。1984 年该参考模型成为正式国际标准 ISO 7498。

所谓“开放”，是强调对 OSI 标准的遵从，“开放”并不是指特定的系统实现的具体的互连技术或手段，而是对标准的共同认识和支持。从 OSI 观点看，一个系统是开放的，是指它可与世界上任何地方的遵守相同标准的其他任何系统进行通信。

OSI/RM 参考模型将计算机网络的体系结构由低到高分为 7 层：物理层、数据链路层、网络层、传输层、会话层、表示层和应用层。

4. TCP/IP 协议

TCP/IP 协议是 Internet 的信息交换、规则和规范的集合体。尽管 TCP/IP 协议不是 ISO 的标准，但它是事实上的工业标准。ISO 在制定 OSI 参考模型时参照了 TCP/IP 协议体系及其分层思想，但 OSI 模型只是一个概念上的模型，没有被实际应用，主要用于理论研究。

TCP/IP 协议将计算机网络的体系结构由低到高分成 4 层：网络接口层、网际层（网间网层）、传输层和应用层。

TCP/IP 协议是一个协议集，由上百个协议组成，其中主要有两个：TCP（传输控制协议）和 IP（网络层协议）。

① TCP 协议位于传输层，向应用层提供面向连接的服务，在进行通信之前，通信双方必须先建立连接，然后才能进行通信。通信结束后，终止该连接。TCP 协议可以确保网上所发送的数据报可以完整的接收，一旦数据报丢失或破坏，则由 TCP 负责将丢失或破坏的数据报重新传输一次，实现数据的可靠传输。

② IP 协议位于网际层，定义了网际层数据报的格式、传输规则和该层的地址格式，提供了源计算机和目的计算机之间点到点的通信。它主要关心数据如何经过由一个或多个路由器相连接的网络到达目的主机，即路由选择。

6.1.5　传输介质与网络设备

1. 传输介质

传输介质是通信网络中发送方和接收方之间的物理通路。常用的传输介质有同轴电缆、双绞线、光纤和无线信道。下面简要介绍这几种常用的传输介质。

（1）同轴电缆

同轴电缆由一个中心的铜质导线或是多股绞合线外包一层绝缘皮，再包上一层金属网状编织的屏蔽体以及保护塑料外层共同组成，如图 6-7 所示。同轴电缆分为基带同轴电缆（阻抗为 50Ω）和宽带同轴电缆（阻抗为 75Ω），有线电视采用的是宽带同轴电缆，而基带同轴电缆曾经被广泛地应用在计算机局域网中。基带同轴电缆分为粗缆和细缆两种。

（2）双绞线

计算机网络中使用的双绞线大多为 8 根铜导线两两绞合在一起构成，外包一层绝缘皮，如图 6-8 所示。双绞线分为屏蔽双绞线（STP）和非屏蔽双绞线（UTP），其中，屏蔽双绞线的抗干扰能力更强，但是安装复杂，实际应用很少。与双绞线相接的物理接口被称为 RJ-45 接口。目前常用的双绞线为超 5 类或 6 类双绞线，最大传输距离为 100m。

（3）光纤

光纤是光导纤维的简写，是一种利用光在玻璃或塑料制成的纤维中的全反射原理而达成的光传导工具。光纤由单根玻璃或塑料纤芯、紧靠纤芯的包层以及塑料保护涂层组成，如图 6-9 所示。光纤分为单模光纤和多模光纤。单模光纤传输距离为几十千米，多模光纤为几千米。光缆的传输速率可达到每秒几千兆位。

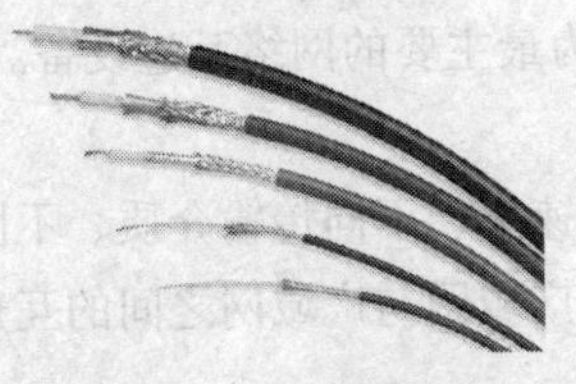

图 6-7　同轴电缆

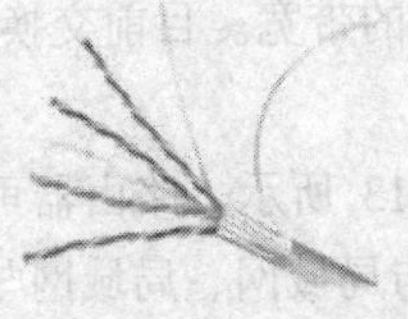

图 6-8　双绞线

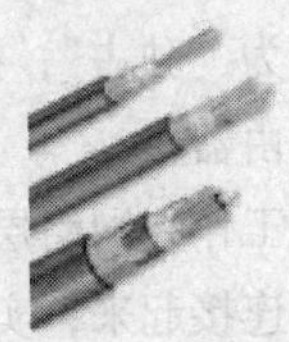

图 6-9　光纤

（4）无线信道

无线信道非常适合于那些难于铺设传输线路的偏远山区和沿海岛屿，也为大量的便携式计算机入网提供了条件。目前常用的无线信道有微波、卫星信道、红外线和激光信道等。

2．网络设备

（1）网络中的计算机

网络中的计算机统称为主机，根据它们在网络系统中所起的作用，可划分为服务器和客户机。服务器是向所有客户机提供服务的机器，装备有网络的共享资源。根据服务器的用途不同可分为文件服务器、数据库服务器、打印服务器、文件传输服务器、电子邮件服务器等。客户机也称为工作站，它能独立运行，具有本地处理能力，但连网后功能更强。

（2）网络适配器

网络适配器也叫网络接口卡，俗称网卡，如图 6-10 所示。网卡是连接计算机与网络的硬件设备,无论是双绞线连接、同轴电缆连接还是光纤连接，都必须借助于网卡才能实现数据的通信。每台连接到局域网的计算机都需要安装一块网卡，通常网卡都安装在计算机的扩展槽内。目前常用的网卡是以太网网卡,按传输速度来分可分为 10M 网卡、10/100M 自适应网卡以及千兆(1000M)网卡等。

（3）中继器

中继器用来恢复、放大和转发信号，延长信号的传输距离，工作在物理层。

（4）集线器

集线器又称为多口中继器，如图 6-11 所示。集线器工作在物理层，作为星形拓扑结构网络的中心结点，可连接多台主机。

图 6-10　网络适配器

图 6-11　集线器

（5）网桥

网桥工作在数据链路层，用于连接两个或几个局域网，局域网之间的通信经网桥传送，而局域网内部的通信被网桥隔离。网桥要求两个互连的网络在数据链路层以上采用相同或兼容的网络协议。

（6）交换机

交换机又称为多口网桥，如图 6-12 所示。交换机工作在数据链路层，与网桥相比，交换机的速度更快，可以连接的网络数量更多；与集线器相比，交换机将集线器采用的“共享”传输介质技术改变为“独占”，提高了网络的带宽。目前交换机已经成为最主要的网络互连设备。

（7）路由器

路由器工作在网络层，如图 6-13 所示。路由器可以将不同速率、不同传输介质、不同网络协议的网络连接起来，实现局域网与局域网、局域网与广域网、广域网与广域网之间的互连，在复杂的网络中进行路径选择。

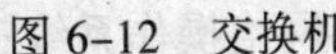

图 6-12 交换机

图 6-13 路由器

（8）网关

网关工作于传输层、会话层、表示层和应用层，可实现两种不同协议的网络互连。

（9）调制解调器（Modem）

调制解调器是一种信号转换设备，同时具有调制和解调两种功能，可实现数字信号与模拟信号之间的信号变换，它是计算机接入 Internet 的重要设备。

6.1.6 局域网技术

在当今的计算机网络技术中，局域网技术已经占据了十分重要的地位。局域网（LAN）是一种在有限的地理范围内将大量 PC 及各种设备互连，一起实现数据传输和资源共享的计算机网络。社会对信息资源的广泛需求及计算机技术的广泛普及，促进了局域网技术的迅猛发展。

1. 局域网的特点

局域网是将小区域内的各种通信设备互连在一起的通信网络。从这个定义中可以看出局域网具有 4 个特点。

- 这里指的小区域可以是一建筑物内，一个校园或者大至数千米直径的一个区域。
- 这里指的数据通信设备是广义的，包括计算机、终端和各种外围设备。
- 传输的误码率低，可达 10-8 ~ 10-11。
- 协议简单，结构灵活，建网成本低，周期短，便于管理和扩充。

2. 以太网

目前主流的局域网采用 IEEE 802.3 标准，被称为以太网。

（1）传统以太网

- 10BASE-5 是粗同轴电缆组建的总线形网络。10 表示数据传输速率为 10Mbit/s；BASE 表示基带传输（数字信号传输）；5 表示每段电缆的最大长度为 500m。
- 10BASE-2 是细同轴电缆组建的总线形网络。2 表示每段电缆的最大长度为 200m，实际只有 185m。
- 10BASE-T 是双绞线组建的星形网络，T 表示双绞线。

（2）快速以太网

快速以太网标准支持三种不同的物理层标准，分别是 100BASE-T4、100BASE-TX 和 100BASE-FX。其中 T4 和 TX 表示双绞线，FX 表示光纤。

（3）千兆位以太网

千兆位以太网标准支持 5 种不同的物理层标准，分别是 1000BASE-X、1000BASE-SX、1000BASE-LX、1000BASE-CX 和 1000BASE-T。其中 X、SX 和 LX 表示光纤，CX 和 T 双绞线。

3．局域网的基本组成

局域网中的主机通过以太网网卡接入网络，网络内部主要使用交换机实现连接，不同网络之间通过路由器实现互连。目前以太网技术主要采用星形拓扑结构。

局域网的主机必须安装网络协议才能访问网络，目前广泛使用的网络协议有 TCP/IP 协议、IPX/SPX 协议、NetBEUI 协议等。局域网中的服务器需要安装网络操作系统，常用的网络操作系统有 Windows NT Server、UNIX、Linux、Netware、OS/2 等。用户要想访问网络资源，还需要一些特定的网络应用软件。

6.2 Internet 基本知识

Internet 是一个网间网，它把世界各地已有的各种网络（如计算机网、数据通信网和公用电话交换网等）互连起来，组成一个跨越国界的世界上最大的互连网，实现资源共享、相互通信等功能。Internet 允许任何个人计算机通过调制解调器或计算机局域网接入，它已成为全球 100 多个国家、亿万人工作、学习和信息交流的重要工具。

6.2.1 Internet 的起源与发展

Internet 起源于 1969 年，当时美国国防部为了能在爆发核战争时保障军队内部的通信联络，由其下属的高级研究计划署（Advanced Research Projects Agency，ARPA）建立了一个由 4 台计算机互连而成的试验性的分组交换网络 ARPAnet，能够在各自独立的计算机之间相互传输信息和数据。1979 年，ARPA 成立了一个非正式的委员会 ICCB（Internet Control and Configuration Board，网际控制与配置委员会），以协调和指导网际互连协议和体系结构设计。新的网络协议定名为 TCP/IP，英文全称为 Transmission Control Protocol/Internet Protocol，即传输控制协议/网际协议。这时 Internet 一词才正式出现。

1980 年，ARPA 开始把 ARPAnet 上运行的计算机转向新的 TCP/IP 协议。1982 年，美国国防部通信署（Defense Communication Agency, DCA）将 ARPAnet 分成了两个独立的网络：一个仍叫 ARPAnet（用于进一步的研究）；一个叫 MILnet（用于军事通信）。

ARPAnet 网络和 TCP/IP 技术的成功，使美国国家科学基金会（Natioinal Science Foundation, NSF）认识到网络将成为科学研究的重要手段。为了使科研人员可以共享以前军方只为少数人提供的超级计算设施，1985 年，NSF 出资在全美建立了五大超级计算中心，并于 1986 年建立了一个成为 NSFnet 的高速信息网络。该网络互连了 NSF 的所有的超级计算机，并连入了 ARPAnet。这样，NSFnet 取代了 ARPAnet 成为了 Internet 的主干网。NSFnet 同样采用 TCP/IP 协议，并且 NSFnet 面向全社会开放，使 Internet 进入了以资源共享为中心的实用服务阶段。从此，Internet 开始迅速发展，很快走向了整个世界。

Internet 的英文原意是“互连各个网络”（Interconnect Networks），简称“互联网”。1997 年 7 月 18 日，全国科学技术名词审定委员会推荐名为“因特网”。

我国在 20 世纪 80 年代末开始了与 Internet 的连接，1994 年建立了以 cn 为我国最高域名的服务器，1997 年底，我国已建成中国公用计算机互联网（ChinaNET）、中国教育和科研网（CERNET）、中国科学技术网（CSTNET）和中国金桥信息网（ChinaGBN）四大互联网。2004 年 12 月 25 日，中国下一代互联网示范工程核心网（CERNET2）正式开通。CERNET2 主干网带宽达到 2.5Gbit/s ~ 5Gbit/s，地区网传输速率达到 155Mbit/s ~ 2.5Gbit/s，对外互连带宽总数超过 10Gbit/s。

6.2.2　Internet 的工作方式

当用户共享某个 Internet 资源时，通常都有两台以上的计算机通过网络通信且互相协作而提供服务，更确切地讲是由分布在两台或两台以上的计算机中的程序互相通信、互相协作而实现的。Internet 的这种分布处理采用客户机/服务器（Client/Server）工作方式。其中，提供资源的计算机称为服务器（即运行在该计算机上的服务软件），使用资源的计算机称为客户机（即运行在该计算机上的客户软件）。

当客户需要某个服务时，客户机（客户程序）通过网络与能够提供该种服务的服务器建立连接并发出服务请求，作为服务器的计算机（服务程序）根据该请求做出相应的处理，然后把结果送回客户机。用户使用 Internet 功能时，首先启动客户机，通过有关命令通知服务器进行连接以完成某种操作，而服务器则按照该请求提供相应的服务。网络上有许多提供各种服务的服务器和大量使用这些服务的客户机，这种网络工作方式称为客户机/服务器方式。Internet 上常用的服务器有 FTP 服务器、邮件服务器、Web 服务器、数据库服务器等。

要使用 Internet 上的服务，需要在作为客户机的计算机上安装相应的客户端软件。一般来说，每种服务都需要相应的客户端软件。常用的有远程文件传输软件 FTP、远程终端仿真软件 Telnet、WWW 浏览器（如 Microsoft Internet Explorer、Netscape Navigator 等）、电子邮件收发软件和网上交谈软件等。

6.2.3　IP 地址与域名

与 Internet 上其他用户和计算机进行通信，或寻找 Internet 中的各种资源时，都必须知道地址。TCP/IP 协议提供了一套地址方案，用以标识网络上的每一个站点，实现一系列网络服务（如电子邮件、远程登录等）。

1. IP 地址

（1）IP 地址的定义

IP 地址是 Internet 上的通信地址，是计算机、服务器、路由器的端口地址，每一个 IP 地址在全球是唯一的，是运行 TCP/IP 协议的唯一标识。IP 地址采用 4 个字节（32 位二进制数）表示，每个字节对应一个 0～255 之间的十进制数，字节之间用实心圆点“.”分隔。例如，某一台主机的 IP 地址可为 202.206.65.115，但不能为 202.206.259.3。

（2）IP 地址的分类

IP 地址包括网络标识和主机标识两部分。根据网络规模和应用的不同，IP 地址分为 5 类：A 类、B 类、C 类、D 类和 E 类，常用的是 A、B、C 三类，如图 6-14 所示。

	0	1	2	3–7	8–15	16–23	24–31
A类	0	网络地址			主机地址		
B类	1	0	网络地址			主机地址	
C类	1	1	0	网络地址			主机地址

图 6-14　IP 地址分类

在表示 IP 地址的 4 个字节中，A 类地址中第 1 个字节表示网络地址，后 3 个字节表示网内计算机地址；B 类地址中前 2 个字节表示网络地址，后 2 个字节表示网内计算机地址；C 类地址中前 3 个字节表示网络地址，后一个字节表示网内计算机地址。表 6-1 为 IP 地址的分类和应用范围。

表 6-1 IP 地址的分类和应用范围

分类	第一字节数字范围	应用
A	1～126	大型网络
B	128～191	中等规模网络
C	192～223	校园网
D	224～239	组播
E	240～254	保留未用

2. 域名和域名系统

（1）域名

域名是用英文字符给 Internet 上的主机取的名字，如清华大学 WWW 服务器的域名是 http://www.tsinghua.edu.cn。尽管 IP 地址能够唯一地标识网络上的计算机，但 IP 地址是数字型的，难于记忆，而域名则容易得多。全世界没有重复的域名。无论是国际或国内的域名，全世界接入因特网的人都能够准确无误的访问到该域名对应的主机。

域名的形式是以若干个英文字母和数字组成的，由"."分隔成几部分，格式为：主机名.网络名.机构名.顶级域名。域名地址是从右至左来表述其意义的，最右边的部分为顶级域名，越向左，域名级别越低，最左边的是主机名。例如，www.tsinghua.edu.cn，其中，www 代表 Web 服务器的主机名，tsinghua 代表清华大学，edu 代表教育机构，cn 代表中国。

顶级域分为两大类：机构域名和国家/地区域名。机构域名常见的是以机构性质命名的域，一般由三个字符组成，例如，com（商业）、edu（教育机构）等，如表 6-2 所示。国家域名一般用两个字符表示，是为世界上每个国家和一些特殊的地区设置的，如中国为 cn、加拿大为 ca 等。一些常见的国家/地区代码命名的域名如表 6-3 所示。

表 6-2 机构域名对照

域名	含义	域名	含义
com	商业组织	int	国际性组织
edu	教育机构	net	网络技术组织
gov	政府机构	org	非营利组织
mil	军队	—	—

表 6-3 部分国家/地区域名对照

域名	国家或地区	域名	国家或地区
au	澳大利亚	in	印度
br	巴西	it	意大利
ca	加拿大	jp	日本
cn	中国	kr	韩国
fr	法国	sg	新加坡
ge	德国	tw	中国台湾省
hk	中国香港地区	us	美国

（2）域名系统

域名系统（Domain Name Server，DNS）是 Internet 的一个重要基础服务，负责将 Internet 的域名转换成对应的 IP 地址。域名系统采用分布式的数据库系统实现层次化的、基于域的命名机制。域名和 IP 地址的对应关系存放在域名服务器中，使用者只需了解易记的域名地址，其对应 IP 地址的转换工作由 DNS 负责。若域名服务器由于某种原因不能正常工作，用户就不能以域名来与对方通信，此时直接用 IP 地址往往还能进行通信。

3. URL 地址和 HTTP

URL（Uniform Resource Locator）称为统一资源定位符，是用于完整地描述 Internet 上网页和其他资源的地址的一种标识方法。

URL 由三部分组成：资源类型、存放资源的主机域名、资源文件名。例如，http://www.tsinghua.edu.cn /qhdwzy/ index.jsp，其中 http 表示该资源的类型是超文本信息，www.tsinghua.edu.cn 表示清华大学的域名，qhdwzy/index.jsp 表示资源的路径和文件名。

HTTP（HyperText Transfer Protocol，超文本传输协议）是用于从 WWW 服务器传输超文本到本地浏览器的传送协议。HTTP 协议简单，通信速度快，时间开销少，而且允许传输任意类型的数据，包括多媒体文件，因而在 WWW 上可以方便地实现多媒体浏览。

6.2.4　Internet 的连接方式

用户要想将自己的计算机连接到 Internet 上，必须通过 ISP。ISP（Internet Service Provider）称为 Internet 服务提供商，即向广大用户综合提供 Internet 接入业务、信息业务和增值业务的电信运营商。ISP 是经国家主管部门批准的正式运营企业，享受国家法律保护。Internet 的典型接入方式有如下几种。

1. 电话拨号上网

电话拨号上网是利用用户的调制解调器和电话线，以拨号的方式将计算机接入 Internet。用户需要向 ISP 申请一个账号，取得用户注册名、密码、接入电话号码等信息，就可通过电话拨号访问 Internet，使用完毕后要断开与 Internet 的连接。电话拨号上网的速度最高为 56Kbit/s，而且上网时无法使用电话，现在已经被淘汰。

2. ADSL 接入

ADSL 称为非对称数字用户线路，用户主机的网卡连接到 ADSL Modem，再通过电话线接入 Internet。所谓非对称是指用户线的上行速率与下行速率不同，上行速率低（512Kbit/s～1Mbit/s），下行速率高（1Mbit/s～8Mbit/s），特别适合传输多媒体信息业务。ADSL 因具有下行速率高、频带宽、性能优等特点而深受广大用户的喜爱，成为继电话拨号之后的一种全新更快捷、更高效的主流接入方式。

3. Cable Modem

Cable Modem 称为线缆调制解调器，用户主机的网卡连接到 Cable Modem，再通过有线电视的同轴电缆接入 Internet。Cable Modem 的网络拓扑结构为总线形，虽然其传输速率可达到 30 Mbit/s，但是用户一旦增多，速率就会下降。Cable Modem 是目前在许多地区比较普及的一种接入方式。

4．局域网接入

局域网接入就是用户的主机接入局域网，并通过该局域网间接地接入 Internet。局域网一般通过路由器或专线接入 Internet。这种方式通信速率高，上网简单方便，是各种团体、社区用户的最佳选择。

5．无线接入

对于无线连接可分为固定无线接入和移动无线接入。无线连接的优点是简单易行，连接方便可以移动，不用布线，因此建设周期短，我国采用此连接方案的网络越来越多。通信距离在 30km 以内的网络都可用无线连接，通信速率可达 2Mbit/s。

6.2.5 Internet 的应用

Internet 提供的主要服务包括电子邮件、远程登录、文件传输、信息查询工具等。

1．WWW 服务

WWW（World Wide Web）称为万维网，采用超文本和多媒体技术，将不同的文件通过关键字进行链接。WWW 采用客户/服务器工作模式，客户和服务器间使用 HTTP 协议进行通信，客户端可利用诸如 Microsoft IE、Netscape Navigator 或 Firefox 之类的浏览器访问网络。WWW 将各类型的信息（文本、图像、声音和影像）紧密地结合起来，通过统一的图形界面提供给用户。

2．电子邮件（E-mail）

电子邮件是最基本的 Internet 服务，是网络用户之间进行快速、简便、可靠和低成本联络的通信手段。电子邮件采用简单的邮件传送协议（SMTP），可使分布在世界各地的网络用户能够发送和接收文字、图像和语音等各种多媒体信息，可用于国际会议的通知、论文征集、学术讨论、业务联系等。

3．远程登录（Telnet）

远程登录是指在网络通信工具 Telnet 的支持下，用户计算机（终端或主机）暂时成为网络上另一台计算机的远程终端，实时使用远程计算机上对外开放的资源，也可以查询数据库、检索资料或利用远程计算机完成大量的计算机工作。此外，Internet 上的一些服务也是通过 Telnet 来实现的，如联机游戏、进入 BBS 等。

4．远程文件传输（FTP）

FTP（File Internet Protocol）是网络上的文件服务系统，是在 Internet 上的 FTP 协议支持下两台计算机间文件传输的过程。FTP 可以直接进行任何类型的文件双向传输。利用 FTP 可以将 Internet 上的资料、图片和软件等信息下载（Download）到用户的计算机上。

5．电子公告牌系统（BBS）

BBS（Bulletin Board System）是 Internet 上的一种集成应用，包含网络新闻、用户讨论、电子邮件等功能。各个 BBS 站点涉及的主题和专业范围各有侧重，用户进入 BBS 系统后，可以选择自己感兴趣的讨论区阅读文章、发表文章、在线讨论、收发邮件等。

6.3　浏览器 Internet Explorer 6.0 的使用

微软公司开发的 Internet Explorer 6.0 是使用最广泛的 WWW 浏览器软件，也是访问 Internet 必不可少的工具。Internet Explorer 6.0 浏览器的启动方法有以下几种：

- 双击桌面上的 Internet Explorer 快捷方式图标。
- 选择“开始”→“所有程序”→Internet Explorer 命令。
- 单击快速启动栏中的 Internet Explorer 快捷方式图标。

6.3.1　Internet Explorer 6.0 的界面组成

Internet Explorer 启动后界面如图 6-15 所示。

1．标题栏

标题栏中标题显示的是当前打开的网页标题。

2．菜单栏

菜单栏包含有控制和操作 Internet Explorer 6.0 的命令。

3．工具栏

单击工具栏上相应的按钮，可以快速、方便地使用一些常用的菜单命令。

图 6-15　Internet Explorer 6.0 界面组成

4．地址栏

显示当前 Web 页的 URL（网页对应的地址），也可以在其文本框中输入要访问的 URL。

5．浏览栏

浏览栏是 Internet Explorer 6.0 窗口的主要部分。用来显示被浏览站点的页面内容，其中包括文字、图片、动画等。

6．状态栏

状态栏用来显示系统所处的状态。其中可以显示浏览器的查找站点、下载网页等信息。

6.3.2　使用 URL 地址访问网页

比如，要访问“搜狐”网站，在工具栏下方的地址栏中输入网站的网址 www.sohu.com，然后按【Enter】键，稍等一下，搜狐网站的首页就会显示出来，如图 6-16 所示。

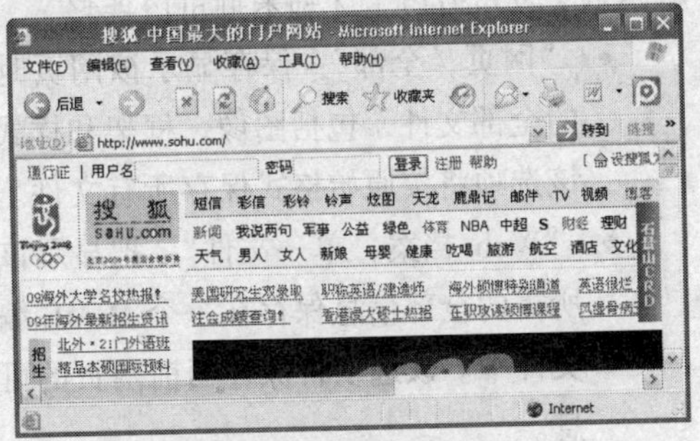

图 6-16　搜狐网站首页

网页中内容很多，不过都是一些标题。如果要看具体内容，只要单击这些文字即可。如果页面太长，下面和右面的文字看不到时，用鼠标拖动页面右边和下边的滚动条，使页面上、下、左、右滚动就可以了。

不过，不是所有的文字都能单击，必须是超链接的才能单击。判断文字是否为“超链接”的办法就是把鼠标指针移动到文字上，如果屏幕上的鼠标指针变成一只手的形状，就说明这是一个超链接。在超链接上单击，就可以打开相应的网页。

6.3.3 使用工具栏浏览

使用 Internet Explorer 浏览器的工具按钮可以有效地提高上网效率，只要单击相应的按钮，即可实现相应的功能，下面介绍几个常用的按钮，如图 6-17 所示。

图 6-17　Internet Explorer 工具按钮

① “后退”按钮：单击此按钮可返回到前一页。

② “前进”按钮：如果已访问过很多 Web 页，单击此按钮可以进入下一页。

③ “停止”按钮：中断与所浏览的 Web 页的连接。

④ “刷新”按钮：用于重新加载当前 Web 页。

⑤ “主页”按钮：用于打开 Internet Explorer 的主页。

⑥ “搜索”按钮：可以通过输入关键字等方法查询含有关键字的相关 Web 页。

⑦ “收藏夹”按钮：用于打开用户已经收藏的网站。

⑧ “历史”按钮：用于调用或查看过去曾经访问过的 Web 页。

⑨ “打印”按钮：用于打印当前 Web 页。

⑩ “邮件”按钮：单击此按钮，可以阅读和新建邮件，发送链接、发送网页、阅读新闻。

6.3.4 保存网页

保存网页的方法有很多，可以只保存文字，也可以保存所有的图像和文字，使这一页和在 Web 上显示完全一样。

1. 保存当前页面

具体操作步骤如下：

① 在菜单栏中选择“文件”→“另存为”命令，弹出“保存网页”对话框，如图 6-18 所示。

② 在“保存在”下拉列表框中，选择保存网页的位置。

③ 在“文件名”文本框中，输入网页的名称。

④ 在“保存类型”下拉列表框中，选择文件类型，这里有以下 4 种类型可以选择：

- “网页，全部”：保存显示该网页时所需的全部文件，包括图像、框架和样式表，该选项将按原始格式保存所有文件。
- “Web 档案，单一文件”：把显示该网页所需的全部信息保存在一个 MIME 编码的文件中。该选项将保存当前网页的可视信息。

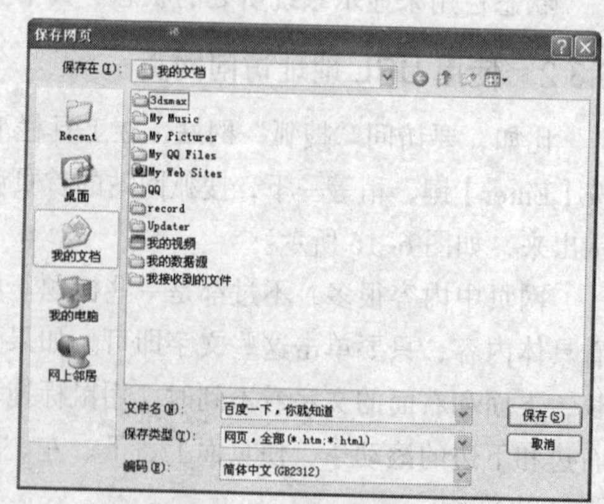

图 6-18　“保存网页”对话框

- “网页，仅 HTML”：保存当前 HTML 页。该选项保存网页信息，但它不保存图像、声音或其他文件。
- “文本文件”：只保存当前网页的文本。该选项将以纯文本格式保存网页信息。

2．保存页面中部分信息

（1）保存部分文本

选中一部分文本后，用剪贴板的“复制”和“粘贴”操作，将它存入“记事本”或 Word 文档中。

（2）保存图片

右击图片，弹出快捷菜单，从中选择“图片另存为”命令，弹出“保存图片”对话框，指定“保存文件夹”、“文件名”、“保存类型”，最后单击“保存”按钮。

选中图片后，使用剪贴板的“复制”和“粘贴”操作，也可以完成保存图片操作。

右击图片，弹出快捷菜单，从中选择“设置为墙纸”命令，系统便将选择的图片作为墙纸放置在桌面上。

3．打印页面信息

打开准备打印的页面，在菜单栏中选择“文件”→“打印”命令，或直接单击工具栏中的“打印”按钮。

6.3.5 Internet Explorer 6.0 的基本属性设置

在菜单栏中选择“工具”→“Internet 选项”命令，弹出“Internet 选项”对话框，如图 6-19 所示，在 Internet 选项中有 7 个选项卡。

1．“常规”选项卡

（1）“主页”设置

单击“使用当前页”按钮，可以将当前访问的主页设置为起始页；单击“使用默认页”按钮，可以将起始页还原为默认页；单击“使用空白页”按钮，可以将空白页设置为起始页。

（2）“Internet 临时文件”设置

浏览器会自动将访问过的主页保存到硬盘中的临时文件中，这样可以提高以后浏览的速度。可以根据计算机硬盘的大小，来调整存放临时文件的空间。具体操作方法：单击“设置”按钮，弹出如图 6-20 所示的对话框。拖动“使用的磁盘空间”滑块进行调整。

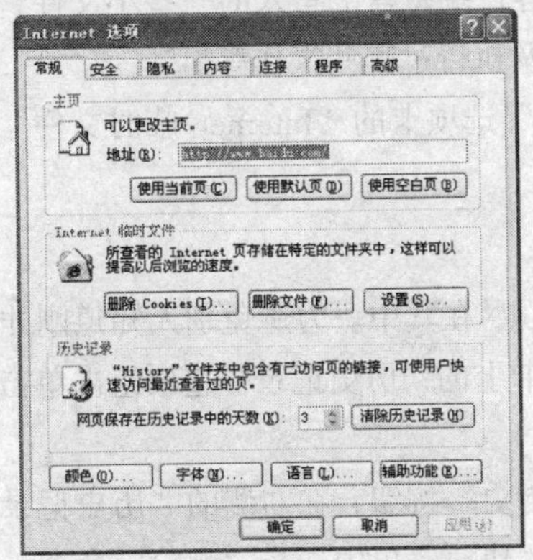

图 6-19 “Internet 选项”对话框

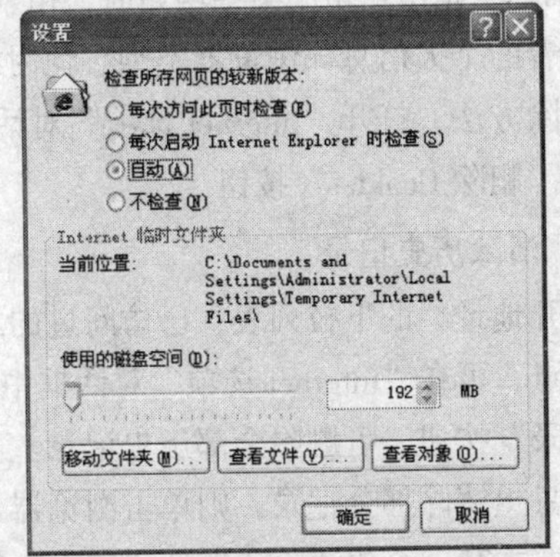

图 6-20 设置临时文件占用的磁盘空间

（3）“历史记录”设置

历史记录内保存了用户一段时期内曾访问过的 Web 页，可以方便地打开以前曾访问过的 Web 页。如果要保存 10 天内访问过的主页，就将“网页保存在历史记录中的天数”微调框设置为 10。

2．“连接”选项卡

在“连接”选项卡中，可以设置与连接有关的选项。如果使用调制解调器拨号上网，则可以在这里建立连接；如果通过局域网接入，则可以在这里进行局域网设置。

3．“程序”选项卡

在“程序”选项卡中，可以指定各种 Internet 服务使用的程序。例如，系统默认的电子邮件程序是 Outlook Express，如果要使用其他电子邮件程序，则从“电子邮件”下拉列表框中进行选择。

4．“高级”选项卡

在“高级”选项卡中，列出了浏览、多媒体、安全、打印与搜索等方面的选项，应选中那些能加快浏览速度的选项。例如，选中“显示图片”复选框，而不要选中“播放动画”、“播放视频”、“播放声音”与“优化图像抖动”等复选框。如果想使用默认设置，可以单击“还原默认设置”按钮。在完成所有的设置后，单击“确定”按钮。

此时，整个 Internet Explorer 设置过程已完成。

6.3.6 Internet Explorer 6.0 功能管理

1．清除临时文件

临时文件包括已访问过的网页和 Cookies 文件。

（1）清除已访问过的网页

Internet Explorer 自动把浏览过的网页以文件形式保存在缓存文件夹中。当确信已浏览过的全部网页不再需要时，在该文件夹下全选所有网页，删除即可。

也可打开“Internet 选项”对话框，在“常规”选项卡的“Internet 临时文件”选项组中单击“删除文件”按钮删除。

（2）清除 Cookies

Cookies 是用户访问某些网站时，由 Web 服务器在客户端磁盘上写入的一些小文件，用于记录浏览者的个人信息、浏览器类型、何时访问该网站以及执行过哪些操作等。

删除方法：打开“Internet 选项”对话框，在“常规”选项卡的“Internet 临时文件”选项组中单击“删除 Cookies”按钮。

2．清除历史记录

打开地址栏的下拉列表，已访问过的站点无一遗漏、尽在其中。为避免别人知道刚才访问了哪些站点，可在“Internet 选项”对话框中“常规”选项卡上的“历史记录”选项组内单击“清除历史记录”按钮，可删除全部历史记录。

若只想清除部分记录，则单击浏览器工具栏中的“历史”按钮，在左侧的“历史记录”列表框中，右击某一希望清除的地址或其下一网页，在弹出的快捷菜单中选择“删除”命令。也可用编辑注册表的方法达到目的，在注册表编辑器中，找到 HKEY_CURRENT_USER\Software\Microsoft\Internet Explorer\TypedURLs，在右侧窗口中删去不想再让其出现的主键即可，记着要让 URLs（s 代表序号）以自然顺序排列。

3. Cookie 管理

在“Internet 选项”对话框中，专门设置了“隐私”选项卡来管理 Cookie。

Internet Explorer 的 Cookie 策略可以设定成“阻止所有 Cookie”、“高”、“中高”、“中”、“低”、“接受所有 Cookie”6 个级别（默认级别为“中”），分别对应从高到低的 Cookie 策略，方便用户根据需要进行设定。而对于一些特定网站，单击“站点”按钮，还可以将其设定为“一直可以或者永远不可以使用 Cookie”。

通过 Internet Explorer 的 Cookie 策略，能个性化地设定浏览网页时的 Cookie 规则，更好地保护自己的信息，增加使用 IE 的安全性。例如，在默认级别“中”时，IE 允许网站将 Cookie 放入用户自己的计算机，但拒绝第三方的操作，如缺少 P3P 安全协议的广告商等。所以，“安全”选项卡能方便地控制安全级别。

4. 自动完成功能的设置

默认条件下，用户在第一次使用 Web 地址、表单、表单的用户名和密码后（如果同意保存密码），在下次再次进入同样的 Web 页及输入密码时，只需输入开头部分，后面的就会自动完成，给用户带来了便利，但同时也带来了不安全问题。可以通过调整“自动完成”功能的设置，来解决该问题。

具体设置方法如下:

① 打开“Internet 选项”对话框，选择“内容”选项卡。

② 在“个人信息”选项组中，单击“自动完成”按钮。

③ 选中要使用的自动完成选项的复选框。

为了安全起见，防止泄露自己的一些信息，应该定期清除历史记录，这时只需在第③步单击“清除表单”和“清除密码”按钮即可。

5. 禁用或限制使用 Java、Java Applet 脚本、ActiveX 控件和插件

由于因特网上（如在浏览 Web 页和在聊天室中）经常使用 Java、Java Applet、ActiveX 编写的脚本，它们可能会获取用户标识、IP 地址，乃至密码，甚至会在用户计算机上安装某些程序或进行其他操作。因此应对 Java、Java Applet 脚本、ActiveX 控件和插件的使用进行限制。

在“Internet 选项”对话框中的“安全”选项卡中单击“自定义级别”按钮，就可以进行设置。在这里可以设置“ActiveX 控件和插件”、Java、“脚本”、“下载”、“用户验证”以及其他安全选项。对于一些不安全或不太安全的控件或插件以及下载操作，应该予以禁止、限制或至少要进行提示。

6.3.7 搜索引擎

因特网是一个巨大的信息海洋，其中肯定有用户所需的信息，如果知道信息存放的地址，通过网络获取这些信息将是快捷而便利的。问题的关键是如何找到这些地址。随着因特网技术的发展，各 Web 站点都提供了一些信息检索手段，如网站导航、分类搜索和一些在线服务机构提供的搜索方法，可以利用这些搜索机制来获取所需的信息。

1. 搜索引擎的概念

搜索引擎是指一类运行特殊程序的、专用于帮助用户查询因特网上信息的特殊站点。这些站点有自己的数据库，保存着许多网页的检索信息，并不断更新。当用户给出查询的关键字时，搜索引擎便在自己的数据库中进行检索，然后向用户反馈与关键字相关的所有网址，并给出这些网址的超链接。因为检索结果是根据用户给出的关键字搜索得到的，所以这些网页很可能包含用户感兴趣的内容。

（1）搜索引擎的组成

一般来说，搜索引擎都由信息提取系统、信息管理系统和信息检索系统三部分组成，同时向用户提供一个搜索界面。

- 信息提取系统是一种网页搜索软件，它自动访问 WWW 站点，并提取、更新被访问站点中与检索关键词相关的信息。
- 信息管理系统是对所提取的信息进行分类、归纳和整理。
- 信息检索系统主要完成将用户提交的搜索关键字与系统信息进行比较，多数情况下还需要按内容相关度对检索的结果进行排序。

用户访问搜索引擎时所看到的 Web 页是搜索引擎向用户提供的一个搜索界面，用户只需输入关键词，单击 Search 或“搜索”按钮，搜索引擎便根据关键字在其数据库中进行检索，并向用户提交检索结果。

（2）信息查询方式

搜索引擎可以划分为层次化的主题分类目录搜索和按关键词查询。

- 分类目录方式：此方式按内容划分层次，每层都列出一批链接目录。用户单击一个链接，即可进入下一级子目录，直到所需要的网页链接。
- 关键词查询方式：根据用户给出的关键词，搜索引擎在其数据库中进行查询，并将结果反馈给用户。一般说来，该方式反馈给用户的内容比前一方式要多，但准确性要差。

搜索引擎分为西文搜索引擎和中文搜索引擎。常用的西文搜索引擎有 Alta Vista、Excite、Yahoo!、Google、Lycos、Snap、WebCrawler、Looksmart 等。Yahoo!是搜索引擎的首创，它提供了目录浏览和关键词查询两种搜索方式，通常被看成为分类目录搜索引擎的典范，其 URL 为 http://www.yahoo.com。比较优秀的中文搜索引擎有雅虎（Yahoo，URL 为 http://www.yahoo.com.cn）、百度（Baidu，URL 为 http://www.baidu.com）、搜狐（Sohu，URL 为 http://search.sohu.com）、新浪中文搜索引擎（Sina，URL 为 http://search.sina.com.cn）。其中百度是国内著名的搜索引擎，堪称“全球最大的中文搜索引擎”。

2. 搜索技巧

在使用搜索引擎或索引引擎时，每种搜索引擎的工作方式不尽相同，可以找到搜索引擎的“帮助”页面，了解搜索中可以使用的操作符和逻辑运算，以及可以进行的高级搜索技巧，以得到理想的搜索结果。在大多数搜索引擎中，可以使用以下技巧来提高搜索的效率。

（1）引号

将一个多字符的句子用引号括起来，表示用户希望搜索引擎只列出包含引号内正确字符顺序的网页，从而更贴近搜索目的。

（2）加号和减号

如果直接在一个单词前输入一个加号（+），表示该单词或短语必须在查询结果中出现。例如，新华书店+河北+石家庄，它表示查询结果应该是河北石家庄的一些新华书店。同样地，如果输入一个减号（-），则表示该单词或短语必须不包含在查询结果中。例如，钢笔-派克，表示查询的钢笔中不应包含派克笔。

（3）布尔运算符

布尔运算符包括 AND、OR、AND NOT 和括号。这些运算符必须大写，并按空格键作为分隔符才能运行。

① AND：作用与加号相同。用 AND 表示找到的文件必须包含用 AND 连接起来的所有字符，例如，查找包含“因特网”、“中文”、“搜索引擎”，可以输入“因特网 AND 中文 AND 搜索引擎”。

② OR：找到的文件必须包含至少一个以 OR 连接的单词。例如，查找“台式计算机”或“笔记本计算机”，可输入“台式计算机 OR 笔记本计算机”。

③ AND NOT：作用与减号相同。用 AND NOT 表示找到的文件不能包含 AND NOT 以后的内容。例如，查询包含单词“电子装置”，但不包含单词“计算机”，可输入“电子装置 AND NOT 计算机”。

④ 括弧：它用于复杂查询时将布尔运算符查询组合在一起。例如，查询包含单词“汽车”和任一单词“宝马”或“奔驰”，可输入“汽车 AND（宝马 OR 奔驰）”。

（4）标题搜索

这项功能可使用户的搜索只限于查询网络文件的标题部分。例如，要查找标题中包含“电子商务”的所有文件，可输入“title:电子商务或 t:电子商务”。

6.4 电子邮件及 Outlook Express 6.0 的使用

6.4.1 电子邮件概述

1. 电子邮件的概念

电子邮件（E-mail）是计算机网络上最早也是最重要的应用之一，是 Internet 上使用最广泛的一种服务。世界各地的人们通过电子邮件联系在一起，人们的通信观念发生了巨大的转变。

电子邮件的内容大多为文本格式，也可以是图形和二进制文件（程序、数据库、字处理文件）。这些特殊数据在传送之前必须转换成相应的文本信息。电子邮件还可以传送照片、声音和视频动画等。

2. 电子邮件信箱地址

与传统的邮件一样，要发信给某人，必须知道这个人的地址，要接收电子邮件，必须有一个电子信箱。电子信箱地址分为两部分：用户名和域名，它们之间用“@”隔开。格式为：用户名@域名。

用户名代表收件人的账号名，账号名由用户拟定并提供给 Internet 服务商（ISP）；域名则是接收邮件的计算机的主机名和邮件服务器的域名；分隔符“@”的英文读作“at”，含义是“在……

地方”。在大多数的计算机上，电子邮件系统使用用户的账户名作为信箱的地址。例如，用户在126网站上申请上网，规定自己的用户名为liwei，126网站的邮件服务器的域名地址为126.com，这样用户的E-mail地址为liwei@126.com。

3. 电子邮件的工作原理

电子邮件系统遵从客户机/服务器结构：两个程序相互配合，将电子邮件从发信人的计算机传送到收件人的信箱。当用户发送电子邮件时，电子邮件首先从用户计算机发送到ISP主机，再到Internet，再到收件人的ISP主机，最后到收件人的个人计算机。传送的是邮件的一个副本，接收方服务器程序将邮件存到收信人的信箱。Internet的电子邮件采用SMTP协议标准，保证可在不同类型计算机之间传送邮件。

目前Microsoft公司的Outlook Express是客户机中最广泛的邮件服务程序。下面以此为例进行介绍。

6.4.2 Outlook Express 6.0 的运行和配置

Outlook Express 6.0是一个功能强大的电子邮件客户程序，提供了方便的信函编辑功能。

1. 运行 Outlook Express 6.0

启动Outlook Express 6.0方法有多种：

- 双击桌面上的Outlook Express快捷方式图标。
- 选择“开始”→“所有程序”→Outlook Express命令。
- 单击快速启动栏中的Outlook Express快捷方式图标。

启动后显示如图6-21所示的Outlook Express主窗口。

2. Outlook Express 6.0 主窗口

Outlook Express 6.0主窗口除包括标题栏、菜单栏、工具栏、邮件显示区和状态栏等常见部分外，还有Outlook Express栏、文件夹栏、文件夹列表、联系人列表和视图栏等组成部分，如图6-21所示。

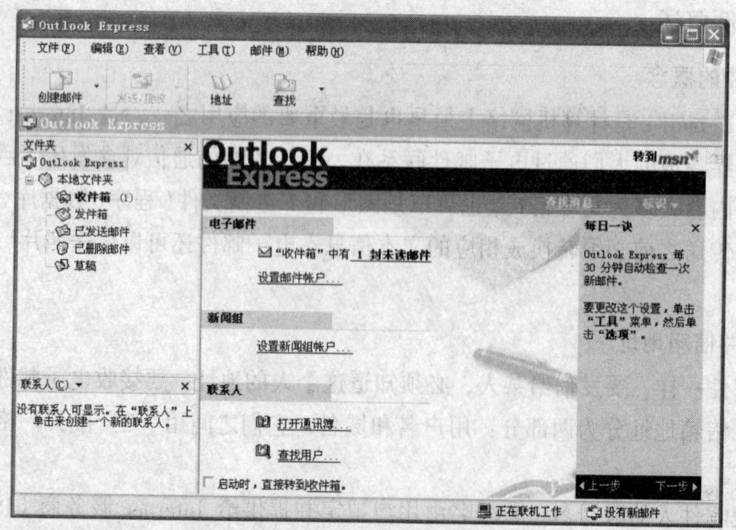

图6-21 Outlook Express 6.0主窗口

3. 设置电子邮件账号

使用 Outlook Express 必须先设置电子邮件账户。现以电子信箱 chxqd2008 @126. com 为例来说明如何设置。

① 启动 Outlook Express，在菜单栏中选择“工具”→“账户”命令，如图 6-22 所示，弹出“Internet 账户”对话框。

② 在“Internet 账户”对话框中选择“邮件”选项卡，单击“添加”下拉按钮，在弹出的下拉菜单中选择“邮件”命令，如图 6-23 所示。

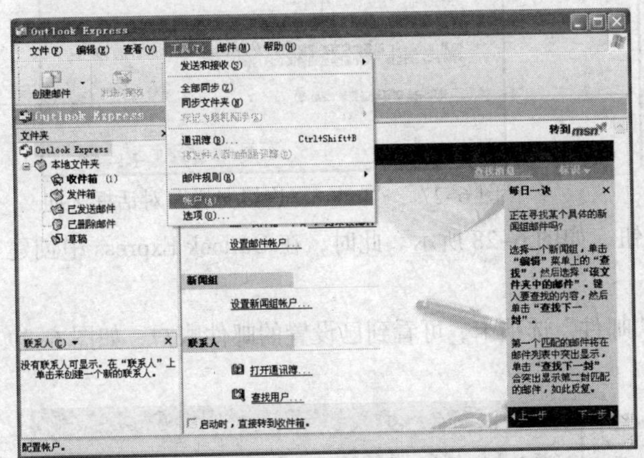

图 6-22　Outlook Express 窗口中“工具→账户”选项

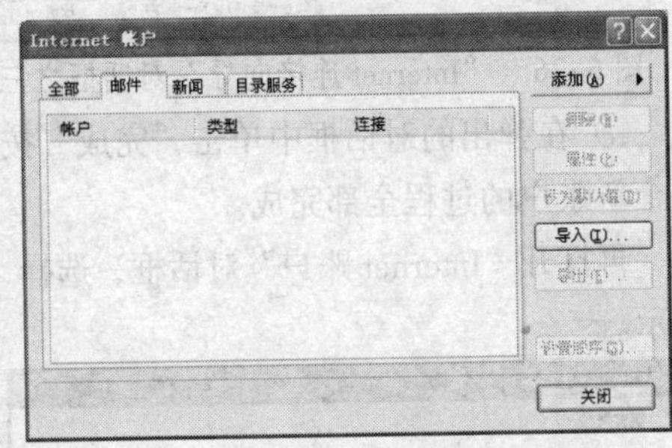

图 6-23　“Internet 账户”对话框

③ 在弹出的“Internet 连接向导”对话框中，输入显示名。当别人收到你的邮件后，就会看到这个名字，如输入“我的邮件”，然后单击“下一步”按钮，如图 6-24 所示。

④ 在弹出的对话框中中输入 E-mail 地址，这是别人回复邮件时用的。如输入 chxqd2008 @126.com，单击“下一步”按钮，如图 6-25 所示。

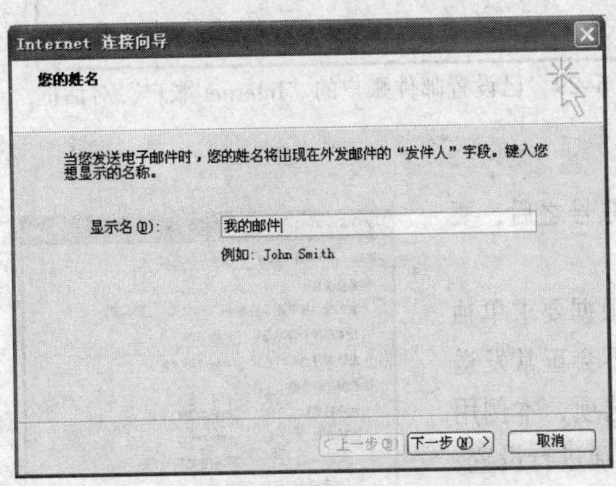

图 6-24　“Internet 连接向导”对话框之一

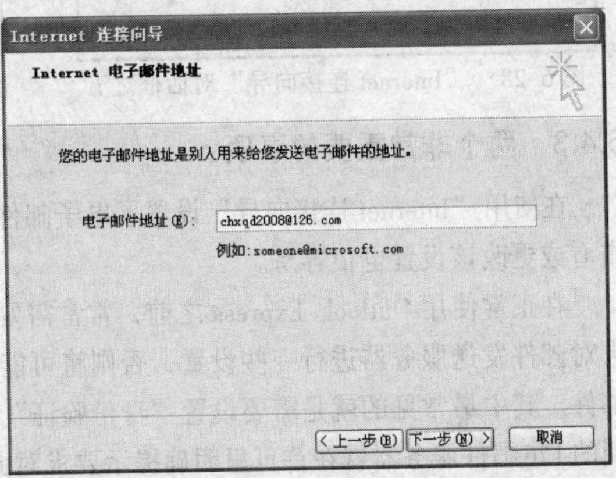

图 6-25　“Internet 连接向导”对话框之二

⑤ 在弹出的对话框中，输入如下信息：

接收邮件服务器（POP3）地址：pop3.126.com

发送邮件服务器（SMTP）地址：smtp.126.com

单击“下一步”按钮，如图 6-26 所示。

⑥ 在弹出的对话框中，输入“账户名”和“密码”。为了方便起见，可在此输入密码，并选中“记住密码”复选框，这样以后每次取邮件时，就不用再输入密码，单击“下一步”按钮，如图 6-27 所示。

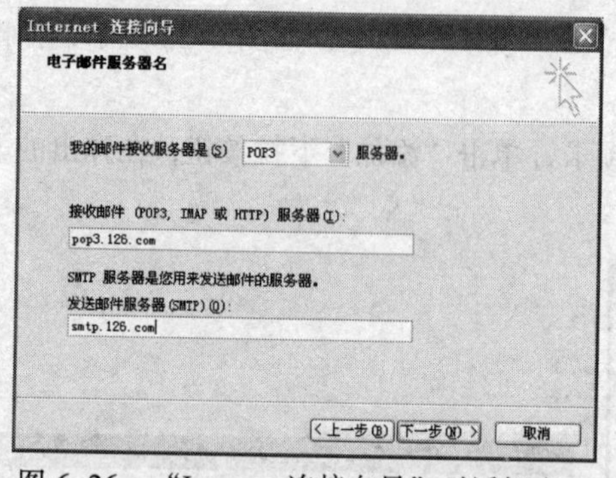

图 6-26 “Internet 连接向导”对话框之三

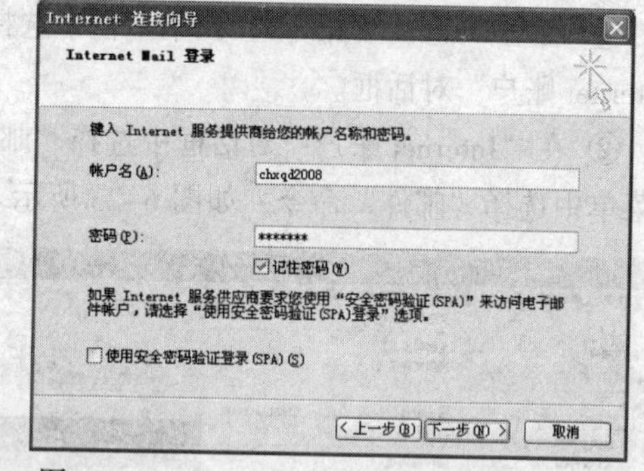

图 6-27 “Internet 连接向导”对话框之四

⑦ 在弹出的对话框中单击“完成”按钮，如图 6-28 所示。此时，在 Outlook Express 中创建一个新账户的过程全部完成。

再打开“Internet 账户”对话框，选择“邮件”选项卡，可看到已设置的邮件账户，如图 6-29 所示。

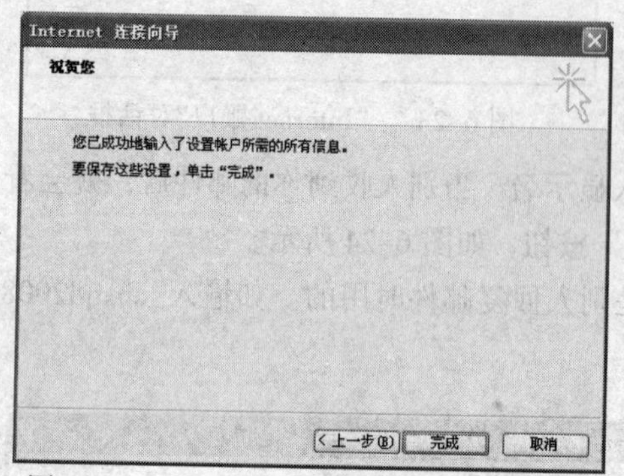

图 6-28 “Internet 连接向导”对话框之五

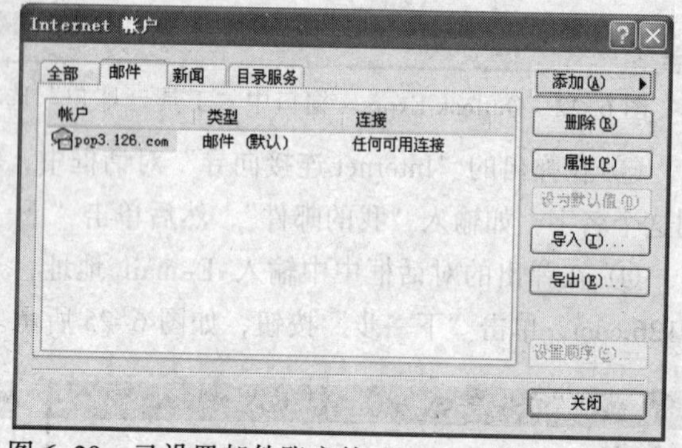

图 6-29 已设置邮件账户的“Internet 账户”对话框

6.4.3 两个非常重要的事项

在使用“Internet 连接向导”设置了电子邮件账号之后，要查看或更改该设置也很容易。

在正常使用 Outlook Express 之前，常常需要根据要求单独再对邮件发送服务器进行一些设置，否则将可能不会正常发送邮件。其中最常见的就是需要设置“身份验证”选项，本例用到的 126 邮件服务器就在首页里明确提示要求对此项进行设置，操作步骤如下：

① 在图 6-29 所示的“Internet 账户”对话框中，单击“属性”按钮，弹出邮箱属性对话框，在“服务器”选项卡下端的“发送邮件服务器”选项组，选中“我的服务器要求身份验证”复选框，如图 6-30 所示。

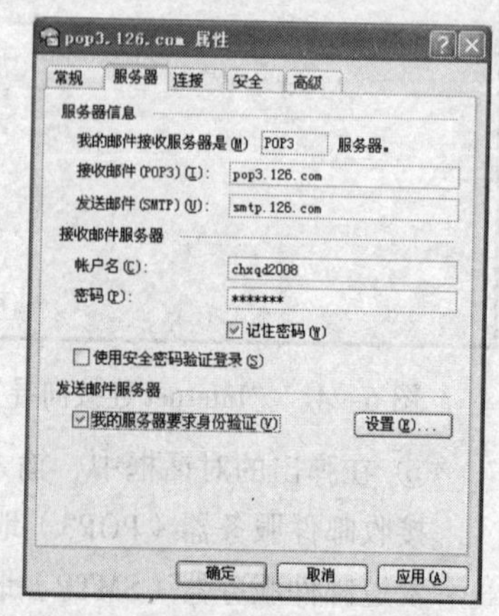

图 6-30 “服务器”选项卡

② 单击“服务器”选项卡中的“设置”按钮，在弹出的对话框中选中“使用与接收邮件服务器相同的设置”单选按钮，如图 6-31 所示。

如果想在用 Outlook Express 收信的同时在邮件服务器（本例是 126 邮件服务器）中仍保留邮件不变，这样以后还可以用浏览器或其他计算机上的 Outlook Express 程序登录服务器进行邮件的查收操作。

操作方法：在 126 邮箱属性对话框的“高级”选项卡中，在“传送”选项组中选中“在服务器上保留邮件副本”复选框，如图 6-32 所示。

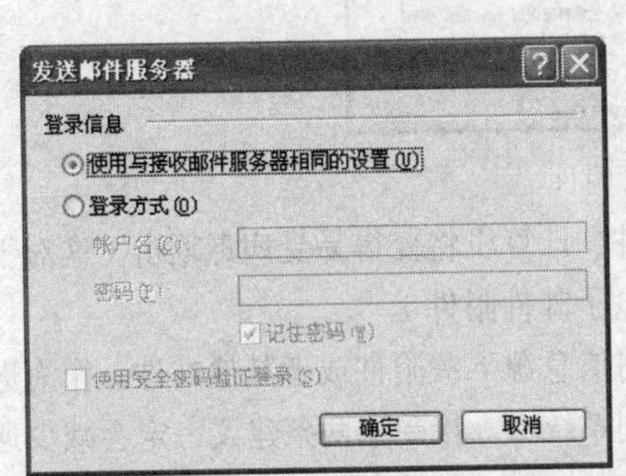

图 6-31　“发送邮件服务器”对话框

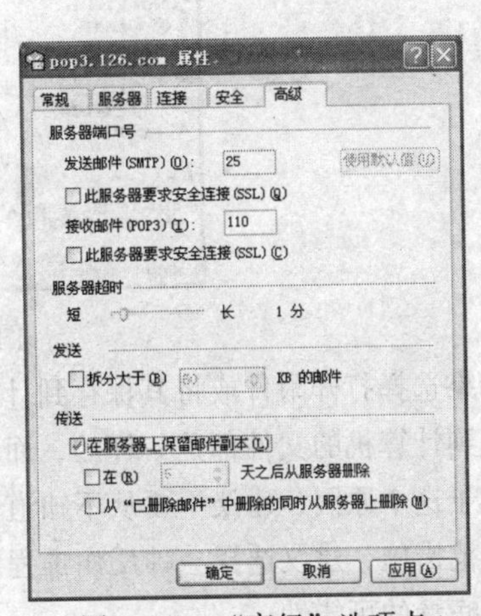

图 6-32　“高级”选项卡

6.4.4　接收邮件

接收信件时，单击工具栏中的“发送/接收”按钮，弹出收发邮件的进度条，并将逐步提示“已经连接→查看邮件列表→下载邮件→断开连接”等信息，如图 6-33 所示。

接收完毕，收发邮件进度条自动消失，“收件箱”旁边显示了刚接收和未被阅读的邮件数，右边窗口也有了这几封邮件的标题，如图 6-34 所示。选中其中一封，右下方的窗口里就出现邮件的正文。

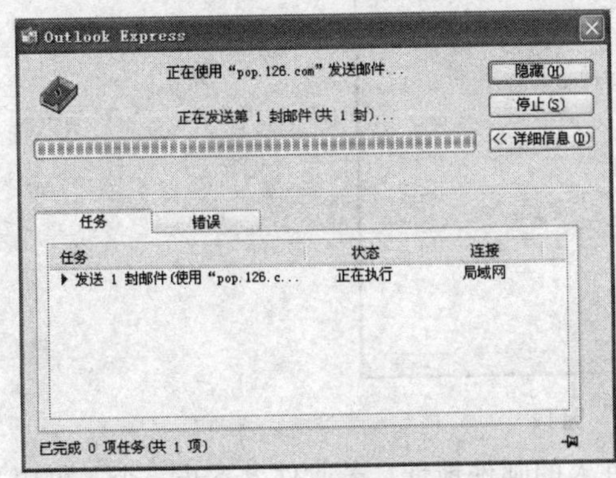

图 6-33　接收新信件

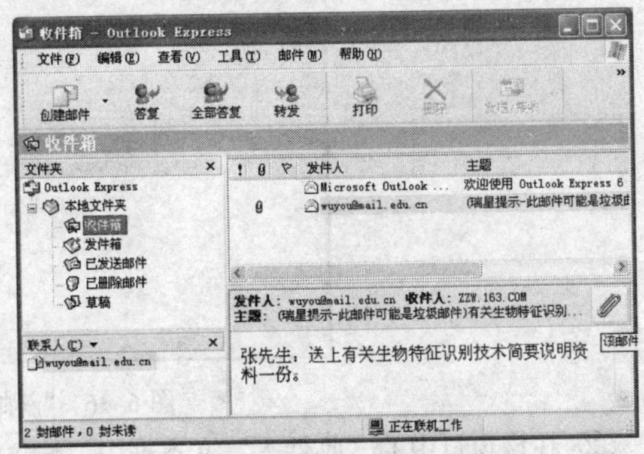

图 6-34　显示新邮件信息

当接收到包含附件的信件，在查看收件箱或其他文件夹时，可以看到在信件大小的旁边有一个曲别针图标。在上面单击即可弹出一个菜单，可以选择对单个附件文件进行操作，也可以选择一次保存所有附件。

也可在收件箱中双击该邮件标题，即可打开该邮件来阅读。在附件的名称上右击，在弹出的快捷菜单中即可选择要进行的操作，如图 6–35 所示。

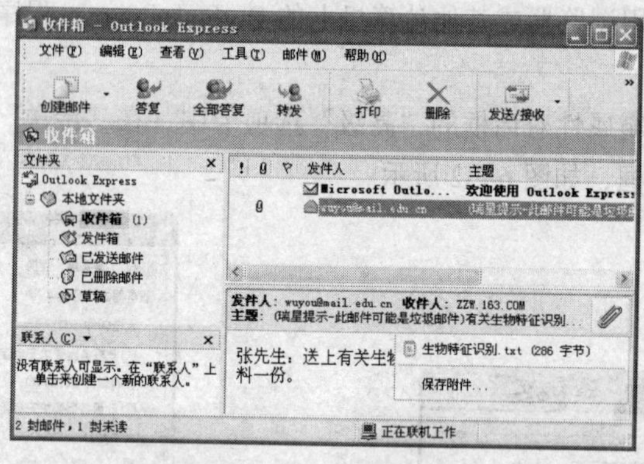

图 6–35　保存邮件附件

如果选择打开附件或将其保存到计算机上下载附件，计算机将变得易受病毒攻击（这对于所有下载到计算机的文件都是一样的，而不在于是不是电子邮件附件）。

由于这个原因，建议不要从不知道和不信任的任何信息源下载附件或者其他文件。作为进一步的防范措施，建议选择一种反病毒程序并将其安装到系统中。接受这两条建议一定会减少遇到计算机病毒的可能性。

6.4.5　撰写新邮件

启动 Outlook Express 后，就可以编写电子邮件。具体操作步骤如下：

① 单击工具栏中的“创建邮件”按钮，或在菜单栏中选择“文件”→“新建”→“邮件”命令，打开“新邮件”窗口，如图 6–36 所示。

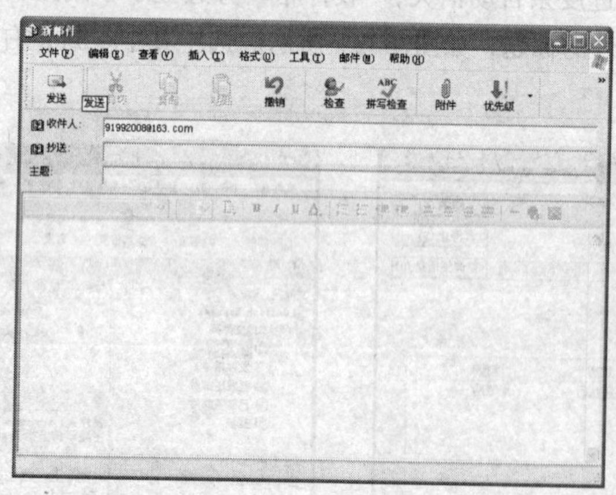

图 6–36　“新邮件”窗口

② 在该窗口中的“收件人”文本框中，输入收件人的邮件地址，若收件人不止一个，可用分号或逗号分开；在“抄送”文本框中可输入要抄送给其他人的邮件地址；在“主题”文本框中可输入该邮件的主题。

③ 单击下面的文本框，在其中编写邮件的内容即可。可单击“格式”工具栏中相应的按钮，

对编写的邮件进行设置。

④ 要在邮件中发送图片、声音或其他多媒体文件，可单击工具栏中的“附件”按钮。

⑤ 弹出“插入附件”对话框，如图 6-37 所示。

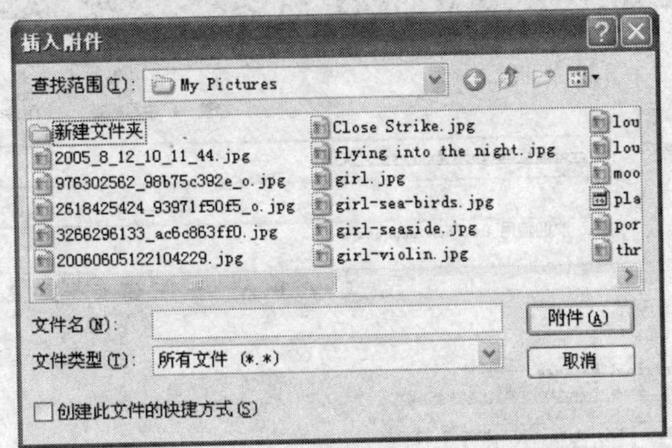

图 6-37　“插入附件”对话框

⑥ 在该对话框中选择要作为附件发送的文件，单击“附件”按钮。这时在“新邮件”窗口的“主题”文本框下将出现“附件”文本框，其中显示了所要发送的附件的名称，如图 6-38 所示。

⑦ 编写完毕后，单击“发送”按钮，或在菜单栏中选择“文件”→“发送邮件”命令，立即发送邮件。

⑧ 若当时没有连接网络，可在菜单栏中选择“文件”→“以后发送”命令，将其先保存到“草稿”文件夹中。

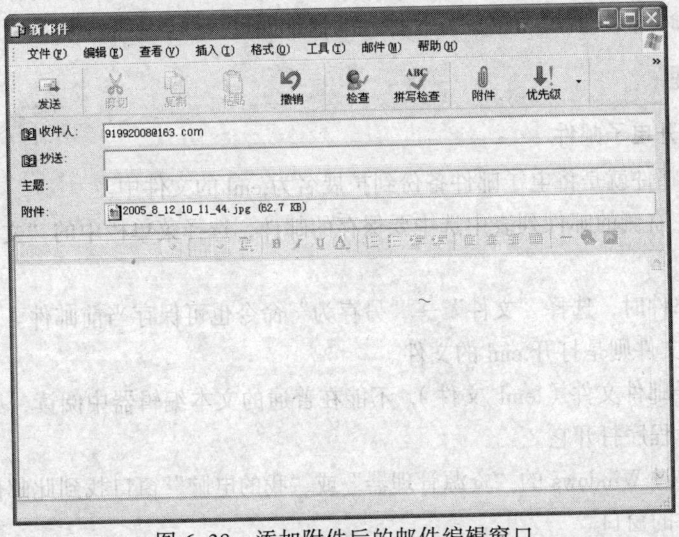

图 6-38　添加附件后的邮件编辑窗口

6.4.6　回复和转发邮件

1. 回复邮件

在收到电子邮件后，若需要给寄件人回复邮件，可执行下列操作:

① 在右侧窗口的邮件列表中选择需要回复的邮件。

② 单击工具栏中的“答复”按钮，或在菜单栏中选择“邮件”→“答复发件人”命令，弹出回复邮件编辑窗口，如图 6-39 所示。

图 6-39　回复邮件编辑窗口

③ 输入回复内容后，单击工具栏中的“发送”按钮，即可将其回复给发件人。

2．转发邮件

如果要将收到的信件转发给第三方，则单击工具栏中的“转发”按钮，或在菜单栏中选择“邮件”→“转发”命令，只需填写第三方收件人的地址即可。

6.4.7　邮件管理

1．保存和打开电子邮件

① 保存电子邮件就是将电子邮件备份到扩展名为.eml 的文件中。

操作方法：在右侧的邮件列表中选中要保存的邮件，选择菜单栏中的“文件”→“另存为”命令。

在阅读电子邮件时，选择“文件”→“另存为”命令也可保存当前邮件。

② 打开邮件文件则是打开.eml 的文件。

已保存的电子邮件文件（.eml 文件），不能在普通的文本编辑器中阅读，必须通过与其关联的 Outlook Express 程序打开它。

操作方法：通过 Windows 的“资源管理器”或“我的电脑”窗口找到此邮件文件，双击其图标便可弹出该邮件的窗口。

2．打印邮件

可以在 Outlook Express 主窗口打印指定的电子邮件，也可以在阅读电子邮件时打印当前电子邮件。打印电子邮件的操作步骤如下：

① 从右侧邮件列表窗口中选中要打印的电子邮件。

② 选择菜单栏中的“文件”→“打印”命令。

3. 删除邮件

操作方法：从右侧邮件列表窗口中选中要删除的邮件，单击工具栏中的"删除"按钮，或选择菜单栏中的"编辑"→"删除"命令均可。

此时被删除的邮件将进入"已删除邮件"文件夹。如果需要，该邮件还可以恢复到原文件夹。

6.4.8 文件夹管理

文件夹在 Outlook Express 中有着重要的地位，它提供 5 个系统文件夹：

① 收件箱：存放收到的所有邮件。

② 发件箱：存放要发送的邮件。Outlook Express 与服务器连接后，所有存放在"发件箱"文件夹中的邮件都将发送出去。

③ 已发送邮件：存放发送出去的邮件副本，以备日后查阅。

④ 已删除邮件：保留被删除的邮件，以备需要时恢复。

⑤ 草稿：存放用户还没有撰写完毕的邮件。

这 5 个系统文件夹既不能被删除，也不能重命名。

1. 创建新文件夹

除了 Outlook Express 自身提供的 5 个系统文件夹外，用户还可以根据需要，自行创建文件夹。通过创建文件夹，可以帮助用户对电子邮件进行分类处理。

操作步骤如下：

① 在菜单栏中选择"文件"→"新建"→"文件夹"命令，弹出"创建文件夹"对话框。在"文件夹名"文本框中，输入要创建的文件夹名称。

② 在"选择新文件夹的位置"列表框中，选择新文件夹的父文件夹。

③ 单击"确定"按钮。

2. 删除文件夹

在 Outlook Express 主窗口的文件夹列表中，选中要删除的文件夹，单击工具栏中的"删除"按钮，弹出"确认删除"提示框，单击"确定"按钮，选中的文件夹即被删除。

3. 文件夹的移动与重命名

在 Outlook Express 中创建的文件夹可以被移动和重命名，就如同在 Windows 资源管理器中一样。

（1）移动文件夹

首先在文件夹列表中选中待移动的文件夹，然后用鼠标将其拖动到目标文件夹即可。

（2）重命名文件夹

右击该文件夹，在弹出的快捷菜单中选择"重命名"命令。

6.4.9 通讯簿管理

每个用户都会有许多联系人，但要记住每个联系人的电子邮件地址则是非常困难的。Outlook Express 中的通讯簿为用户提供了一种管理联系人信息的极好工具，它不但可以记录联系人的电子邮件地址，还可以记录联系人的电话号码、家庭住址、业务及主页地址等信息。除此之外，用户还可以利用通讯簿功能在因特网上查找用户及商业伙伴的信息。

1．增加联系人信息

可以使用多种方式将电子邮件地址和联系人信息添加到通讯簿中，可以直接输入，也可以从其他程序导入。下面对几种常用的方法进行介绍。

（1）直接输入联系人信息

操作步骤如下：

① 在 Outlook Express 窗口中，单击工具栏中的“地址”按钮；或选择菜单栏中的“工具”→“通讯簿”命令，打开“通讯簿”窗口。

其中列出了已有联系人的列表，包括联系人名称、电子邮件地址、电话号码等信息。

② 单击“新建”下拉按钮，在弹出的下拉菜单中选择“新建联系人”命令，弹出通讯簿的“属性”对话框；也可通过选择“文件”→“新建联系人”命令，弹出此对话框。

③ 选择“姓名”选项卡，在有关文本框中输入相应的内容后，单击“添加”按钮。

④ 选择“家庭”、“业务”、“个人”、“其他”等选项卡，输入联系人的住址、电话、业务等信息。

（2）从电子邮件中添加联系人

为了减少输入，可以利用接收到的邮件，自动将收件人信息添加到通讯簿中。

操作步骤：右击“发件箱”中的电子邮件，在弹出的快捷菜单中选择“将发件人添加到通讯簿”命令，则发件人的 E-mail 地址便被添加到通讯簿。

2．创建联系人组

通过创建联系人组，可以将邮件方便地发送给一批收件人。在发送邮件时，只需在“收件人”文本框中输入该“组名”，就可将此邮件发送给组内的每个成员。

操作步骤如下：

① 单击“通讯簿”窗口中的“新建”下拉按钮，在弹出的下拉菜单中选择“新建组”命令，则弹出组“属性”对话框；也可以选择“文件”→“新建组”命令，弹出此对话框，如图 6-40 所示。

② 在“组名”文本框中输入组的名称，如 classmate。

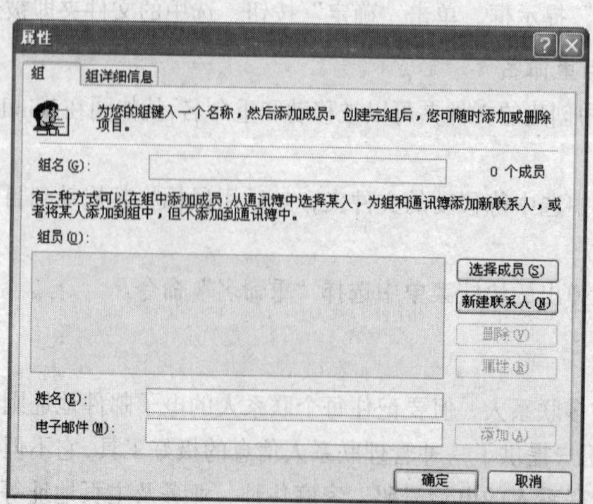

图 6-40　设置组属性

③ 单击“新建联系人”按钮，弹出“属性”对话框，按前述方法添加组内联系人。重复此步骤，添加多个组内成员。

④ 单击“选择成员”按钮，弹出“选择组或员”对话框，左侧是通讯簿人员的列表框，可有选择地双击需要的人加入到组内（这些人将出现在右侧的列表框中），然后单击“确定”按钮。

3. 维护联系人信息

（1）组织联系人信息

如果通讯簿中存储了很多联系人的信息，为了查找方便，Outlook Express 提供了多种排序方式。用户可以根据个人需要来组织通讯簿。例如，选择名字、姓氏或电子邮件地址的字母顺序，还可以选择按升序或降序进行排列。

操作步骤：打开“通讯簿”窗口，选择“查看”→“排序方式”，在子菜单中选择一种排序方式和排序方向。

（2）更改和删除联系人

① 更改联系人信息：在通讯簿列表中，找到并双击要更改的联系人名称，弹出“属性”对话框，然后根据需要修改其信息。

② 删除联系人：在通讯簿列表中，选中该联系人名称，并单击工具栏中的“删除”按钮即可。如果联系人是组中成员，其名称将同时从组中删除。

4. 使用通讯簿

通常用于自动填写邮件的收件人、抄送或密件抄送的地址。

操作步骤：在“新邮件”窗口中，选择菜单栏中的“工具”→“选择收件人”命令，弹出如图 6-41 所示的“选择收件人”对话框。先选择左侧列表框中的一个联系人，再单击“收件人”、“抄送”或“密件抄送”按钮，则此人便出现在对应的右侧列表框中，如此重复操作，可以选择多个收件人，最后单击“确定”按钮。

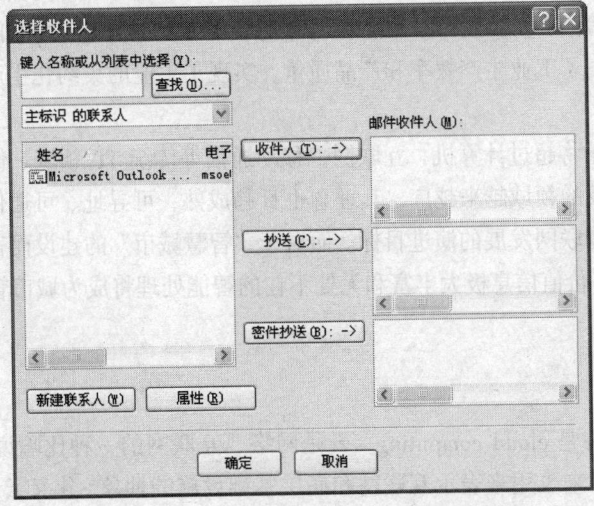

图 6-41　“选择收件人”对话框

上述操作可用于新邮件，也可用于转发和回复邮件。

6.5 计算机技术与网络技术的最新发展

如今计算机技术与网络技术飞速发展，不断涌现出新技术和新名词，如物联网、云计算、大数据技术、3D 打印技术、移动终端、计算思维等，这些新技术极大提高了生产力水平，正在逐渐改变我们的生活，丰富我们的生活，并深刻地影响着我们每天的行为方式和思维习惯。

本章主要介绍计算机技术与网络技术的最新发展情况。

6.5.1 物联网

物联网的英文名称是 The Internet of things。国际电信联盟（ITU）发布的 ITU 互联网报告，对物联网做了如下定义：通过二维码识读设备、射频识别（RFID）装置、红外感应器、全球定位系统和激光扫描器等信息传感设备，按约定的协议，把任何物品与互联网相连接，进行信息交换和通信，以实现智能化识别、定位、跟踪、监控和管理的一种网络。根据国际电信联盟（ITU）的定义,物联网主要解决物品与物品（Thing to Thing，T2T），人与物品（Human to Thing，H2T），人与人（Human to Human，H2H）之间的互连。但是与传统互联网不同的是，H2T 是指人利用通用装置与物品之间的连接,从而使得物品连接更加的简化，而 H2H 是指人之间不依赖于 PC 而进行的互连。因为互联网并没有考虑到对于任何物品连接的问题，故我们使用物联网来解决这个传统意义上的问题。

物联网就是“物物相连的互联网”。这有两层意思：第一，物联网的核心和基础仍然是互联网，是在互联网基础上的延伸和扩展的网络；第二，其用户端延伸和扩展到了任何物品与物品之间，进行信息交换和通信。物联网被称为继计算机、互联网之后世界信息产业发展的第三次浪潮。物联网是互联网的应用拓展，与其说物联网是网络，不如说物联网是业务和应用。因此，应用创新是物联网发展的核心。

2012 年我国物联网产业市场规模达到 3 650 亿元，比 2011 年增长 38.6%。作为被寄予厚望的新兴产业，物联网正四处开花，悄然影响着人们的生活。我国物联网技术已经融入到了纺织、冶金、机械、石化、制药等工业制造领域。在工业流程监控、生产链管理、物资供应链管理、产品质量监控、装备维修、检验检测、安全生产、用能管理等生产环节着重推进了物联网的应用和发展，建立了应用协调机制，提高了工业生产效率和产品质量，实现了工业的集约化生产、企业的智能化管理和节能降耗。

物联网的发展前景将超过计算机、互联网、移动通信等传统 IT 领域。作为信息产业发展的第三次革命，物联网涉及的领域越来越广，其理念也日趋成熟，可寻址、可通信、可控制、泛在化与开放模式正逐渐成为物联网发展的演进目标。而对于“智慧城市”的建设而言，物联网将信息交换延伸到物与物的范畴，价值信息极大丰富和无处不在的智能处理将成为城市管理者解决问题的重要手段。

6.5.2 云计算

云计算的英文名称是 cloud computing。云是网络、互联网的一种比喻说法。过去在图中往往用云来表示电信网，后来也用来表示互联网和底层基础设施的抽象。狭义云计算指 IT 基础设施的交付和使用模式，指通过网络以按需、易扩展的方式获得所需资源；广义云计算指服务的交付和使用模式，指通过网络以按需、易扩展的方式获得所需服务。这种服务可以是 IT 和软件、互联网相关，也可是其他服务。它意味着计算能力也可作为一种商品通过互联网进行流通。

云计算在中国主要行业应用还仅仅是“冰山一角”，但随着本土化云计算技术产品、解决方案的不断成熟，云计算理念的迅速推广普及，云计算必将成为未来中国重要行业领域的主流 IT 应用模式，为重点行业用户的信息化建设与 IT 运维管理工作奠定核心基础。云计算的主要应用领域为：

1．医药医疗领域

医药企业与医疗单位一直是国内信息化水平较高的行业用户，在“新医改”政策推动下，医药企业与医疗单位将对自身信息化体系进行优化升级，以适应医改业务调整要求，在此影响下，以“云信息平台”为核心的信息化集中应用模式将孕育而生，逐步取代各系统分散为主体的应用模式，进而提高医药企业的内部信息共享能力与医疗信息公共平台的整体服务能力。

2．制造领域

随着“后金融危机时代”的到来，制造企业的竞争将日趋激烈，企业在不断进行产品创新、管理改进的同时，也在大力开展内部供应链优化与外部供应链整合工作，进而降低运营成本、缩短产品研发生产周期，未来云计算将在制造企业供应链信息化建设方面得到广泛应用，特别是通过对各类业务系统的有机整合，形成企业云供应链信息平台，加速企业内部“研发—采购—生产—库存—销售”信息一体化进程，进而提升制造企业竞争实力。

3．金融与能源领域

金融、能源企业一直是国内信息化建设的“领军性”行业用户，在未来 3 年里，中石化、中保、农行等行业内企业信息化建设已经进入“IT 资源整合集成”阶段，在此期间，需要利用“云计算”模式，搭建基于 IAAS 的物理集成平台，对各类服务器基础设施应用进行集成，形成能够高度复用与统一管理的 IT 资源池，对外提供统一硬件资源服务，同时在信息系统整合方面，需要建立基于 PAAS 的系统整合平台，实现各异构系统间的互联互通。因此，云计算模式将成为金融、能源等大型企业信息化整合的“关键武器”。

4．电子政务领域

未来，云计算将助力我国各级政府机构“公共服务平台”建设，各级政府机构正在积极开展“公共服务平台”的建设，努力打造“公共服务型政府”的形象，在此期间，需要通过云计算技术来构建高效运营的技术平台，其中包括：利用虚拟化技术建立公共平台服务器集群，利用 PAAS 技术构建公共服务系统等方面，进而实现公共服务平台内部可靠、稳定的运行，提高平台不间断服务能力。

5．教育科研领域

未来，云计算将为高校与科研单位提供实效化的研发平台。云计算应用已经在清华大学、中科院等单位得到了初步应用，并取得了很好的应用效果。在未来，云计算将在我国高校与科研领域得到广泛的应用普及，各大高校将根据自身研究领域与技术需求建立云计算平台，并对原来各下属研究所的服务器与存储资源加以有机整合，提供高效可复用的云计算平台，为科研与教学工作提供强大的计算机资源，进而大大提高研发工作效率。

6. 电信领域

在国外，Orange、O2 等大型电信企业除了向社会公众提供 ISP 网络服务外，同时也作为“云计算”服务商，向不同行业用户提供 IDC 设备租赁、SAAS 产品应用服务，通过这些电信企业创新性的产品增值服务，也强力地推动了国外公有云的快速发展、增长。因此，在未来，国内电信企业将成为云计算产业的主要受益者之一，从提供的各类付费性云服务产品中得到大量收入，实现电信企业利润增长，通过对不同国内行业用户需求分析与云产品服务研发、实施，打造自主品牌的云服务体系。

云计算可以跟各种互联网应用相融合，提升互联网的应用能力。

1. 云物联

随着物联网业务量的增加，对数据存储和计算量的需求将带来对“云计算”能力的要求。云计算和物联网之间的关系可以用一个形象的比喻来说明：“云计算”是“互联网"中的神经系统的雏形，“物联网”是“互联网”正在出现的末梢神经系统的萌芽。

2. 云安全

云安全(Cloud Security)的策略构想是：使用者越多，每个使用者就越安全，因为如此庞大的用户群，足以覆盖互联网的每个角落，只要某个网站被挂马或某个新木马病毒出现，就会立刻被截获。

云安全通过网状的大量客户端对网络中软件行为的异常监测，获取互联网中木马、恶意程序的最新信息，推送到 Server 端进行自动分析和处理，再把病毒和木马的解决方案分发到每一个客户端。

3. 云存储

云存储是指通过集群应用、网格技术或分布式文件系统等功能，将网络中大量各种不同类型的存储设备通过应用软件集合起来协同工作，共同对外提供数据存储和业务访问功能的一个系统。云存储是一个以数据存储和管理为核心的云计算系统。

4. 云呼叫

云呼叫中心是基于云计算技术而搭建的呼叫中心系统，企业无须购买任何软、硬件系统，只需具备人员、场地等基本条件，就可以快速拥有属于自己的呼叫中心，软硬件平台、通信资源、日常维护与服务由服务器商提供。具有建设周期短、投入少、风险低、部署灵活、系统容量伸缩性强、运营维护成本低等众多特点；无论是电话营销中心，还是客户服务中心，企业只须按需租用服务，便可建立一套功能全面、稳定、可靠、座席可分布全国各地，全国呼叫接入的呼叫中心系统。

5. 私有云

私有云（Private Cloud）是将云基础设施与软硬件资源创建在防火墙内，以供机构或企业内各部门共享数据中心内的资源。至 2013 年可以提供私有云的平台有：Eucalyptus、3A Cloud、联想网盘和 OATOS 企业网盘等。

6. 云游戏

云游戏是以云计算为基础的游戏方式，在云游戏的运行模式下，所有游戏都在服务器端运行，并将渲染完毕后的游戏画面压缩后通过网络传送给用户。在客户端，用户的游戏设备不需要任何高端处理器和显卡，只需要基本的视频解压能力就可以了。

7. 云会议

云会议是基于云计算技术的一种高效、便捷、低成本的会议形式。使用者只需要通过互联网界面，进行简单易用的操作，便可快速高效地与全球各地团队及客户同步分享语音、数据文件及视频，而会议中数据的传输、处理等复杂技术由云会议服务商帮助使用者进行操作。

6.5.3　大数据技术

大数据的英文名称是 big data。大数据也称巨量资料，指的是所涉及的资料量规模巨大到无法通过目前主流软件工具，在合理时间内达到获取、管理、处理，并整理成为帮助企业经营决策的资讯。

数据并非单纯指人们在互联网上发布的信息，全世界的工业设备、汽车、电表上有着无数的数码传感器，随时测量和传递着有关位置、运动、震动、温度、湿度乃至空气中化学物质的变化，也产生了海量的数据信息。

大数据技术的战略意义不在于掌握庞大的数据信息，而在于对这些含有意义的数据进行专业化处理。换言之，如果把大数据比作一种产业，那么这种产业实现盈利的关键，在于提高对数据的“加工能力”，通过“加工”实现数据的“增值”。

大数据技术是数据分析的前沿技术，就是从各种各样类型的数据中，快速获得有价值信息的能力。大数据有四个特点：第一，数据体量巨大，从 TB 级别，跃升到 PB 级别；第二，数据类型繁多，包括网络日志、视频、图片、地理位置信息等；第三，价值密度低，商业价值高，以视频为例，连续不间断监控过程中，可能有用的数据仅仅有一两秒；第四，处理速度快，1 秒定律。

未来，数据可能成为最大的交易商品。大数据是通过数据共享、交叉复用后获取最大的数据价值。未来，大数据将会如基础设施一样，有数据提供方、管理者、监管者，数据的交叉复用将大数据变成一大产业。

大数据是继云计算、物联网之后 IT 产业又一次颠覆性的技术变革。云计算主要为数据资产提供了保管、访问的场所和渠道，而数据才是真正有价值的资产。大数据对国家治理模式、对企业的决策、组织和业务流程、对个人生活方式都将产生巨大的影响。

6.5.4　3D 打印技术

3D 打印的英文名称是 3D printing。3D 打印技术是快速成型技术的一种，它是以计算机三维设计模型为蓝本，通过软件分层离散和数控成型系统，利用激光束、热熔喷嘴等方式将金属粉末、陶瓷粉末、塑料、细胞组织等特殊材料进行逐层堆积黏结，最终叠加成型，制造出实体产品的技术。

我们日常生活中使用的普通打印机可以打印计算机设计的平面物品，而所谓的 3D 打印机与普通打印机工作原理基本相同，只是打印材料有些不同，普通打印机的打印材料是墨水和纸张，而 3D 打印机内装有金属、陶瓷、塑料、砂等不同的“打印材料”，是实实在在的原材料，打印机与计算机连接后，通过计算机控制可以把“打印材料”一层层叠加起来，最终把计算机上的蓝图变成实物。通俗地说，3D 打印机是可以“打印”出真实的 3D 物体的一种设备，比如打印一个机器人、打印玩具车，打印各种模型，甚至是食物等。之所以通俗地称其为“打印机”，是参照了普通打印机的技术原理，因为分层加工的过程与喷墨打印十分相似。这项打印技术称为 3D 立体打印技术。

3D 打印技术相比传统的加工制造方法有很大的优势。

首先，3D 打印技术可以加工传统方法难以制造的零件。过去传统的制造方法就是一个毛坯，把不需要的地方切除掉，是多维加工的，或者采用模具，把金属和塑料融化灌进去得到这样的零件，这样对复杂的零部件来说加工起来非常困难。立体打印技术对于复杂零部件而言具有极大的优势，立体打印技术可以打印非常复杂的东西。

其次，实现了首件的净型成形，这样后期辅助加工量大大减小，避免了委外加工的数据泄密和时间跨度，尤其适合一些高保密性的行业，如军工、核电领域。

再次，由于制造准备和数据转换的时间大幅减少，使得单件试制、小批量出产的周期和成本降低，特别适合新产品的开发和单件小批量零件的出产。

3D 打印通常是采用数字技术材料打印机来实现的。过去其常在模具制造、工业设计等领域被用于制造模型，现正逐渐用于一些产品的直接制造，已经有使用这种技术打印而成的零部件。该技术在珠宝、鞋类、工业设计、建筑、工程和施工（AEC）、汽车，航空航天、牙科和医疗产业、教育、地理信息系统、土木工程、枪支以及其他领域都有所应用。

6.5.5 移动终端

移动终端的英文名称是 mobile terminal，简称 MT。移动终端或者称移动通信终端是指可以在移动中使用的计算机设备，广义的讲包括手机、笔记本、平板式计算机、POS 机甚至包括车载计算机。但是大部分情况下是指手机或者具有多种应用功能的智能手机以及平板式计算机。随着网络和技术朝着越来越宽带化的方向的发展，移动通信产业将走向真正的移动信息时代。另一方面，随着集成电路技术的飞速发展，移动终端已经拥有了强大的处理能力，移动终端正在从简单的通话工具变为一个综合信息处理平台。这也给移动终端增加了更加宽广的发展空间。

现代的移动终端已经拥有极为强大的处理能力、内存、固化存储介质以及像计算机一样的操作系统。是一个完整的超小型计算机系统。可以完成复杂的处理任务。移动终端也拥有非常丰富的通信方式，即可以通过 GSM、CDMA、WCDMA、EDGE、3G 等无线运营网通信，也可以通过无线局域网、蓝牙和红外进行通信。

今天的移动终端不仅可以通话、拍照、听音乐、玩游戏，而且可以实现包括定位、信息处理、指纹扫描、身份证扫描、条码扫描、RFID 扫描、IC 卡扫描以及酒精含量检测等丰富的功能，成为移动执法、移动办公和移动商务的重要工具。有的移动终端还将对讲机也集成到移动终端上。移动终端已经深深地融入我们的经济和社会生活中，为提高人民的生活水平、提高执法效率、提高生产的管理效率、减少资源消耗和环境污染以及突发事件应急处理增添了新的手段。

移动终端的主要应用领域有：

（1）物流快递

可用在收派员运单数据采集、中转场/仓库数据采集，通过扫描快件条码的方式，将运单信息通过 3G 模块直接传输到后台服务器，同时可实现相关业务信息的查询等功能。

（2）物流配送

典型的有烟草配送、仓库盘点、邮政配送，值得开发的有各大日用品生产制造商的终端配送、药品配送、大工厂的厂内物流、物流公司仓库到仓库的运输。

（3）连锁店/门店/专柜数据采集

用于店铺的进、销、存、盘、调、退、订和会员管理等数据的采集和传输，还可实现门店的库存盘点。

（4）鞋服订货会

用于鞋服行业无线订货会，基于 WIFI 无线通信技术，通过销邦 PDA 手持终端扫描条码的方式进行现场订货，将订单数据无线传至后台订货会系统，同时可实现查询、统计及分析功能。

（5）卡片管理

用于管理各种 IC 卡和非接触式 IC 卡，如身份卡、会员卡等。卡片管理顾名思义就是管理各种接触式/非接触式 IC 卡，所以其使用的扫描枪主要的扩展功能为接触式/非接触式 IC 卡读写。

（6）票据管理

用于影院门票、火车票、景区门票等检票单元的数据采集。

6.5.6　计算思维

2006 年 3 月，美国卡内基•梅隆大学计算机科学系主任周以真（Jeannette M. Wing）教授在美国计算机权威期刊《Communications of the ACM》杂志上提出了“计算思维”（Computational Thinking）。周教授认为：计算思维是运用计算机科学的基础概念进行问题求解、系统设计，以及人类行为理解等涵盖计算机科学之广度的一系列思维活动。

周教授为了让人们更易于理解，又将它更进一步地定义为：通过约简、嵌入、转化和仿真等方法，把一个看来困难的问题重新阐释成一个我们知道问题怎样解决的方法；是一种递归思维，是一种并行处理，是一种把代码译成数据又能把数据译成代码，是一种多维分析推广的类型检查方法；是一种采用抽象和分解来控制庞杂的任务或进行巨大复杂系统设计的方法，是基于关注分离的方法（SoC 方法）；是一种选择合适的方式去陈述一个问题，或对一个问题的相关方面建模，使其易于处理的思维方法；是按照预防、保护及通过冗余、容错、纠错的方式，并从最坏情况进行系统恢复的一种思维方法；是利用启发式推理寻求解答，也即在不确定情况下的规划、学习和调度的思维方法；是利用海量数据来加快计算，在时间和空间之间，在处理能力和存储容量之间进行折衷的思维方法。

计算思维最根本的内容，即其本质（Essence）是抽象（Abstraction）和自动化（Automation）。计算思维中的抽象完全超越物理的时空观，并完全用符号来表示。计算思维是运用计算机科学的基础概念去求解问题、设计系统和理解人类的行为。它包括了涵盖计算机科学之广度的一系列思维活动。计算思维建立在计算过程的能力和限制之上，由人、机器执行。计算方法和模型使我们敢于去处理那些原本无法由个人独立完成的问题求解和系统设计。

练　习　题

一、实训项目

项目 1　网上浏览

1. 实训目的

掌握浏览器主页设置及搜索、下载技术。

2. 实训内容

（1）设置浏览器的启动主页

操作要求：将浏览器的启动主页设置为所在学校校园网的主页。

（2）用 URL 直接连接网站浏览主页。

操作要求：进入网易的首页，网易的地址 http://www.163.com。

（3）搜索引擎的使用

操作要求

① 通过网易主页内的搜索器查找提供 mp3 的网站。

② 通过中文雅虎（http://cn.yahoo.com）查找提供免费主页空间的网站。

（4）保存整个网页

操作要求：保存网易搜索器所查找到的 mp3 网站的信息。

（5）保存网页中的图片

操作要求：保存网易主页上的标志性图片。

（6）保存网页中的文字

项目 2　电子邮件

1. 实训目的

掌握免费邮箱的申请，在 Outlook Express 中的账号设置、邮件收发技术。

2. 实训内容

（1）申请免费邮箱

操作要求：在网易上申请免费 E-mail 账号。

（2）在 Outlook Express 中设置邮件账号。

操作要求：在 Outlook Express 中设置在网易上获得的免费邮箱的账号，直接使用免费邮箱。

（3）用 Outlook Express 发送邮件

操作要求：根据上机环境给定的邮件地址撰写邮件并发送。

（4）建立联系人以备快速发送邮件

操作要求：将常用的 E-mail 地址添加到联系人列表中。

（5）发送带有附件的邮件

操作要求：通过联系人列表发送带有附件的邮件。

（6）接收邮件

操作要求：通过 Outlook Express 接收邮件。

（7）阅读和保存邮件的附件

操作要求："收件箱"中标有"🖇"标志的邮件表示此邮件带有附件，阅读附件并将附件保存到磁盘上。

二、上机操作测试

1. 题目准备（可在教师指导下完成）

在 D 盘根目录下建立考生目录（文件夹）Exam2009（姓名）。

2. 题目内容（学生独立完成）

（1）网络操作题 1

① 给同学小丁发邮件，以附件的方式发送本学期的课程表。

小丁的 E-mail 地址是：jason123_ding@sohu.com

主题为：本学期课程通知

正文内容为：小丁，你好！附件里是本学期的课程表，请查看。

将考生文件夹中的“课程表.xls”添加到邮件附件中，并发送。

② 打开 http://localhost/myweb/nba.htm 页面，找到名为“中国的 NBA 中锋-姚明”的照片，将该照片保存至考生文件夹下，重命名为“姚明.jpg”

（2）网络操作题 2

① 接收来自珊珊的邮件，将邮件中的附件“Photo.jpg”保存在考生文件夹下，并回复该邮件，主题为：照片已收到

正文内容为：收到邮件，照片已看到，祝好！

② 打开 http://localhost/myweb/intro.htm 页面，找到 WINDOWS XP 操作系统的介绍，新建文本文件 XP.txt，并将网页中的介绍内容复制到文件 XP.txt 中 ,并保存在考生文件夹下。

（3）网络操作题 3

① 发送邮件至 switchzoony@hotmail.com，主题为：咨询，邮件内容为：您好，我想咨询本次培训的具体时间和报名方法，盼复！

② 打开 http://localhost/myweb/tvhome.htm 页面，浏览，并在考生文件夹下新建文件夹“猫的介绍”，在页面上找到猫的文字介绍的链接，将文本文件下载另存到文件夹“猫的介绍”中。

三、理论测试题

下列各题 A、B、C、D 四个选项中，只有一个选项是正确的，请将正确选项填写在括号中。

1. 计算机网络最突出的优点是（　　）。

   A. 精度高　　B. 共享资源　　C. 运算速度快　　D. 容量大

2. 计算机网络的目标是实现（　　）。

   A. 数据处理　　B. 文献检索

   C. 资源共享和信息传输　　D. 信息传输

3. 下列度量单位中，用来度量计算机网络数据传输速率（比特率）的是（　　）。

   A. Mbit/s　　B. MIPS　　C. GHz　　D. bit/s

4. 在下列网络的传输介质中，抗干扰能力最好的一个是（　　）。

   A. 光缆　　B. 同轴电缆　　C. 双绞线　　D. 电话线

5. 计算机网络分为局域网、城域网和广域网，下列属于局域网的是（　　）。

   A. ChinaDDn 网　　B. Novell 网　　C. Chinanet 网　　D. Internet

6. 在计算机网络中，英文缩写 LAN 的中文名是（　　）。

   A. 局域网　　B. 城域网　　C. 广域网　　D. 无线网

7. 在计算机网络中，英文缩写 WAN 的中文名是（　　）。

   A. 局域网　　B. 城域网　　C. 广域网　　D. 无线网

8. 下列的英文缩写和中文名字的对照中，正确的是（　　）。

   A. WAN——广域网　　B. ISP——因特网服务程序

C. USB——不间断电源 D. RAM——只读存储器

9. 下列各指标中，属于数据通信系统的主要技术指标之一的是（ ）。

A. 误码率 B. 重码率 C. 分辨率 D. 频率

10. 下列四项内容中，不属于 Internet（因特网）基本功能的是（ ）。

A. 电子邮件 B. 文件传输

C. 远程登录 D. 实时监测控制

11. Internet 上，访问 Web 网站时用的工具是浏览器。下列（ ）就是目前常用的 Web 浏览器之一。

A. Internet Explorer B. Outlook Express

C. Yahoo D. FrontPage

12. 英文缩写 ISP 指的是( )。

A. 电子邮局 B. 电信局

C. Internet 服务提供商 D. 供他人浏览的网页

13. 在因特网技术中，ISP 的中文全名是（ ）。

A. 因特网服务提供商（Internet Service Provider）

B. 因特网服务产品（Internet Service Product）

C. 因特网服务协议（Internet Service Protocal）

D. 因特网服务程序（Internet Service Program）

14. Internet 实现了分布在世界各地的各类网络的互连，其最基础和核心的协议是（ ）。

A. HTTP B. TCP/IP C. HTML D. FTP

15. Internet 提供的最常用、便捷的通讯服务是( )。

A. 文件传输（FTP） B. 远程登录（Telent）

C. 电子邮件（E-mail） D. 万维网（WWW）

16. TCP 的主要功能是（ ）。

A. 对数据进行分组 B. 确保数据的可靠传输

C. 确定数据传输路径 D. 提高数据传输速度

17. 下列的英文缩写和中文名字的对照中，错误的是（ ）。

A. URL——统一资源定位器 B. ISP——因特网服务提供商

C. ISDN——综合业务数字网 D. ROM——随机存取存储器

18. 下列各项中，非法的 Internet 的 IP 地址是（ ）。

A. 202.96.12.14 B. 202.196.72.140

C. 112.256.23.8 D. 201.124.38.79

19. Internet 中不同网络和不同计算机相互通信的基础是（ ）。

A. ATM B. TCP/IP C. Novell D. X.25

20. 电话拨号连接是计算机个人用户常用的接入因特网的方式。称为非对称数字用户线的接入技术的英文缩写是（ ）。

A. ADSL B. ISDN C. ISP D. TCP

21. 用综合业务数字网（又称一线通）接入因特网的优点是上网通话两不误，它的英文缩写是( )。

A. ADSL B. ISDN C. ISP D. TCP

22. 为了用 ISDN 技术实现电话拨号方式接入 Internet，除了要具备一条直拨外线和一台性能合适的计算机外，另一个关键硬件设备是（　　）。

A. 网卡　　B. 集线器

C. 服务器　　D. 内置或外置调制解调器（Modem）

23. Modem 是计算机通过电话线接入 Internet 时所必需的硬件，它的功能是（　　）。

A. 只将数字信号转换为模拟信号

B. 只将模拟信号转换为数字信号

C. 为了在上网的同时能打电话

D. 将模拟信号和数字信号互相转换

24. 调制解调器（Modem）的主要技术指标是数据传输速率，它的度量单位是（　　）。

A. MIPS　　B. Mbit/s　　C. dps　　D. KB

25. 域名 MH.BIT.EDU.CN 中主机名是（　　）。

A. MH　　B. EDU　　C. CN　　D. BIT

26. 根据域名代码规定，表示教育机构网站的域名代码是（　　）。

A. net　　B. com　　C. edu　　D. org

27. 根据域名代码规定，gov 代表（　　）。

A. 教育机构　　B. 网络支持中心　　C. 商业机构　　D. 政府部门

28. 根据域名代码规定，net 代表（　　）。

A. 教育机构　　B. 网络支持中心　　C. 商业机构　　D. 政府部门

29. 根据域名代码规定，com 代表（　　）。

A. 教育机构　　B. 网络支持中心　　C. 商业机构　　D. 政府部门

30. 用户在 ISP 注册拨号入网后，其电子邮箱建在（　　）。

A. 用户的计算机上　　B. 发件人的计算机上

C. ISP 的邮件服务器上　　D. 收件人的计算机上

31. 下列关于电子邮件的说法，正确的是（　　）。

A. 收件人必须有 E-mail 地址，发件人可以没有 E-mail 地址

B. 发件人必须有 E-mail 地址，收件人可以没有 E-mail 地址

C. 发件人和收件人都必须有 E-mail 地址

D. 发件人必须知道收件人住址的邮政编码

32. 以下关于电子邮件的说法，不正确的是（　　）。

A. 电子邮件的英文简称是 E-mail

B. 加入因特网的每个用户通过申请都可得到一个电子信箱

C. 在一台计算机上申请的电子信箱，以后只有通过这台计算机上网才能收信

D. 一个人可以申请多个电子信箱

33. 当用户输入一个不存在的邮箱地址时，系统会将邮件（　　）。

A. 退回给发件人　　B. 开机时对方重发

C. 该邮件丢失　　D. 存放在服务商的 E-mail 服务器

34. 下列关于通过因特网上收/发电子邮件优点的描述中，错误的是（　　）。

A. 不受时间和地域的限制，只要能接入因待网，就能收发电子邮件

B. 方便、快速

C. 费用低廉

D. 收件人必须在原电子邮箱申请地接收电子邮件

35. 下列用户 XUEJY 的电子邮件地址中，正确的是（　　）。

A. UXEJY@bj163.com　　B. XUEJYbj163.com

C. xuejy#bj163.com　　D. XUEJY@bj163.com

第 7 章 计算机信息系统安全

计算机信息系统安全是由计算机管理派生出来的一门科学技术，目的是为了保护计算机信息系统中的资源（包括计算机硬件、计算机软件、存储介质、网络设备和数据等）免受毁坏、替换、盗窃或丢失等。

7.1 计算机信息系统安全概述

计算机信息系统安全是全社会都十分重视和关注的问题。什么是计算机信息系统安全？保证计算机的安全应采取什么样的措施？这是本节要介绍的内容。

7.1.1 计算机信息系统安全的概念

常见的计算机信息系统安全的定义，有下面两种描述。

国际标准化组织（ISO）的定义是“为数据处理系统建立和采取的技术与管理的安全保护，保护计算机硬件、软件、数据不因偶然的或恶意的原因而遭破坏、更改、泄露”。

国务院于 1994 年 2 月 18 日颁布的《中华人民共和国计算机信息系统安全保护条例》第一章第三条的定义是“计算机信息系统的安全保护，应当保障计算机及其相关的配套设备和设施（含网络）的安全、运行环境的安全、信息的安全，保障计算机功能的正常发挥，以维护计算机信息系统的安全运行”。

从以上定义可知，计算机信息系统安全的范围应包括计算机实体安全、软件安全、数据安全及运行安全等几个方面。这几方面的含义如下：

1. 实体安全

实体安全指计算机系统设备及相关的设施运行正常，系统服务适时。包括环境、建筑、设备、电磁辐射、数据介质、灾害报警等。

2. 软件安全

软件安全指软件完整，即保证操作系统软件、数据库管理软件、网络软件、应用软件及相关资料的完整。包括软件的开发、软件安全保密测试、软件的修改与复制等。

3. 数据安全

指系统拥有的和产生的数据或信息完整、有效、使用合法，不被破坏或泄露，包括输入、输出、识别用户、存取控制、加密、审计与追踪、备份与恢复等。

4．运行安全

运行安全指系统资源和信息资源使用合法。包括电源、环境（含空调）、人事、机房管理出入控制，数据及介质管理、运行管理等。

计算机信息安全自20世纪60年代末至今，一直是人们所关心的一个社会问题。特别是最近几年，随着信息化步伐的加快，计算机通信的广泛应用，人们对计算机软/硬件的功能和组成以及各种开发、维护工具的了解，对信息重要性的认识，都已达到了相当高的水平。与此同时，各种计算机犯罪和计算机系统被病毒感染的事件也频频发生。因此，计算机信息安全已经成为各国政府和军队、机关、企事业单位关注的热点，我国也不例外。

7.1.2 计算机的安全措施

要保证计算机的安全，应采取两个方面的措施：一是非技术性措施，如制定有关法律、法规，加强各方面的管理；其次是技术性措施，如硬件安全保密、通信网络安全保密、软件安全保密和数据安全保密等措施。

1．计算机信息安全的法律法规

要使信息安全运行，信息安全传递，需要必要的法律建设，以法制来强化信息安全。我国近几年先后制定了一系列有关计算机信息安全管理方面的法律法规和部门规章制度，但是随着计算机技术和计算机网络的不断发展与进步，这些法律法规也必须在实践中不断地加以完善和改进。现有关于计算机信息安全管理的主要法律法规有：

1994年2月18日颁布的《中华人民共和国计算机信息系统安全保护条例》。

1996年1月29日公安部制定的《关于对与国际互联网的计算机信息系统进行备案工作的通知》。

1996年2月1日出台的《中华人民共和国计算机信息网络国际互联网管理暂行规定》，并于1997年5月20日进行了修订。

1997年12月30日，公安部颁发了经国务院批准的《计算机信息网络国际互联网安全保护管理办法》。

2000年4月26日，公安部发布了《计算机病毒防治管理办法》。

2000年12月，发布了《全国人民代表大会常务委员会关于维护互联网安全的决定》。

在《中华人民共和国刑法》中，针对计算机犯罪也给出了相应的规定和处罚。

这些法律法规的出台，结束了中国计算机信息系统安全及计算机犯罪领域无法可依的局面，并为打击计算机犯罪活动提供了法律依据。但是，这些法律法规还不能从根本上保证计算机的安全，必须采取相关的具体管理措施，以确保计算机信息系统的安全。

2．知识产权

计算机发展过程中带来的另一问题是计算机软件产品的盗版。软件是抽象的、逻辑性的产品，它不以实物形态存在和传播，很容易被复制和修改，这就为不法分子提供了可乘之机。盗版软件给我国软件业带来的危害十分严重。因为软件开发是高科技产品，它需要软件公司进行大量的前期投入，软件的开发成本很高。这样高投入的产品，由于盗版产品的侵入而得不到收益，软件公司将无法维持，也不会有人愿意做软件，软件产业也不会有大的发展。在盗版大战中真正的受益人是那些不法盗版厂商，而购买盗版软件的用户最终会发现那些没有服务、没有保障、没有支持的盗版软件不会给他们带来任何收益。我国在 1990 年制定的著作权法中明确地将计算机软件作为版权法的保护客体，并于 1991 年制定了《计算机软件保护条例》，又于 2001 年修改了《计算机软件保护条例》，对计算机软件专门进行保护。因此要自觉抵制盗版软件，扶植我国还不太成熟的软件工业，不给不法厂商以可乘之机。

3．计算机信息安全的管理

安全管理措施是指管理上所采用的政策和规程，是贯彻执行有关计算机信息安全法律法规的有效手段。主要包括操作管理、组织管理、经济管理及安全管理目标和责任等。

① 操作管理。指保证操作合法性和安全保密性方面的管理规定。

② 组织管理。指对内部职工进行保密性教育，坚持职责分工原则。

③ 经济管理。指安全保密与经济利益结合的管理规定。

④ 安全管理目标和责任。指计算机系统运行时，设置专门的安全监督过程。如审计日志（系统为每项事务活动所做的永久记录）和监控。

4．计算机信息安全技术

网络环境下计算机信息安全技术包括通信安全技术和计算机安全技术。

（1）通信安全涉及的技术

① 信息加密技术。信息加密技术是保障信息安全的最基本、最核心的技术措施。

② 信息确认技术。信息确认技术通过严格限定信息的共享范围来防止信息被非法伪造篡改和假冒。

③ 网络控制技术。网络控制技术包括防火墙技术、审计技术、访问控制技术和安全协议。

（2）计算机安全涉及的技术

① 计算机实体安全。计算机实体安全是指对场地环境、设施、设备、载体及人员采取的安全对策和措施。具体内容包括：机房温度 18～24℃、相对湿度 40%～60%；机房应采用 30 万级清洁室、粒度≤0.5μm 并有足够照度；机房设备要接地线，磁场强度＜63680A/m，噪声标准控制在 65dB 以下；机房应设在二楼或三楼，要考虑防震，要配备灭火器；保证供电连续、电压稳定在 220V×（1±10%）。

② 容错计算机技术。容错技术提供稳定可靠的电源，能够预知故障，保证数据的完整性，实现数据恢复。

5．计算机的正确使用与维护

计算机的正确使用，应注意以下事项：

① 注意开关机顺序，开机时应先开外部设备，后开主机；关机顺序则相反。

② 计算机在运行时，不要拔插电源或信号电缆，磁盘读写时不要晃动机箱。

③ 不要使用来路不明的盘，否则在使用前必须查杀病毒。

④ 在执行可能造成文件破坏或丢失的操作时，一定要格外小心。

⑤ 用正确的关机方式来关闭计算机。

⑥ 击键应轻，对硬盘上的重要数据要经常备份。

计算机的维护包括：

① 日维护；每天应用脱脂棉轻擦计算机表面灰尘，检查电缆线是否松动，查杀病毒等。

② 周维护：检查并确认硬盘中的重要文件已备份，删除不再使用的文件和目录等。

③ 月维护：检查所有电缆线插接是否牢固，检查硬盘中的碎块文件，整理硬盘等。

④ 年维护：打开主机箱，用吸尘器吸去机箱内的灰尘；全面检查软/硬件系统。

另外，用户还应准备一个笔记本，记载每次维护的内容以及发现的问题、解决的方法和过程。

7.2 计算机病毒

随着计算机技术和网络技术的发展，计算机病毒注定成为计算机应用领域中的一种顽症。因此，应该加强对计算机病毒的认识，及早发现并及时清除计算机病毒。

7.2.1 计算机病毒的定义、特点及危害

1. 计算机病毒的定义

《中华人民共和国计算机信息系统安全保护条例》中明确将计算机病毒定义为“编制或者在计算机程序中插入的破坏计算机功能或者破坏数据，影响计算机使用并且能够自我复制的一组计算机指令或者程序代码。”计算机病毒是一种人为蓄意制造的、以破坏为目的的程序。它寄生于其他应用程序或系统的可执行部分，通过部分修改或移动别的程序，将自我复制加入其中或占据原程序的部分并隐藏起来，到一定时候或适当条件时发作，对计算机系统起破坏作用。之所以被称为“计算机病毒”，是因为它具有生物病毒的某些特征——破坏性、传染性、寄生性和潜伏性。

计算机病毒一般由传染部分和表现部分组成。传染部分负责病毒的传播扩散（传染模块），表现部分又可分为计算机屏幕显示部分（表现模块）及计算机资源破坏部分（破坏模块）。

表现部分是病毒的主体，传染部分是表现部分的载体。表现和破坏一般是有条件的，条件不满足或时机不成熟是不会表现出来的。

2. 计算机病毒的特征

（1）传染性

计算机病毒具有很强的繁殖能力，能通过自我复制到内存、硬盘和软盘，甚至传染到所有文件中。尤其是目前 Internet 日益普及，数据共享使得不同地域的用户可以共享软件资源和硬件资源，但与此同时，计算机病毒也通过网络迅速蔓延到联网的计算机系统。传染性即自我复制能力，是计算机病毒最根本的特征，也是病毒和正常程序的本质区别。

（2）隐蔽性（寄生性）

病毒程序一般不独立存在，而是寄生在磁盘系统区或文件中。侵入磁盘系统区的病毒称为系统型病毒，其中较常见的是引导区病毒，如大麻病毒、2078 病毒等。寄生于文件中的病毒称为文件型病毒，如以色列病毒（黑色星期五）等。还有一类既寄生于文件中又侵占系统区的病毒，如“幽灵”病毒、Flip 病毒等，属于混合型病毒。

（3）破坏性

计算机病毒的破坏性因计算机病毒的种类不同而差别很大。有的计算机病毒仅干扰软件的运行而不破坏该软件；有的无限制地侵占系统资源，使系统无法运行；有的可以毁掉部分数据或程序，使之无法恢复；有的恶性病毒甚至可以毁坏整个系统，导致系统崩溃。

（4）潜伏性

计算机病毒可以长时间地潜伏在文件中，并不立即发作。在潜伏期中，它并不影响系统的正常运行，只是悄悄地进行传播、繁殖，使更多的正常程序成为病毒的“携带者”。一旦满足触发条件，病毒发作，才显示出其巨大的破坏威力。

3．计算机病毒的危害

计算机病毒的破坏行为，体现了病毒的杀伤力，主要有下面几种情况：

① 破坏系统数据区。包括破坏引导区、FAT 表和文件目录，使用户系统紊乱。

② 破坏文件中的数据，删除文件等。

③ 对磁盘或磁盘特定扇区进行格式化，使磁盘中的信息丢失等。

④ 干扰系统运行。例如，干扰内部命令的执行，不执行命令，不打开文件，虚假报警，占用特殊数据区，更换当前盘，强制游戏，在时钟中纳入时间的循环计数使计算机空转，使系统时钟倒转、重启动、死机等。

⑤ 扰乱屏幕显示。例如，使字符跌落、倒置，光标下跌，屏幕抖动、滚屏，乱写、吃字符等。

⑥ 破坏 CMOS 数据。在 CMOS 中保存着系统的重要数据，如系统时钟、内存容量和磁盘类型等。计算机病毒能够对 CMOS 执行写入操作，破坏 CMOS 中的数据。

7.2.2　计算机病毒的分类

计算机病毒的种类很多，其分类的方法也不尽相同，下面从不同的分类方法对计算机病毒的种类进行归纳和简要的介绍。

1．按病毒的寄生媒介分类

可分为入侵型、源码型、外壳型和操作系统型 4 种类型。

① 入侵型病毒。这种病毒一般入侵到主程序，作为主程序的一部分。

② 源码型病毒。这种病毒在源程序被编译之前，就已隐藏在源程序中，随源程序一起被编译成目标代码。

③ 外壳型病毒。这种病毒一般感染计算机系统的可执行文件。当运行被病毒感染的程序时，病毒程序也被执行，从而达到传播扩散的目的。

④ 操作系统型病毒。这种病毒替代操作系统的输入/输出、实时处理等常用的敏感功能。这种病毒最常见，危害性也最大。

2．按病毒的破坏情况分类

可分为良性病毒和恶性病毒两种类型。

① 良性计算机病毒。指其不包含立即对计算机系统产生直接破坏作用的代码，这类病毒主要是为了表现其存在，而不停的进行扩散，但它不破坏计算机内的程序和数据。

② 恶性计算机病毒。指在其代码中包含损伤和破坏计算机系统的操作，在其传染或发作时会对其系统产生直接的破坏作用。例如，米开朗基罗病毒，当其发作时，硬盘的前 17 个扇区将被彻底破坏，使整个硬盘上的数据无法被恢复，造成的损失是无法挽回的。

3．按病毒的寄生方式和传染对象分类

可分为引导型病毒、文件型病毒和混合型病毒 3 种类型。

① 引导型病毒。指一种在系统引导时出现的病毒，这类病毒使磁盘引导扇区的内容转移，取而代之的是病毒引导程序。

② 文件型病毒。这类病毒一般感染可执行文件（.exe 或.com），病毒程序寄生在可执行程序中，只要程序被执行，病毒也被激活。病毒程序会首先被执行，并将自身驻留在内存，然后设置触发条件，进行传染。

③ 混合型病毒。综合了引导型病毒和文件型病毒的特点，此种病毒通过这两种方式来感染，更增加了病毒的传染性，不管以哪种方式传染，只要中毒就会经开机或执行程序而感染其他的磁盘或文件。

7.2.3 计算机病毒的识别

1. 计算机病毒程序的一般工作过程

① 在计算机启动时，检查系统是否感染上病毒，若未染上，则将病毒程序装入内存，同时修改系统的敏感资源（一般是中断向量），使其具有传染病毒的机能。

② 检查磁盘上的系统文件是否感染病毒，若未染上，则将病毒传染到系统文件上。

③ 检查引导扇区是否染上病毒，若未染上，则将病毒传染到引导扇区。

④ 完成上述工作后，才执行源程序。

通过对文件感染过程的分析，可知被感染对象的哪些地方做了修改，病毒存放在什么位置，病毒感染条件以及感染后的特征等，为以后诊断病毒、消除病毒提供了参考依据。

2. 计算机感染上病毒的症状

计算机感染上病毒常常表现出下面一些症状：

① 异常要求输入口令。

② 程序装入的时间比平时长，计算机发出怪叫声，运行异常。

③ 有规律地出现异常现象或显示异常信息。如异常死机后又自动重新启动；屏幕上显示白斑或圆点等。

④ 计算机经常出现死机现象或不能正常启动。

⑤ 程序和数据神秘丢失，文件名不能辨认，可执行文件的大小发生变化。

⑥ 访问设备时发现异常情况，如磁盘访问时间比平时长，打印机不能联机或打印时出现怪字符。

⑦ 磁盘不可用簇增多，卷名发生变化。

⑧ 发现不知来源的隐含文件或电子邮件。

7.2.4 几种常见计算机病毒

目前，常见的计算机病毒有宏病毒、CIH 病毒、蠕虫病毒等。

1. 宏病毒

宏病毒是近年来人们遇到较多的一种病毒，从 1996 年下半年开始在我国广泛流行。

宏病毒是使用某个应用程序自带的宏编程语言编写的病毒。目前国际上已发现 3 类宏病毒：感染 Word 系统的 Word 宏病毒；感染 Excel 系统的 Excel 宏病毒；感染 LotusAmiPro 的宏病毒。

通常，人们所说的宏病毒主要指 Word 宏病毒和 Excel 宏病毒。

2. CIH 病毒

CIH 病毒是计算机用户深感头痛的病毒之一。它使用面向 Windows 的 VxD 技术编制，1998 年 8 月从中国台湾地区传入大陆，有 1.2 版、1.3 版、1.4 版 3 个版本，发作时间分别是 4 月 26 日、6 月 26 日和每月的 26 日。

CIH 病毒是第一个直接攻击和破坏计算机硬件系统的病毒，是迄今为止破坏最严重的病毒。该病毒主要感染 Windows95/98 的可执行文件。当执行被感染的文件后，CIH 病毒就会随之感染执行文件接触到的其他程序。该病毒将自身代码拆分为多个片段，然后以可移动、可执行形式将这些片段放到 Windows 文件尚未使用的磁盘空间里。病毒一般在每月 26 日发作时，将硬盘上起决定性作用的部分用垃圾代码覆盖，导致硬盘上包括分区表在内的所有数据被破坏，同时试图改写主板 Flash BIOS 芯片中的系统程序。如果 BIOS 是可写入的，则 BIOS 将被病毒破坏。一旦 BIOS 被破坏，导致主板损坏，系统将由于无法启动而不能使用。

3. 蠕虫病毒

蠕虫病毒是通过 Internet 传播的病毒，例如，美丽莎（Melissa）、探索蠕虫（ExploreZip）和红色蠕虫（CodeRed）等就是这样的病毒。

美丽莎病毒利用用户的邮件地址簿，通过微软的 Outlook 电子邮件程序传播。该病毒会以当前计算机主人的名义煞有介事地告诉被入侵者“这是来自××的重要信息”，如果被入侵者打开附件中为 list.doc 的 Word 文档，那么不仅会看到大量的色情网址，而且病毒会利用其计算机实施传播。该病毒不会损害用户的数据文件，但会疯狂占用网络的邮件传送资源，造成邮件服务器严重超载或彻底瘫痪。

蠕虫病毒和美丽莎病毒一样，也是通过电子邮件在 Internet 上传播。它能在很短的时间内，使数以千计的邮件服务器不堪重负而彻底瘫痪。相比之下，该病毒比美丽莎病毒更加可怕。它会在极短的时间内，删除硬盘中的 Office 文档，并有针对性地专门删除和破坏 C、C++及汇编程序的源代码。所有这些被破坏的文件，几乎没有恢复的可能。该病毒还以附件形式藏匿在电子邮件中，并伪装成一个十分友善的恢复邮件。这个邮件包含这样的信息：“喂，（收件人）！我已经收到了您的来信，我会尽快回复。在此之前，请先看一看附件中的压缩文件。”当用户打开附件文件 Zip_files.exe 时，该病毒就成功地侵入用户的计算机，然后偷偷地运行，搜索收件箱中的邮件，并将自身的副本作为附件向收件箱中的所有未读邮件发送一封正文为上面那段话语的回信。由于是对真实邮件的回函，用户很容易上当受骗。

7.2.5　计算机病毒的预防和清除

计算机病毒的防治包括两个方面，一是预防，二是杀毒。预防计算机病毒对保护计算机系统免受病毒破坏是非常重要的。如果计算机被病毒攻击，查杀病毒和预防都是不可忽视的。预防病毒首先要在思想上重视，加强管理，防止病毒的入侵。

1. 计算机病毒的预防

① 不要将在公用计算机上用过的软盘、U 盘随便放在自己的计算机上使用，应先用杀毒软件检查，确认无毒后再使用。

② 要使用正版软件，不买盗版软件。不使用来路不明的光盘或软盘，以防里面暗藏病毒。

③ 新买的计算机软件及存有重要信息的软盘，一定要先加上写保护。这样软盘就无法写入

数据，病毒也就无法进入。

④ 从因特网下载文件时要小心，下载文件要经杀毒软件检查。收电子邮件时，如果有自己不熟悉且地址奇怪的邮件，不要轻易打开。

⑤ 重要的数据一定要做备份，这样一旦病毒毁坏了计算机系统，还可以重新将数据复制回硬盘。

⑥ 有的病毒只在某一特定时间发作（比如 CIH 在每月 26 日），可以在这一天把计算机的时间调成别的时间，把病毒骗过去之后再把时间调回来。

2. 计算机病毒的检测和消除

对计算机病毒可以利用人工处理、软件或硬件技术来检测和消除。由于人工处理需要对计算机的操作和使用有深入的基础，这对初学者来说是相当困难的。因此，常使用杀病毒软件和防病毒卡来检测和消除病毒。

防病毒卡是被固化在一块电路板上的硬卡。使用时，应插在计算机主板的标准插槽内，并使其在系统内存中的安装地址与出厂时的地址吻合。它的种类很多，功能强弱不同。一般的产品，在程序运行过程中，可随时监视运行状况，一旦发现要修改可执行文件、修改分区表、修改引导扇区等病毒感染的征兆时，就发出警告提醒用户，从而起到积极预防病毒感染的作用，但不能清除病毒。有少数比较好的防病毒卡既可以防护病毒，又可以对部分病毒主动清除。国内的防病毒卡有北京瑞星电脑科技开发公司研制的瑞星防病毒卡等。

杀病毒软件可以检查和消除单机或网络中多种常见病毒。现在流行的防病毒软件有 KV 杀毒王、金山毒霸、瑞星杀毒、卡巴斯基、诺顿等，切记防病毒软件要经常升级，以保证能够查杀最新的病毒。

7.3 网络黑客及防范

所谓黑客，是指利用通信软件，通过网络非法进入他人计算机系统，获取或篡改各种数据，危害信息安全的入侵者或入侵行为。黑客直接威胁着军事、金融、电信和交通等各领域，导致军事情报遭泄露，商业机密被窃取，金融数据被篡改和交通指挥失灵等，严重干扰经济建设并危及国家安全。

7.3.1 网络黑客攻击的主要类型

网络攻击的实质就是指利用被攻击方信息系统自身存在的安全漏洞，通过使用网络命令和专用软件进入对方网络系统的攻击。目前网络黑客攻击的类型主要有以下几种：

① 利用监听嗅探技术获取对方网络上传输的有用信息。

② 利用拒绝服务攻击使目的网络暂时或永久性瘫痪。

③ 利用网络协议上存在的漏洞进行网络攻击。

④ 利用系统漏洞，例如缓冲区溢出或格式化字符串等，以获得目的主机的控制权。

⑤ 利用网络数据库存在的安全漏洞，获取或破坏对方重要数据。

⑥ 用计算机病毒传播快、破坏范围广的特性，开发合适的病毒破坏对方网络。

7.3.2　防止网络黑客攻击的常用防护措施

① 做好资料的备份工作。

② 计算机应安装正版防毒软件，并时常更新到最新版本。

③ 最好是设置开机密码及屏幕保护程式密码，尽量避免外人随意进行操作。

④ 上网密码不要保存在计算机中。

⑤ 不要打开来历不明的电子邮件及附加的电子文档。

⑥ 下载文件时最好到比较有信誉的网站去下载。

⑦ 安装反黑客软件（如 SessionWall-3、LockDown 或 ZoneAlert 等），有备无患，以阻止黑客的入侵。安装了这类防火墙软件后，如遇有黑客入侵时，系统会立刻发出警报。

7.4　防火墙技术

当构筑和使用木制结构房屋的时候，为防止火灾的发生和蔓延，人们将坚固的石块堆砌在房屋周围作为屏障，这种防护构筑物被称为防火墙。在今日的电子信息世界里，人们借助了这个概念，使用防火墙来保护敏感的数据不被窃取和篡改，不过这些防火墙是由先进的计算机系统构成的。

今天的防火墙被用来保护计算机网络免受非授权人员的骚扰与黑客的入侵。这些防火墙犹如一道护栏隔在被保护的内部网与不安全的非信任网络之间，目前广泛使用的因特网便是世界上最大的不安全网，近年来媒体报道的很多黑客入侵事件都是通过因特网进行攻击的。

7.4.1　什么是防火墙

防火墙分为软件防火墙和专用硬件防火墙。

通常架设硬件防火墙需要相当大的资金投入，因此只用一台计算机连入因特网的用户是不宜架设硬件防火墙的，况且这样做也太不合算。一般来说，硬件防火墙是用来保护由许多台计算机组成的大型网络。

只有一台计算机接入因特网的用户往往安装软件防火墙。

硬件防火墙是指设置在不同网络（如可信任的企业内部网和不可信的公共网）或网络安全域之间的一系列部件的组合。它是不同网络或网络安全域之间信息的唯一出入口，能根据企业的安全政策控制（允许、拒绝、监测）出入网络的信息流，且本身具有较强的抗攻击能力。它是提供信息安全服务，实现网络和信息安全的基础设施。在逻辑上，防火墙是一个分离器，一个限制器，也是一个分析器，有效地监控了内部网和 Internet 之间的任何活动，保证了内部网络的安全，如图 7-1 所示。

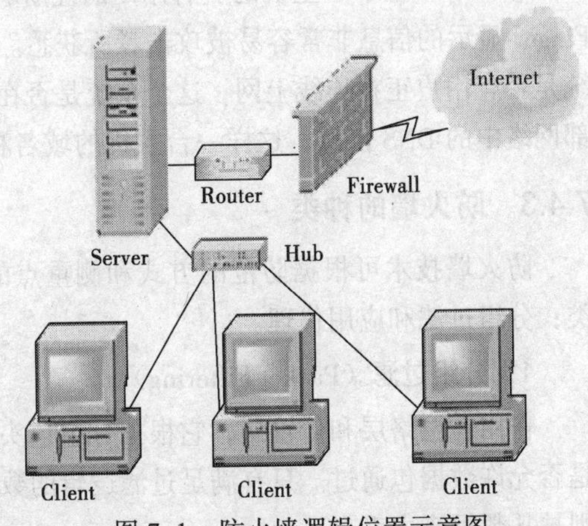

图 7-1　防火墙逻辑位置示意图

7.4.2 防火墙的作用

1. 防火墙是网络安全的屏障

防火墙（作为阻塞点、控制点）能极大地提高一个内部网络的安全性，并通过过滤不安全的服务而降低风险。由于只有经过精心选择的应用协议才能通过防火墙，所以网络环境变得更安全。如防火墙可以禁止诸如众所周知的不安全的NFS协议进出受保护网络，这样外部的攻击者就不可能利用这些脆弱的协议来攻击内部网络。防火墙同时可以保护网络免受基于路由的攻击，如IP选项中的源路由攻击和ICMP重定向中的重定向路径。防火墙应该可以拒绝所有以上类型攻击的报文并通知防火墙管理员。

2. 防火墙可以强化网络安全策略

通过以防火墙为中心的安全方案配置，能将所有安全软件（如口令、加密、身份认证、审计等）配置在防火墙上。与将网络安全问题分散到各个主机上相比，防火墙的集中安全管理更经济。例如在网络访问时，口令系统和其他的身份认证系统完全可以不必分散在各个主机上，而集中在防火墙一身上。

3. 对网络存取和访问进行监控审计

如果所有的访问都经过防火墙，那么，防火墙就能记录下这些访问并做出日志记录，同时也能提供网络使用情况的统计数据。当发生可疑动作时，防火墙能进行适当的报警，并提供网络是否受到监测和攻击的详细信息。另外，收集一个网络的使用和误用情况也是非常重要的。首先的理由是可以清楚防火墙是否能够抵挡攻击者的探测和攻击，并且清楚防火墙的控制是否充足。而网络使用统计对网络需求分析和威胁分析等而言也是非常重要的。

4. 防止内部信息的外泄

通过利用防火墙对内部网络的划分，可实现内部网重点网段的隔离，从而限制了局部重点或敏感网络安全问题对全局网络造成的影响。再者，隐私是内部网络非常关心的问题，一个内部网络中不引人注意的细节可能包含了有关安全的线索而引起外部攻击者的兴趣，甚至因此而暴露了内部网络的某些安全漏洞。使用防火墙就可以隐蔽那些透漏内部细节的服务，如Finger、DNS等服务。Finger显示了主机的所有用户的注册名、真名、最后登录时间和使用shell类型等。但是Finger显示的信息非常容易被攻击者所获悉。攻击者可以知道一个系统使用的频繁程度，这个系统是否有用户正在连线上网，这个系统是否在被攻击时引起注意等。防火墙可以同样阻塞有关内部网络中的DNS信息，这样一台主机的域名和IP地址就不会被外界所了解。

7.4.3 防火墙的种类

防火墙技术可根据防范的方式和侧重点的不同而分为很多种类型，但总体来讲可分为两大类：分组过滤和应用代理。

1. 分组过滤（Packet Filtering）

作用在网络层和传输层，它根据分组包头源地址、目的地址和端口号、协议类型等标志确定是否允许数据包通过。只有满足过滤逻辑的数据包才被转发到相应的目的地出口端，其余数据包则被从数据流中丢弃。

2．应用代理（Application Proxy）

也叫应用网关（Application Gateway），它作用在应用层，其特点是完全“阻隔”了网络通信流，通过对每种应用服务编制专门的代理程序，实现监视和控制应用层通信流的作用。实际中的应用网关通常由专用工作站实现。

7.4.4　防火墙的局限性

防火墙设计时的安全策略一般有两种：一种是没有被允许的就是禁止；另一种是没有被禁止的就是允许。如果采用第一种安全策略来设计防火墙的过滤规则，其安全性比较高，但灵活性差，只有被明确允许的数据包才能跨越防火墙，所有的其他数据包都将丢失。而第二种安全策略则允许所有没有被明确禁止的数据包通过防火墙，这样做当然灵活方便，但同时也存在着很大的安全隐患。在实际应用中一般要综合考虑以上两种策略，尽可能做到既安全又灵活。防火墙是网络安全技术中非常重要的一个因素，但不等于装了防火墙就可以保证系统百分之百的安全，防火墙仍存在许多局限性，如防火墙不能防范不经过防火墙的攻击。例如，如果允许从受保护的网络内部向外拨号，一些用户就可能形成与 Internet 的直接连接。另外，防火墙很难防范来自于网络内部的攻击以及病毒的威胁。据统计，网络上的安全攻击事件有 70%以上来自网络内部人员的攻击。

练　习　题

一、综合实训

项目　查杀病毒

1．实训要求与目的

① 掌握一种查杀病毒软件的安装与使用。

② 了解病毒表现特征。

③ 掌握防杀病毒的基本方法。

2．实训内容

① 查杀病毒软件的安装与使用：安装 Norton Antivirus 或瑞星杀毒软件，查杀病毒。

② 病毒表现特征：网上查找有关冲击波、震荡波、熊猫烧香病毒、ARP 资料；下载安装冲击波、震荡波补丁和专杀工具。

二、理论测试题

下列各题 A、B、C、D 四个选项中，只有一个选项是正确的，请将正确选项填写在括号中。

1．计算机病毒是指能够侵入计算机系统并在计算机系统中潜伏、传播、破坏系统正常工作的一种具有繁殖能力的（　　）。

A．流行性感冒病毒　　B．特殊小程序　　C．特殊微生物　　D．源程序

2．计算机病毒实际上是（　　）。

A．一个完整的小程序

B．一段寄生在其他程序上的通过自我复制进行传染的，破坏计算机功能和数据的特殊程序

C. 一个有逻辑错误的小程序

D. 微生物病毒

3. 下列关于计算机病毒的叙述中，正确的是（　　）。

A. 计算机病毒的特点之一是具有免疫性

B. 计算机病毒是一种有逻辑错误的小程序

C. 反病毒软件必须随着新病毒的出现而升级，提高查、杀病毒的功能

D. 感染过计算机病毒的计算机具有对该病毒的免疫性

4. 下列关于计算机病毒的说法中，正确的是（　　）。

A. 计算机病毒是一种有损计算机操作人员身体健康的生物病毒

B. 计算机病毒发作后，将造成计算机硬件永久性的物理损坏

C. 计算机病毒是一种通过自我复制进行传染的，破坏计算机程序和数据的小程序

D. 计算机是一种有逻辑错误的程序

5. 下列关于计算机病毒的 4 条叙述中，有错误的一条是（　　）。

A. 计算机病毒是一个标记或一个命令

B. 计算机病毒是人为制造的一种程序

C. 计算机病毒是一种通过磁盘、网络等媒介传播、扩散，并能传染其他程序的程序。

D. 计算机病毒是能够实现自我复制，并能借助一定的媒体存储，具有潜伏性、传染性和破坏性的程序。

6. 计算机病毒的特点是具有（　　）。

A. 隐蔽性、可激发性、破坏性　　B. 隐蔽性、破坏性、易读性

C. 潜伏性、可激发性、易读性　　D. 传染性、潜伏性、安全性

7. 下列关于计算机病毒的叙述中，正确的是（　　）。

A. 所有计算机病毒只在可执行文件中传染

B. 计算机病毒可通过读写移动硬盘或 Internet 网络进行传播

C. 只要把带毒 U 盘设置成只读状态，盘上的病毒就不会因读盘而传染给另一台计算机

D. 清除病毒的最简单的方法是删除已感染病毒的文件

8. “蠕虫”病毒按病毒的感染方式分，它属于（　　）。

A. 宏病毒　　B. 引导区型病毒

C. 混合型病毒　　D. Internet 病毒

9. 下列关于计算机病毒的叙述中，正确的是（　　）。

A. 计算机病毒只感染.exe 文件或.com 文件

B. 计算机病毒可以通过读写光盘、软盘或 Internet 网络进行传播

C. 计算机病毒是通过电力网进行传播的

D. 计算机病毒是由于软盘盘面不洁而造成的

10. 计算机感染病毒的可能途径之一是（　　）。

A. 从键盘上输入数据

B. 随意运行外来的、未经反病毒软件严格审查的 U 盘上的软件

C. 所使用的光盘染上微生物病毒

D. 电源不稳定

11. 感染计算机病毒的原因之一是（　　）。

A. 不正常关机　　B. 光盘表面不清洁

C. 错误操作　　D. 从网上下载文件

12. 下列属于计算机感染病毒迹象的是（　　）。

A. 设备有异常现象，如显示怪字符，磁盘读不出

B. 在没有操作的情况下，磁盘自动读写

C. 装入程序的时间比平时长，运行异常

D. 以上说法都是

13. 计算机病毒主要造成（　　）。

A. 磁盘片的损坏　　B. 磁盘驱动器的损坏

C. CPU 的破坏　　D. 程序和数据的破坏

14. 下列叙述中，正确的是（　　）。

A. Word 文档不会带计算机病毒

B. 计算机病毒具有自我复制的能力，能迅速扩散到其他程序上

C. 清除计算机病毒的最简单办法是删除所有感染了病毒的文件

D. 计算机杀病毒软件可以查出和清除任何已知或未知的病毒

15. 对计算机病毒的防治也应以预防为主。下列各项措施中，错误的预防措施是（　　）。

A. 将重要数据文件及时备份到移动存储设备上

B. 用杀毒软件定期检查计算机

C. 不要随便打开、阅读身份不明的发件人发来的电子邮件

D. 在硬盘中再备份一份

16. 计算机病毒除通过读写或复制移动存储器上带病毒的文件传染外，另一条主要的传染途径是（　　）。

A. 网络　　B. 电源电缆

C. 键盘　　D. 输入有逻辑错误的程序

17. 当用各种杀病毒软件都不能清除软盘上的系统病毒时，则应对此软盘（　　）。

A. 丢弃不用　　B. 删除所有文件

C. 重新格式化　　D. 删除 command.com

附录 A　ASCII 码表

低位 \ 高位		0	1	2	3	4	5	6	7
		000	001	010	011	100	101	110	111
0	0000	Ctrl+@	Ctrl+P	Space	0	@	P	`	p
1	0001	Ctrl+A	Ctrl+Q	!	1	A	Q	a	q
2	0010	Ctrl+B	Ctrl+R	"	2	B	R	b	r
3	0011	Ctrl+C	Ctrl+S	#	3	C	S	c	s
4	0100	Ctrl+D	Ctrl+T	$	4	D	T	d	t
5	0101	Ctrl+E	Ctrl+U	%	5	E	U	e	u
6	0110	Ctrl+F	Ctrl+V	&	6	F	V	f	v
7	0111	Ctrl+G	Ctrl+W	'	7	G	W	g	w
8	1000	BS（退格）	Ctrl+X	(	8	H	X	h	x
9	1001	→	Ctrl+Y	)	9	I	Y	i	y
A	1010	Ctrl+J	Ctrl+Z	*	:	J	Z	j	z
B	1011	Ctrl+K	Esc	+	;	K	[	k	{
C	1100	Ctrl+L	Ctrl+ \	,	<	L	\	l	¦
D	1101	←	Ctrl+]	–	=	M	]	m	}
E	1110	Ctrl+N	Ctrl+6	.	>	N	^	n	~
F	1111	Ctrl+O	Ctrl+ –	/	?	O	–	o	Del

附录B　Excel常用函数

Excel函数分为12类：常用函数、全部、财务、日期与时间、数学与三角函数、统计、查找与引用、数据库、文字、逻辑、信息、用户自定义等。以下是常用函数的简单说明。

1. 数学与三角函数

函 数 格 式	函 数 功 能
ABS(X)	求出相应数字（实数）的绝对值
INT(X)	将数值（实数）向下取整为最接近的整数
PI()	给出圆周率π值3.141 592 653 589 79，精度为15位
RAND()	给出一个大于等于0，小于1的均匀分布随机数。每次计算时都给出一个随机数
ROUND(X,位数)	按指定位数，将参数X进行四舍五入
SUM(X1,X2,…)	计算所有参数数值的和

2. 文本（字符串）函数

函 数 格 式	函 数 功 能
LEFT(文字串,长度)	从一个文本字符串的第一个字符开始，截取指定数目（长度）的字符
LEFTB(文字串,长度)	从一个文本字符串的第一个字符开始，截取指定数目（长度）的字符；将单字节字符视为1，双字节字符视为2；若将一个双字节字符分为两半时，以ASCII码空格字符取代原字符
LEN(文字串)	统计文本字符串中字符数目（包含空格）
LENB(文字串)	统计文本字符串中字符数目，将单字节字符视为1，将双字节字符（如汉字）视为2
MID(文字串,开始位置,长度)	从一个文字串的指定位置开始，截取指定数目（长度）的字符
MIDB(文字串,开始位置,长度)	从一个文字串的指定位置开始，截取指定数目（长度）的字符；将单字节字符视为1，将双字节字符视为2；若将一个双字节字符分为两半时，以ASCII码空格字符取代原字符
RIGHT(文字串,长度)	从一个文字串的最后一个字符开始，截取指定数目（长度）的字符。
RIGHTB(文字串,长度)	从一个文本字符串的最后一个字符开始，截取指定数目（长度）的字符；将单字节字符视为1，将双字节字符视为2；若将一个双字节字符分为两半时，以ASCII码空格字符取代原字符
LOWER(文字串)	将一个文字串中所有的大写字母转换为小写字母
UPPER(文字串)	将一个文字串中所有的小写字母转换为大写字母
TRIM(文字串)	删除文字串中的多余空格，使词与词之间只保留一个空格
VALUE(文本格式数字)	将文本格式数据转换为数值

3．统计函数

函数格式	函数功能
AVERAGE(X1,X2,…)	求出所有参数的算术平均值
COUNT(X1,X2,…)	统计参数组中数字的个数
MAX(X1,X2,…)	求出一组数中的最大值
MIN(X1,X2,…)	求出一组数中的最小值

4．逻辑函数

函数格式	函数功能
IF(逻辑值或表达式,条件为 TRUE 时的返回值,条件为 FALSE 时的返回值)	根据对指定条件的逻辑判断的真假结果，返回相对应的内容

5．日期和时间函数

函数格式	函数功能
DATE(年,月,日)	给出指定数值的日期
DATEVALUE(日期文字串)	给出“日期文字串”所表示的日期
DAY(日期序列数)	求出日期序列数中的日期的天数，用 1～31 的整数表示
MONTH(日期序列数)	求出日期序列数中日期的月份值，是介于 1～12 之间的整数值
YEAR(日期序列表)	给出对应于序列的年份值，是介于 1 900～2 078 之间的整数
NOW()	返回当前日期和时间的序列数（1～65 380），对应于 1900 年 1 月 1 日至 2078 年 12 月 31 日
TIME(时,分,秒)	返回一个代表时间的序列数（0～0.999 999 99），对应 12:00:00AM 到 23:59:59PM 的时间

6．查找与引用函数

函数格式	函数功能
CHOOSE(索引值,参数 1,参数 2,…)	根据“索引值”从参数清单（最多 29 个值）中返回一个值

7．财务函数

函数格式	函数功能
PMT(利率,期数,现值,将来值,类型)	求出基于固定付款和固定利率的现值的每期付款额
PV(利率,期数,偿还额,将来值,类型)	给出某项投资的年金限额，年金限额是未来各期年金现在价值的总和，即向他人贷款金额
FV(利率,期数,偿还额,现值,类型)	在已知各期付款、利率和期数的情况下，给出某项投资的未来值
NPV(利率、净现金流量 1,净现金流量 2,净现金流量 3,…,净现金流量 29)	在已知序列期间，根据现金流量和利率，求出某项投资的净现值
IRR(净现金流量数组值,推测值)	求出某一由数值表示的连续现金流量的内部报酬率。内部报酬率也是评估项目的重要经济指标
RATE(期数,偿还额,现值,将来值,类型,推测值)	给出年金每期的利率

8．数据库函数

函　数　格　式	函　数　功　能
DAVERAGE(数据库单元格区域,字段,包含条件的单元格区域)	给出满促条件的数据库记录中给定字段的平均值
DCOUNT(数据库单元格区域,字段,包含条件的单元格区域)	给出数据库记录中给定字段包含满足条件的数字的单元格个数
DMAX(数据库单元格区域,字段,包含条件的单元格区域)	给出数据库满足条件的记录中给定字段的最大值
DMIN(数据库单元格区域,字段,包含条件的单元格区域)	给出数据库满足条件的记录中给定字段的最小值
DSUM(数据库单元格区域,字段,包含条件的单元格区域)	求出数据库满足条件的记录中给定字段值的和

9．信息函数

用来测试和处理工作表中有关单元的格式、位置、内容、当前操作环境，数据类型等信息（略）。

附录C 五笔字型键盘字根表

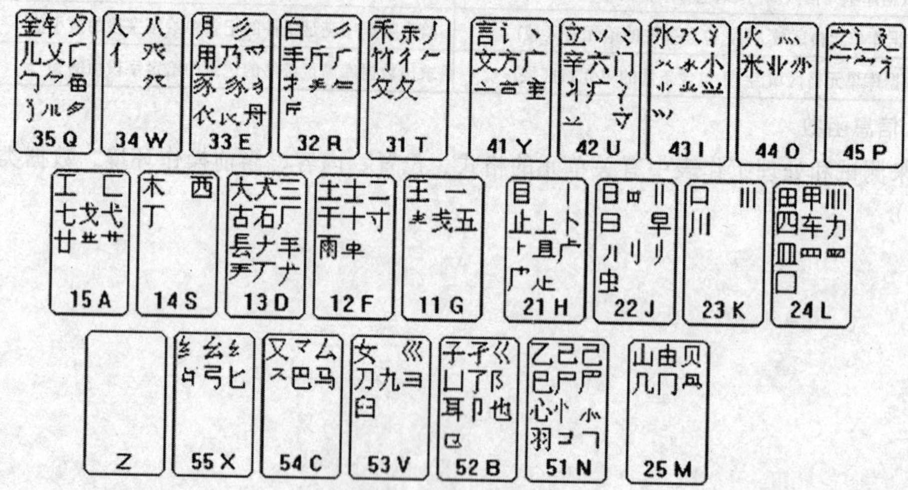

11G 王旁青头戋（兼）五一，

12F 土士二干十寸雨。

13D 大犬三羊古石厂，

14S 木丁西，

15A 工戈草头右框七。

21H 目具上止卜虎皮，

22J 日早两竖与虫依。

23K 口与川，码元稀，

24L 田甲方框四车力。

25M 山由贝，下框几。

31T 禾竹一撇双人立，
反文条头共三一。

32R 白手看头三二斤，

33E 月彡(衫)乃用家衣底。

34W 人和八，三四里，

35Q 金勺缺点无尾鱼，犬旁留乂儿一点夕，氏无七（妻）。

41Y 言文方广在四一，
高头一捺谁人去。

42U 立辛两点六门疒，

43I 水旁兴头小倒立。

44O 火业头，四点米，

45P 之字军盖建道底，
摘礻(示)衤(衣)。

51N 已半巳满不出己，
左框折尸心和羽。

52B 子耳了也框向上。

53V 女刀九臼山朝西。

54C 又巴马，丢矢矣，

55X 慈母无心弓和匕，
幼无力。

参 考 文 献

[1] 刘远生．计算机网络教程[M]．2 版．北京：清华大学出版社，2007.

[2] 熊晓波．互联网技术及应用[M]．北京：地质出版社，2007.

[3] 李东方．计算机基础与应用简明教程[M]．北京：电子工业出版社，2012.

[4] 黄红波．计算机应用基础项目化教程[M]．北京：中国铁道出版社，2012.

[5] 周智文．计算机应用基础[M]．3 版．北京：机械工业出版社，2013.